Brunngasse 36
CH-3011 Bern
www.ta-swiss.ch

TA-SWISS 84/2024

Eric Mehner, Melf-Hinrich Ehlers, Moritz Herrmann, Bettina Höchli, Geraldine Holenweger, Stefan Mann, Claude Messner, Thomas Nemecek, Alba Reguant Closa, Otto Schäfer, Aline Stämpfli, Barbara Walther, Mélanie Douziech

Fleisch- und Milchersatzprodukte – besser für Gesundheit und Umwelt?

Auswirkungen auf Ernährung und Nachhaltigkeit, die Sicht der Konsumentinnen und Konsumenten sowie ethische und rechtliche Überlegungen

Bibliografische Information der Deutschen Nationalbibliothek
Die Deutsche Nationalbibliothek verzeichnet diese Publikation in der Deutschen Nationalbibliografie; detaillierte bibliografische Daten sind im Internet über http://dnb.dnb.de abrufbar.

Zitiervorschlag
Mehner, E., Ehlers, M.-H., Herrmann, M., Höchli, B., Holenweger, G., Mann, S., Messner, C., Nemecek, T., Reguant Closa, A., Schäfer, O., Stämpfli, A., Walther, B. & Douziech, M. (2024):
Fleisch- und Milchersatzprodukte – besser für Gesundheit und Umwelt? Auswirkungen auf Ernährung und Nachhaltigkeit, die Sicht der Konsumentinnen und Konsumenten sowie ethische und rechtliche Überlegungen.
TA-SWISS Publikationsreihe (Hrsg.): TA 84/2024. Zollikon: vdf.

ISBN 978-3-7281-4193-4 (Printausgabe)

Download open access:
ISBN 978-3-7281-4194-1 / DOI 10.3218/4194-1

www.vdf.ch
verlag@vdf.ch

Inhaltsverzeichnis

Abbildungsverzeichnis

Tabellenverzeichnis

Autoren und Autorinnen

Die TA-Studie «Fleisch- und Milchersatzprodukte – besser für Gesundheit und Umwelt? Auswirkungen auf Ernährung und Nachhaltigkeit, die Sicht der Konsumentinnen und Konsumenten sowie ethische und rechtliche Überlegungen» wurde vom Projektteam Eric Mehner (Agroscope, Stv. Projektleitung), Melf-Hinrich Ehlers (Agroscope), Moritz Herrmann (Agroscope), Bettina Höchli (Universität Bern), Geraldine Holenweger (Universität Bern), Stefan Mann (Agroscope), Claude Messner (Universität Bern), Thomas Nemecek (Agroscope), Alba Reguant Closa (Agroscope), Aline Stämpfli (Agroscope), Barbara Walther (Agroscope), Mélanie Douziech (Agroscope, Projektleitung) unter Mitwirkung von Otto Schäfer verfasst. Herr Schäfer ist Mitglied der Begleitgruppe der Studie. Er hat in Absprache mit TA-SWISS und dem Projektteam von Agroscope die Mitautorenschaft des Ethik-Kapitels übernommen, ist selber aber nicht Mitglied des Projektteams. Bei der Diskussion des Ethik-Kapitels in der Begleitgruppe ist er in den Ausstand getreten.

Hauptautoren und -autorinnen der einzelnen Kapitel sind:

1. Einführung in die Problemstellung: Eric Mehner, Mélanie Douziech
2. Erläuterungen der Referenzmärkte und -produkte: Eric Mehner, Mélanie Douziech, Moritz Herrmann
3. Überblick über die Alternativprodukte: Eric Mehner, Mélanie Douziech, Moritz Herrmann
4. Methoden zur Bewertung der Nachhaltigkeit und Gesundheit: Eric Mehner, Mélanie Douziech, Moritz Herrmann, Thomas Nemecek, Alba Reguant Closa, Barbara Walther
5. Nachhaltigkeit und Gesundheit der Alternativprodukte: Eric Mehner, Mélanie Douziech, Moritz Herrmann, Thomas Nemecek, Alba Reguant Closa, Barbara Walther
6. Nachhaltigkeit und Gesundheit der Ernährungsmuster: Eric Mehner, Mélanie Douziech, Moritz Herrmann, Thomas Nemecek, Alba Reguant Closa, Barbara Walther

7. Beurteilung und Konsum von Alternativprodukten durch Konsumentinnen und Konsumenten: Bettina Höchli, Geraldine Holenweger, Claude Messner, Aline Stämpfli
8. Rechtliche Rahmenbedingungen für Alternativprodukte in der Schweiz: Melf-Hinrich Ehlers
9. Alternativprodukte aus der ethischen Perspektive: Stefan Mann, Otto Schäfer
10. Landwirtschaftliches Potenzial der Schweiz zur Umsetzung alternativer Ernährungsmuster: Eric Mehner, Mélanie Douziech, Thomas Nemecek
11. Empfehlungen: Eric Mehner, Melf-Hinrich Ehlers, Moritz Herrmann, Bettina Höchli, Geraldine Holenweger, Stefan Mann, Claude Messner, Thomas Nemecek, Alba Reguant Closa, Aline Stämpfli, Otto Schäfer, Barbara Walther, Mélanie Douziech

Zusammenfassung

Einführung

Ob Mobilität, Ernährung oder Wohnen – menschliche Aktivitäten haben Folgen für die Umwelt. Wenn diese besonders ins Gewicht fallen, bedarf es dringender Lösungsansätze. Im Fokus steht zunehmend die Ernährung, die auf verschiedene Umweltwirkungen wie die Wasserknappheit, die Landnutzung und das Treibhauspotenzial entscheidenden Einfluss hat. Die Produktion tierischer Lebensmittel trägt in besonderem Masse zu diesen Umweltwirkungen bei. Gleichzeitig liefern Fleisch und Milchprodukte wertvolle Nährstoffe wie qualitativ hochwertiges Protein und diverse Mikronährstoffe. Es ist allerdings ebenfalls bekannt, dass ein hoher Konsum an rotem Fleisch negative Auswirkungen auf die Gesundheit haben kann. Eine gezielte und wohl überlegte Umstellung des heutigen Ernährungssystems in der Schweiz stellt eine Möglichkeit dar, die Gesundheit und die Nachhaltigkeit der Schweizer Ernährung zu verbessern.

In den letzten Jahren sind zunehmend Produkte auf den Markt gekommen, die als Ersatz für die tierischen Produkte gedacht sind. Dies ist auch mit dem Ziel geschehen, die Nachhaltigkeit der Ernährung zu verbessern und die Gesundheit positiv zu beeinflussen. Es stellt sich jedoch die Frage, ob diese Alternativ- oder Ersatzprodukte tatsächlich dazu in der Lage sind. Der vorliegende Bericht zielt auf die Beantwortung dieser Frage, indem die Konsequenzen eines Ersatzes von Fleisch und Milchprodukten durch Alternativprodukte in der Ernährung auf die Nachhaltigkeit und Gesundheit untersucht werden. Dabei stehen insbesondere die Nährstoffversorgung und die Umweltwirkungen im Fokus. Für die Umsetzung solcher alternativen Ernährungsmuster spielen auch äussere Einflussfaktoren eine Rolle. Aus diesem Grund wurden zusätzlich zu den Analysen der Gesundheit und Nachhaltigkeit auch folgende Themen untersucht: die Beurteilung der Alternativprodukte durch Konsumentinnen und Konsumenten, die rechtlichen Rahmenbedingungen, die ethische Perspektive sowie das landwirtschaftliche Potenzial der Schweiz, Rohstoffe für die Produktion von Alternativprodukten bereitzustellen.

Methodik

Die Wahl der Alternativprodukte fiel aufgrund der Fragestellung auf Produkte, die von den Konsumentinnen und Konsumenten als Ersatzprodukte wahrgenommen werden können. Dies betrifft zum einen traditionelle Lebensmittel wie Tofu, welche in der Schweiz erst in den letzten Jahrzehnten zunehmend konsumiert werden, und zum anderen neuartige Alternativprodukte, die ihre jeweiligen Referenzprodukte imitieren, wie beispielsweise ein vegetarischer Burger. Unverarbeitete Produkte wie Linsen oder Erbsen wurden nicht mitbetrachtet. Als Referenzprodukte wurden die am häufigsten konsumierten Fleischsorten und Milchprodukte gewählt, nämlich Schweinefleisch, Rindfleisch, Geflügelfleisch, Kalbfleisch, Trinkmilch, Käse, Rahm und Joghurt.

Da ein Vergleich auf Produktebene nicht aussagekräftig genug ist, wurde ebenfalls auf Ebene der Gesamternährung untersucht, welchen Einfluss ein Ersatz auf den Nährwert und die ökologische Dimension der Nachhaltigkeit hat. Dafür wurden die durchschnittliche Schweizer Ernährung und die Ernährung gemäss den Empfehlungen der Schweizer Lebensmittelpyramide modelliert und die tierischen Produkte durch ihre Alternativen zu unterschiedlichen Anteilen ersetzt. Der errechnete Nährstoffgehalt der modellierten Ernährungsmuster wurde dann mit den empfohlenen Mengen der täglichen Nährstoffzufuhr verglichen.

Für die Analysen kamen vier methodische Ansätze zur Anwendung. Für jedes untersuchte Thema wurden Literaturrecherchen basierend auf Stichwortsuchen in Datenbanken für wissenschaftliche Literatur durchgeführt. Die Daten zu den Nährwerten und Umweltbilanzen der Alternativprodukte sowie weiterer Lebensmittel, die man zur Modellierung der Ernährungsmuster benötigt, wurden aus vorhandenen Datenbanken extrahiert. Lücken in den Datensätzen wurden gegebenenfalls aus der Literatur vervollständigt. Im Rahmen der Analyse der Beurteilung der Alternativprodukte durch Konsumentinnen und Konsumenten, der rechtlichen Rahmenbedingungen und der ethischen Perspektive wurden halbstrukturierte Interviews geführt. Zudem lieferte eine repräsentative Online-Umfrage Erkenntnisse zur Beurteilung der Alternativprodukte in der Schweizer Bevölkerung.

Gesundheit und Nährwert

Die Alternativprodukte zeigen im Vergleich zu ihren jeweiligen Referenzprodukten (Fleisch und Milchprodukte) klare Unterschiede im Nährstoffprofil sowie eine grosse Variabilität, selbst bei Produkten, die äusserlich ähnlich erscheinen. Allein auf der Produktebene lässt sich also nicht feststellen, ob sich die Alternativprodukte als Ersatz in der Gesamternährung eignen. Werden Fleisch und Milchprodukte in der durchschnittlichen oder der empfohlenen Ernährung ersetzt, fehlt Vitamin B12 bei allen alternativen Ernährungsmustern. Jod ist in keinem untersuchten Ernährungsmuster ausreichend enthalten, während Calcium nur bei einem Ersatz der Milchprodukte und in der Durchschnittsernährung unzureichend vorhanden ist. Ballaststoffe, Eisen, Kalium, Zink, Folsäure und Vitamin B5 sind in den modellierten alternativen Ernährungsmustern basierend auf der Durchschnittsernährung teilweise unzureichend vorhanden. Dabei hängt die Übereinstimmung mit den Empfehlungen zur Nährstoffzufuhr von der Wahl des Alternativproduktes ab. Für den Gehalt an zugesetztem Zucker und gesättigten Fettsäuren, deren Überkonsum ein Gesundheitsrisiko darstellen, wurden in allen untersuchten Ernährungsmustern basierend auf der Durchschnittsernährung Werte über den Empfehlungen festgestellt. Allerdings gab es auch hier zum Teil grosse Unterschiede, je nachdem welches Alternativprodukt als Ersatz benutzt wurde.

Abgesehen vom Gesamtgehalt an Nährstoffen sind auch deren Qualität und Bioverfügbarkeit aus den pflanzlichen Alternativprodukten wichtig. Diese sind oft niedriger als bei den tierischen Referenzprodukten, allerdings gibt es Möglichkeiten, sie über die Verarbeitung und Anreicherung zu verbessern.

Insgesamt lässt sich feststellen, dass sowohl bei der Produktion als auch beim Konsum der Alternativprodukte ein hoher Nährwert im Vordergrund stehen sollte, insbesondere mit Bezug auf die kritischen Nährstoffe. Verschiedene Ansätze zum Erreichen dieses Zieles werden im Bericht aufgezeigt.

Nachhaltigkeit

Die negativen Auswirkungen auf die Umwelt (auch Umweltwirkungen genannt) von Fleischalternativprodukten, abgesehen von *In-vitro*-Fleisch, sind geringer als jene der verschiedenen untersuchten Fleischsorten. Diese Aussage ist gültig, wenn die Umweltwirkungen pro kg Produkt ausgedrückt werden, und verschiebt sich etwas zugunsten des Fleisches, sobald die Umweltwirkungen pro kg Protein ausgedrückt werden. Fleischalternativen schneiden aber weiterhin günstiger für die Umwelt ab. Die Integration der Fleischalternativen in die alternativen Ernährungsmuster verringert sämtliche betrachteten Umweltwirkungen. Dabei sind die Unterschiede bei der Wasserknappheit am niedrigsten und beim Treibhaus- und dem Versauerungspotenzial sowie der Landnutzung mit jeweils über 25% Reduktionspotenzial am höchsten.

Für die Milchproduktalternativen wurden ebenfalls, abgesehen von der Wasserknappheit, weitestgehend niedrigere Umweltwirkungen als bei ihren Referenzprodukten beobachtet. Wird auf Basis des Proteingehaltes verglichen, zeigen Käsealternativen und Milchalternativen, abgesehen von Sojadrink, eine teilweise höhere Umweltwirkung als ihre jeweiligen Referenzprodukte. Werden Milchproduktalternativen in die alternativen Ernährungsmuster integriert, können zwar das Treibhaus- und das Versauerungspotenzial sowie die Landnutzung reduziert werden, die Wasserknappheit und das Eutrophierungspotenzial von Gewässern steigen jedoch.

Die ökonomische Dimension der Nachhaltigkeit der Alternativprodukte ist schwerer zu quantifizieren. Zumeist wird mit Indikatoren gearbeitet. Ein möglicher Vergleichswert ist zum Beispiel der Produktpreis. Dieser liegt für die Fleischalternativen nahe demjenigen von Fleisch, während er für Milchalternativen deutlich über jenem der Kuhmilch liegt. Die Preise beziehen sich dabei auf den Schweizer Markt. Literatur zur sozialen Dimension der Nachhaltigkeit der Alternativprodukte fehlt grösstenteils.

Zwischen der Nährstoffzusammensetzung und den Umweltwirkungen spannen sich Zielkonflikte. So erreicht zwar eine Ernährung mit einem Komplettersatz des Fleisches und der Milchprodukte durch Ersatzprodukte das niedrigste Treibhauspotenzial, kann aber den Jod- und Calciumbedarf eines Erwachsenen nicht decken. Zur Überwindung dieser Zielkonflikte sollten Verbesserungen der Alternativprodukte im Fokus stehen.

Beurteilung der Alternativprodukte durch Konsumentinnen und Konsumenten

Die Beurteilung der Alternativprodukte durch Konsumentinnen und Konsumenten in der Schweiz wurde sowohl qualitativ als auch quantitativ untersucht. Die Ergebnisse zeigen, dass Konsumentinnen und Konsumenten die Nachhaltigkeit und Gesundheit von Alternativprodukten nur schlecht beurteilen können. Bei der Beurteilung der zwei Aspekte vertrauen sie daher eher auf Daumenregeln und Intuition. Der Geschmack ist ein entscheidender Faktor, der einen regelmässigen Konsum begünstigt. Auch die wahrgenommene Nachhaltigkeit und Gesundheit scheinen einen positiven Zusammenhang mit der Konsumbereitschaft zu haben, wobei der Zusammenhang bei der Gesundheit grösser ist. Interessanterweise werden Fleisch- und Milchproduktalternativen unterschiedlich beurteilt. Während Konsumentinnen und Konsumenten Fleischalternativen mehr Skepsis entgegenbringen, sehen sie gleichzeitig bei Fleisch häufiger die

Notwendigkeit einer Reduktion des Konsums als bei Milchprodukten. Die Präferenz einer grossen Ähnlichkeit der Alternativprodukte mit dem Referenzprodukt unterscheidet sich zwischen verschiedenen Zielgruppen.

Rechtliche Rahmenbedingungen

Die rechtlichen Rahmenbedingungen für Alternativprodukte in der Schweiz sind nach den Ergebnissen der Analyse ausreichend geregelt. Dabei sind besonders die Lebensmittelsicherheit, der Täuschungsschutz und die Informationsbereitstellung inhaltlich relevant. Gleichzeitig ist die Rohstoffversorgung und deren Förderung ein Thema des Agrarrechts. Die interviewten Expertinnen und Experten sehen für die Schweiz keinen grossen Änderungsbedarf beim Lebensmittelrecht. Im Einklang mit der Literatur werden aber Möglichkeiten identifiziert, Hürden abzubauen und den Vollzug zu optimieren.

Ethische Perspektive

Die ethische Betrachtung führt grundlegende normative Bezüge (Werthaltungen) ein, problematisiert und begründet sie. So tritt etwa neben den Begriff des Tierwohls (Vermeidung von Schmerz und Leid) das Konzept der Tierwürde (das massenhafte Töten von Tieren stellt eine übermässige Instrumentalisierung dar, auch unabhängig von Schmerz und Leid). Da sich die Ethik dafür interessieren muss, welche Faktoren ethisches Handeln fördern oder hindern, analysiert sie auch Rollenbilder (Fleisch und Männlichkeit) und symbolische Bedeutungen (Alternativprodukte als Imitate oder noch zu entwickelnde Produkte eigener Art). Bei der Abwägung zwischen unterschiedlichen ethischen Gütern spielt das Risiko irreversibler Schäden eine entscheidende Rolle; ökologische Nachhaltigkeit ist daher von besonderer ethischer Bedeutung.

Landwirtschaftliches Potenzial der Schweiz, alternative Ernährungsmuster umzusetzen

Die Untersuchungen zum landwirtschaftlichen Potenzial der Schweiz, alternative Ernährungsmuster umzusetzen, zeigen, dass sich nicht alle Rohstoffe für einen Anbau in der Schweiz eignen. Daher wäre es aus Sicht der Selbstversorgung sinnvoll, nur solche Rohstoffe zu verwenden, die auch im Inland angebaut werden könnten. Hülsenfrüchte werden zurzeit nur in geringen Mengen in der Schweiz produziert, weshalb der theoretische Bedarf einer alternativen

Ernährung die gegenwärtige Produktion deutlich übersteigt. Um die dynamischen Wechselwirkungen in der Landwirtschaft ausreichend darzustellen, wären weitere umfangreiche Szenarienrechnungen mit Sektormodellen nötig. Die wissenschaftliche Literatur zeigt Synergien zwischen gesunder und nachhaltiger Ernährung sowie dem Selbstversorgungsgrad der Schweiz. Diese sollten, wenn möglich, auch für die Produktion von Alternativprodukten konsequent genutzt werden.

Fazit

Die Studie zeigt die vielschichtigen Vor- und Nachteile von Alternativprodukten und die Zielkonflikte auf. Unter den richtigen Bedingungen können Alternativprodukte die Ernährung ergänzen und dabei die Nachhaltigkeit und Gesundheit der Ernährung positiv beeinflussen. Zudem könnten so die gesundheitlichen Risiken eines erhöhten Fleischkonsums besser gehandhabt werden. Das vorhandene Potenzial zur Verbesserung der Produkte sollte konsequent angegangen werden. Die Nährstoffzusammensetzung der Alternativprodukte ist dabei ein kritischer Punkt für ihre Eignung als Ersatz. Daher ist es unerlässlich, dass die Nährstoffdichte und -qualität der Alternativprodukte erhöht wird. Gleichzeitig sollte aber auch die Transparenz auf Produktebene verbessert werden, um Konsumentinnen und Konsumenten in die Lage zu versetzen, für sie geeignete Produkte auszuwählen und mögliche Folgen einer Ernährung mit Alternativprodukten beurteilen zu können. Zum Erreichen dieser Ziele ist eine Zusammenarbeit aller Interessengruppen unter der Berücksichtigung aller relevanten Aspekte inklusive der äusseren Rahmenbedingungen nötig. Die Ergebnisse der Studie unterstreichen zudem, sowohl für die Nährwerte als auch für die Umweltwirkungen, die Vorteile einer Ernährung gemäss der Schweizer Lebensmittelpyramide.

Summary

Introduction

All human activities – including transport, nutrition and the way we live – have consequences for the environment. When these consequences become particularly severe, there is an urgent need for solutions. Increasing attention is now being paid to nutrition, which has a decisive influence on various environmental impacts such as water scarcity, land use and global warming potential. The production of animal-based foodstuffs is a major influencing factor here. At the same time, meat and dairy products provide valuable nutrients such as high-quality protein, as well as various micronutrients. However, it is also well known that excessive consumption of red meat can have negative effects on health. A focused and carefully considered transition of the present-day food system in Switzerland represents an opportunity to improve the healthiness and sustainability of the Swiss diet.

In recent years, an increasing number of products intended as substitutes for animal-based foodstuffs have come onto the market. The aims were to improve the sustainability of nutrition and have a positive impact on health. But the question arises as to whether these substitutes or alternative products can indeed accomplish this. This report sets out to answer this question by examining the consequences, in terms of sustainability and health, of replacing meat and dairy products in the diet. The main focus lies on nutrient supply and environmental impacts. The implementation of such dietary patterns is also subject to external influencing factors. In view of this, besides addressing health and sustainability, the study additionally investigated consumer perception of alternative products and analysed the legal framework, ethical perspective and potential of Swiss agriculture to provide the necessary raw materials for the production of alternative foodstuffs.

Methodology

In accordance with the study objective, the choice of alternative products was based on foodstuffs that may be perceived by consumers as substitutes. This includes traditional foodstuffs such as tofu that have been consumed to an increasing extent in Switzerland only in recent decades, as well as novel alternative foods that emulate their respective reference products, for example plant-based burgers. Unprocessed products such as lentils and peas were not included in the study. The most commonly consumed types of meat and dairy products were chosen as reference products, namely pork, beef, poultry, veal, milk, cheese, cream and yoghurt.

Since a comparison at product level alone would not be sufficiently meaningful, the influence of a substitution on nutritional value and environmental sustainability was also analysed at overall diet level. For this purpose, the average Swiss diet and the diet according to the recommendations of the Swiss food pyramid were modelled and the animal-based products were replaced by their substitutes in varying proportions. The calculated nutrient content of the modelled dietary patterns was then compared with the recommended daily nutrient intakes.

Four methodological approaches were adopted for the analyses. For each topic examined, literature searches were carried out based on keyword searches in scientific literature databases. Data on the nutritional values and life cycle assessments of the alternative products and other foodstuffs, required for modelling the dietary patterns, were obtained from existing databases. Any remaining gaps in the datasets were filled using available literature. Semi-structured interviews were conducted as part of the analyses of consumer perceptions of alternative products, the legal framework and the ethical perspective. In addition, a representative online survey shed light on the perception of alternative products among the Swiss population.

Health and nutritional value

In comparison with their respective reference products (meat and dairy products), the alternative products clearly differ in terms of nutritional profile and also show wide variability, even among products with a similar outward appearance. Thus, it is not possible solely at product level to determine whether the alternative products are suitable for consumption as substitutes in the overall diet. If meat and dairy products are substituted in the average or recommended diet, vitamin B12 is lacking in all alternative dietary patterns. None of the examined dietary patterns contain sufficient iodine, while calcium is only insufficient in the average diet and when dairy products are substituted. In the modelled alternative dietary patterns based on the average diet, the levels of dietary fibre, iron, potassium, zinc, folic acid and vitamin B5 are not always sufficient. Meeting the nutrient intake recommendations depends on the choice of alternative product. Regarding the content of added sugar and saturated fatty acids, excessive consumption of which poses a risk to health, levels above the recommendations were observed in all examined dietary patterns based on the average diet. Here too, there was considerable variation depending on which alternative product was used as a substitute.

Apart from overall nutrient content, nutrient quality and bioavailability in the plant-based alternative products are also significant. Both are often lower than in the animal-based reference products, but improvements can be achieved through processing and fortification.

The findings indicate that both production and consumption of alternative products should focus on high nutritional value, especially with regard to critical nutrients. Various methods for accomplishing this are described in the report.

Sustainability

The environmental impacts of alternative meat products (except for cultured meat) are lower than those of the various meat types studied. This applies when the environmental impacts are expressed per kilogram of product, although a shift in favour of meat can be observed when the environmental impacts are expressed per kilogram of protein. Nonetheless, alternative meat products are still more favourable for the environment. Integrating substitute meat products into the alternative dietary patterns reduces all investigated environmental impacts. The differences are lowest in the category of water scarcity and highest in the categories of global warming potential, acidification potential and land use (each with a reduction potential of over 25 percent).

Lower environmental impacts of alternative dairy products were observed across the board (except for water scarcity) when compared with their reference product. Comparing on the basis of protein content, cheese and milk alternatives (except soy milk) show a partially higher environmental impact than their respective reference products. If substitute dairy products are integrated into the alternative dietary patterns, global warming potential, acidification potential and land use are lower, but water scarcity and freshwater eutrophication potential increase.

The economic sustainability of alternative products is harder to quantify. In most cases, indicators are used. For example, product prices can be used for comparison purposes. The prices for alternative meat products are similar to those for meat, whereas the prices for milk alternatives are significantly higher than those for cow's milk. The calculations are based on Swiss market prices. Very little literature exists concerning the social sustainability of alternative products.

Trade-offs arise between nutrient composition and environmental impacts. While a diet in which meat and dairy products are entirely replaced by alternative products results in the lowest global warming potential, it cannot meet an adult's iodine and calcium requirements. In view of this, the necessary improvements should be made to alternative products.

Consumer perception of alternative products

Swiss consumer perception of alternative products was analysed both qualitatively and quantitatively. The results show that consumers are unable to assess the sustainability and healthiness of alternative products. They therefore tend to rely on rules of thumb and intuition to evaluate both aspects. Taste is a decisive factor that encourages regular consumption of a product. Perceived sustainability and healthiness also appear to correlate positively with willingness to consume a given product, the correlation being greater for healthiness. It is interesting to note that consumers assess alternative meat and dairy products differently. While they are more sceptical about meat substitutes, they also more frequently cite a need to reduce meat consumption than consumption of dairy products. The preference for alternative products to closely resemble the reference product differs between the target groups.

Legal framework

The results of the analysis show that the legal framework for alternative products in Switzerland is sufficiently regulated. Food safety, fraud prevention and provision of information are of particular relevance in this context. At the same time, agricultural law regulates the supply and promotion of raw materials. The experts interviewed see little need for changes to Swiss food legislation. Nonetheless, in accordance with the scientific literature, options are identified for eliminating hurdles and optimising enforcement.

Ethical perspective

Ethical considerations introduce fundamental normative issues (values), and problematise and substantiate them. In this context, issues arise such as animal welfare (prevention of pain and suffering) and protection of animal dignity (mass slaughter of animals represents excessive instrumentalization, irrespective of pain and suffering). Because ethics also has to deal with questions such as which factors foster or hamper ethical behaviour, it also analyses role models (meat and masculinity) and symbolic meanings (alternative products as imitations or not-yet-developed original products). When striking a balance between different ethical values, the risk of irreversible damage plays a decisive role. In view of this, ecological sustainability is of particular ethical significance.

Switzerland's agricultural potential to implement alternative nutrition patterns

Studies of Switzerland's agricultural potential to implement alternative nutrition patterns show that not all raw materials are suitable for cultivation in Switzerland. From a self-sufficiency perspective, it therefore makes sense to use only those raw materials that can be readily cultivated locally. Since Switzerland currently grows only very small quantities of pulses, the theoretical demand for their use as an alternative foodstuff greatly outstrips existing levels of production. In order to depict the dynamic interactions in agriculture, it would be necessary to project additional comprehensive scenarios with sector models. The scientific literature presents synergies between healthy and sustainable nutrition and Switzerland's degree of self-sufficiency. These should also be consistently utilised wherever possible for the production of alternative foodstuffs.

Conclusions

The study outlines the complex advantages and disadvantages of alternative products and the associated trade-offs. Under the right conditions, alternative products can supplement diets and have a positive impact on their sustainability and healthiness. Their use can also help to reduce the health risks associated with excessive meat consumption. The existing potential for improving these products should be systematically exploited. Here, the nutrient composition of alternative products is a critical factor for their use as substitutes. It is therefore essential to increase the nutrient density and quality of alternative products. At the same time, transparency at product level should be improved to enable consumers to identify and select suitable products and assess the potential consequences of consuming alternative products. Achieving these objectives will require cooperation between all interest groups, taking into account all relevant aspects as well as the limiting conditions. The study findings also highlight the advantages of a diet in accordance with the Swiss food pyramid, in terms of both nutritional value and environmental impacts.

Résumé

Introduction

Qu'il s'agisse de la mobilité, de l'alimentation ou du logement, les activités humaines ont des conséquences sur l'environnement. Quand ces effets sont particulièrement importants, il est urgent de proposer des solutions. L'alimentation, notamment, est de plus en plus au centre des préoccupations dans ce contexte, car elle a une influence déterminante sur divers impacts environnementaux, comme l'épuisement des ressources en eau, l'utilisation du sol et l'impact sur le changement climatique. La production de denrées alimentaires d'origine animale contribue particulièrement à ces impacts. En même temps, la viande et les produits laitiers sont source de précieux éléments nutritifs tels que des protéines de haute qualité et divers micronutriments. Il est cependant également démontré qu'une consommation élevée de viande rouge peut avoir des effets négatifs sur la santé. La transformation ciblée et réfléchie du système alimentaire suisse pourrait ainsi améliorer la santé et la durabilité de l'alimentation.

Ces dernières années, un nombre croissant de produits destinés à remplacer ceux d'origine animale ont été mis sur le marché, dans le but, notamment, de rendre l'alimentation plus durable et d'influencer positivement la santé. Mais ces substituts sont-ils vraiment en mesure de contribuer à atteindre cet objectif ? Le présent rapport vise à répondre à cette question en examinant les conséquences sur la durabilité et la santé de l'introduction de produits alternatifs à la viande et aux produits laitiers dans l'alimentation. L'étude est centrée sur la couverture des besoins en éléments nutritifs et les impacts environnementaux. Étant donné que des facteurs externes influencent également la mise en place de ces substituts, les aspects suivants sont abordés en plus des analyses touchant à la santé et à la durabilité : la perception de ces substituts par les consommatrices et consommateurs, le cadre juridique, la perspective éthique et le potentiel de l'agriculture suisse à fournir les matières premières nécessaires à la production de ces substituts.

Méthodologie

Pour répondre à cette question, il convenait de choisir des substituts reconnus comme tels par les consommatrices et consommateurs. Ces substituts incluaient d'une part des aliments traditionnels, comme le tofu, qui sont consommés en Suisse en quantités croissantes depuis quelques décennies, et d'autre part des nouveaux substituts, tels que les hamburgers végétariens, qui imitent leurs produits de référence respectifs. Les aliments non transformés, comme les lentilles et les petits pois, n'ont pas été pris en compte. Les produits de référence choisis sont les viandes et produits laitiers les plus fréquemment consommés, à savoir le porc, le bœuf, la volaille, le veau, le lait, le fromage, la crème et le yogourt.

Comme il n'est pas suffisamment représentatif de comparer les produits entre eux, l'influence des substituts sur la valeur nutritive et sur la dimension écologique de la durabilité a également été étudiée sur le plan du régime alimentaire. Pour cela, les habitudes alimentaires moyennes des Suisses ainsi que le régime alimentaire selon les recommandations de la pyramide alimentaire ont été modélisés et les produits d'origine animale ont été remplacés par leurs substituts dans des proportions variables. La teneur en éléments nutritifs des régimes alimentaires modélisés a ensuite été calculée et comparée aux apports nutritionnels quotidiens recommandés.

Quatre approches méthodologiques ont été utilisées dans les analyses. Chacun des thèmes a été étudié grâce à une recherche bibliographique à l'aide de mots-clés dans des bases de données de la littérature scientifique. Les informations sur les valeurs nutritives et sur les bilans environnementaux des substituts et d'autres aliments, requises pour modéliser les régimes alimentaires, ont été extraites de bases de données existantes. Le manque de données a été pallié grâce à des publications spécialisées. Des entretiens semi-structurés ont été menés pour l'analyse de la perception des substituts par les consommatrices et consommateurs, du cadre juridique et de la perspective éthique. Une enquête en ligne auprès d'un panel représentatif de la population suisse a, de plus, fourni des informations sur son évaluation de ces substituts.

Santé et valeur nutritive

Les produits alternatifs ont un profil nutritionnel clairement différent de leurs aliments de référence respectifs (viande et produits laitiers) et une grande variabilité, même pour des produits d'apparence semblable. Il n'est donc pas possible de déterminer uniquement par produit leur aptitude à servir de substituts dans le régime alimentaire. La vitamine B12 fait défaut dans tous les régimes alimentaires alternatifs où la viande et les produits laitiers sont remplacés dans l'alimentation moyenne ou recommandée. L'iode ne figure en quantité suffisante dans aucun des régimes alimentaires étudiés, alors qu'il n'y a déficit de calcium dans le régime alimentaire basé sur l'alimentation moyenne qu'en cas de remplacement des produits laitiers. Les teneurs en fibres, fer, potassium, zinc, acide folique et vitamine B5 sont en partie insuffisantes dans les régimes alimentaires alternatifs basés sur l'alimentation moyenne. La conformité avec les apports nutritionnels recommandés dépend ici du choix du substitut. Pour ce qui est des sucres ajoutés et des acides gras saturés, dont la surconsommation présente un risque pour la santé, on constate que les seuils recommandés sont dépassés dans tous les régimes alimentaires basés sur l'alimentation moyenne. Toutefois, là encore, des différences importantes sont observées en fonction du substitut.

Outre la teneur totale en éléments nutritifs, leur qualité et biodisponibilité dans les substituts d'origine végétale jouent également un rôle important. Elles sont souvent inférieures à celles des produits d'origine animale de référence, mais peuvent être améliorées par la transformation et l'enrichissement des produits.

D'une manière générale, tant la production que la consommation des substituts devraient privilégier une valeur nutritive élevée de ces produits, en particulier des éléments nutritifs critiques. Le présent rapport montre différentes approches pour atteindre cet objectif.

Durabilité

Les effets négatifs sur l'environnement (appelés aussi impacts environnementaux) des substituts aux produits carnés, à l'exception de la viande de culture, sont moindres que ceux des viandes examinées. Ce constat, valable lorsque les impacts environnementaux sont exprimés par kilogramme de produit, évolue légèrement en faveur de la viande lorsqu'ils le sont par kilogramme de protéines. Les substituts à la viande affichent toutefois encore un meilleur score environnemental. L'intégration de ces substituts dans les régimes alimentaires alternatifs réduit tous les impacts environnementaux considérés. Les différences les plus faibles se présentent pour l'épuisement des ressources en eau et les plus importantes concernent le potentiel impact sur le changement climatique, l'acidification et l'utilisation du sol, qui offrent un potentiel de réduction supérieur à 25 %.

Hormis l'épuisement des ressources en eau, la plupart des impacts environnementaux observés pour les substituts aux produits laitiers sont également inférieurs à ceux de leurs produits de référence. Cependant, si exprimé en fonction de la teneur en protéines, les substituts au fromage et au lait, à l'exception des boissons au soja, ont en partie des impacts environnementaux supérieurs à leurs produits de référence respectifs. L'intégration des substituts aux produits laitiers dans les régimes alimentaires alternatifs permet certes de réduire le potentiel impact sur le changement climatique, l'acidification et l'utilisation du sol, mais accroît en revanche l'épuisement des ressources en eau et le potentiel d'eutrophisation des milieux aquatiques.

La dimension économique de la durabilité des produits alternatifs est plus difficile à quantifier. Elle est souvent évaluée à l'aide d'indicateurs. Une valeur de comparaison possible est le prix du produit. Pour les substituts aux produits carnés il est proche de celui de la viande, alors que pour les substituts au lait, il est nettement supérieur à celui du lait de vache. Les prix considérés sont ceux du marché suisse. La littérature sur la dimension sociale de la durabilité des produits alternatifs fait largement défaut.

Des conflits d'objectifs sous-tendent le rapport entre composition nutritionnelle et impacts environnementaux. Ainsi, un régime alimentaire qui remplace entièrement la viande et les produits laitiers par des substituts atteint certes le plus faible potentiel impact sur le changement climatique, mais ne couvre pas les besoins en iode et en calcium d'un adulte. Les efforts pour surmonter ces conflits d'objectifs passent nécessairement par l'amélioration des substituts.

La perception des substituts par des consommatrices et consommateurs

L'analyse qualitative et quantitative de la perception des substituts par des consommatrices et consommateurs suisses montre que ces personnes ont du mal à juger ces produits quant à leurs effets sur la durabilité et la santé. Pour évaluer ces deux aspects, elles se fient avant tout à des règles de base et à leur intuition. Le goût est un facteur déterminant qui favorise une consommation régulière. Il semble également qu'il existe un lien positif entre, d'une part, la durabilité et la santé perçues et, d'autre part, la disposition à consommer, cette relation étant plus forte avec la santé. Il est intéressant de noter que les substituts aux produits carnés sont évalués différemment des substituts aux produits laitiers. Bien qu'étant plus sceptiques à l'égard des alternatives à la viande, les consommatrices et consommateurs estiment plus souvent nécessaire de réduire le recours aux produits carnés plutôt qu'aux produits laitiers. La préférence pour une grande ressemblance des substituts avec leur produit de référence diffère selon les groupes cibles.

Le cadre juridique

Selon les résultats de l'analyse, le cadre juridique applicable en Suisse aux substituts est suffisamment réglementé. La sécurité alimentaire, l'information et la protection contre la tromperie revêtent une importance particulière dans ce contexte. L'approvisionnement en matières premières et son encouragement relèvent, quant à eux, du droit agricole. Les expertes et experts consultés sont d'avis qu'il n'y a pas nécessité de modifier substantiellement le droit alimentaire suisse. Des possibilités de lever les obstacles et d'optimiser la mise en œuvre de la législation ont cependant été identifiées en accord avec la littérature.

La perspective éthique

La considération éthique fait intervenir des références normatives (échelles de valeurs), les problématise et les fonde. Par exemple, à la notion de bien-être animal (éviter à ce dernier douleur et souffrance) vient s'ajouter le concept de dignité animale (même indépendamment de la douleur et de la souffrance, l'abattage industriel constitue une instrumentalisation excessive de l'animal). Étant donné que l'éthique doit s'intéresser aux facteurs qui promeuvent ou entravent l'action qui lui est conforme, elle analyse également les rôles stéréotypés (viande et masculinité) et la dimension symbolique (les substituts comme imitations ou produits d'un genre particulier qui doivent encore être développés). Le risque de dommages irréversibles joue un rôle déterminant dans la mise en balance entre différents biens éthiques ; la durabilité écologique revêt donc une importance éthique particulière.

Le potentiel agricole de la Suisse pour la mise en œuvre de régimes alimentaires alternatifs

Il ressort des études sur le potentiel agricole de la Suisse que ce pays ne se prête pas à la culture de toutes les matières premières requises pour mettre en œuvre des régimes alimentaires alternatifs. Or, du point de vue de l'autosuffisance alimentaire, il serait judicieux de n'utiliser que des matières premières cultivables sur le territoire national. Aujourd'hui, les légumineuses ne sont produites qu'en faible quantité en Suisse. Les besoins théoriques pour une alimentation alternative dépassent ainsi largement la production actuelle. D'autres calculs détaillés de scénarios à partir des modèles sectoriels seraient nécessaires pour représenter de manière adéquate les interactions dynamiques dans l'agriculture suisse. La littérature scientifique fait état de synergies entre une alimentation saine et durable et le degré d'autosuffisance de la Suisse. Celles-ci devraient, lorsque c'est possible, être exploitées de manière systématique également pour la production de substituts.

Conclusion

L'étude met en évidence les multiples avantages et inconvénients des substituts et les conflits d'objectifs qui y sont liés. Dans des conditions adéquates, ces produits peuvent compléter l'alimentation et avoir une influence positive en la rendant plus durable et plus saine. Ceci permettrait, en outre, de mieux maîtriser les risques pour la santé d'une consommation élevée de viande. Ces produits alternatifs ont un potentiel d'amélioration qui doit résolument être exploité. La composition nutritionnelle est un aspect critique pour garantir l'adéquation de ces produits en tant que substituts. Il est donc essentiel d'augmenter la teneur et la qualité des éléments nutritifs contenus dans ces substituts. Dans le même temps, la transparence au niveau des produits doit être améliorée, pour permettre aux consommatrices et consommateurs de choisir les substituts qui leur conviennent et d'évaluer les possibles conséquences d'un régime alimentaire alternatif. L'atteinte de ces objectifs requiert la collaboration de toutes les parties prenantes et la prise en compte de tous les aspects significatifs et du contexte général. En outre, les résultats de l'étude mettent en évidence les avantages qu'une alimentation conforme à la pyramide alimentaire suisse présente tant sur le plan nutritionnel qu'environnemental.

Sintesi

Introduzione

Mobilità, alimentazione, alloggio – tutte le attività umane hanno un impatto sull'ambiente. Se tale impatto diventa particolarmente significativo, occorrono soluzioni urgenti. I riflettori sono sempre più spesso puntati sull'alimentazione, che ha un influsso notevole su vari effetti ambientali, come la scarsità d'acqua, l'uso del suolo e il potenziale di riscaldamento globale. La produzione di alimenti di origine animale contribuisce considerevolmente a questi effetti ambientali. Al contempo, la carne e i latticini forniscono preziosi nutrienti, come proteine di alta qualità e diversi micronutrienti. È tuttavia anche risaputo che un consumo elevato di carni rosse può avere effetti negativi sulla salute. Un adattamento mirato e ben ponderato del sistema alimentare attuale in Svizzera consentirebbe di migliorare la salubrità e la sostenibilità dell'alimentazione svizzera.

Negli ultimi anni sono stati immessi sul mercato sempre più prodotti pensati come sostituti di prodotti di origine animale. Tra gli obiettivi perseguiti figurano anche quelli di migliorare la sostenibilità dell'alimentazione e influenzare favorevolmente la salute. È tuttavia legittimo chiedersi se tali prodotti alternativi o sostitutivi consentano veramente di raggiungere questi obiettivi. Il presente rapporto mira a rispondere a questo interrogativo, analizzando l'impatto sulla sostenibilità e sulla salute di una sostituzione della carne e dei latticini con prodotti alimentari alternativi. L'accento è posto in particolare sull'apporto di nutrienti e sugli effetti ambientali. L'attuazione di tali modelli alimentari alternativi è influenzata anche da fattori esterni. Per questo motivo, oltre alle analisi della salubrità e della sostenibilità sono stati esaminati anche la valutazione dei prodotti alternativi da parte dei consumatori, le condizioni quadro giuridiche, il punto di vista etico nonché il potenziale agricolo della Svizzera di mettere a disposizione materie prime per la produzione di prodotti alternativi.

Metodologia

Visto l'interrogativo formulato, la scelta dei prodotti alternativi è caduta su prodotti che possono effettivamente essere percepiti dai consumatori come prodotti sostitutivi. È il caso da un lato di alimenti tradizionali come il tofu, il cui consumo ha registrato una crescita continua in Svizzera solo negli ultimi decenni, e dall'altro dei nuovi prodotti alternativi che imitano i relativi prodotti di riferimento, come ad esempio i burger vegetariani. I prodotti non trasformati, come le lenticchie o i piselli, non sono stati presi in considerazione. Come prodotti di riferimento sono stati scelti i tipi di carne e latticini più consumati, ossia la carne di maiale, la carne di manzo, la carne di pollame, la carne di vitello, il latte alimentare, il formaggio, la panna e lo yogurt.

Siccome un confronto a livello di prodotti non è abbastanza rappresentativo è stato anche analizzato l'influsso dei sostituti sul valore nutrizionale e sulla dimensione ecologica della sostenibilità a livello dell'alimentazione generale. A tal fine sono stati costruiti modelli dell'alimentazione svizzera media e dell'alimentazione secondo le raccomandazioni della piramide alimentare svizzera e i prodotti di origine animale sono stati sostituiti con le loro alternative in varie percentuali. Il tenore di nutrienti calcolato nei modelli alimentari considerati è poi stato confrontato con le dosi raccomandate per l'apporto giornaliero di nutrienti.

Per le analisi sono stati adottati quattro approcci metodologici. Per ogni tematica esaminata sono state condotte ricerche con parole chiave in banche dati di letteratura scientifica. I dati sui valori nutrizionali e sui bilanci ambientali dei prodotti alternativi e di altri alimenti necessari per i modelli alimentari sono stati estratti da banche dati esistenti. Eventuali lacune nelle serie di dati sono state colmate, se necessario, attingendo alla letteratura. Per analizzare la valutazione dei prodotti alternativi da parte dei consumatori, le condizioni quadro giuridiche e il punto di vista etico sono state condotte interviste semi-strutturate. Un'indagine rappresentativa online ha inoltre fornito indicazioni sulla valutazione dei prodotti alternativi tra la popolazione svizzera.

Salubrità e valore nutrizionale

Rispetto ai relativi prodotti di riferimento (carne e latticini), i prodotti alternativi presentano chiare differenze per quanto riguarda il profilo nutrizionale nonché un'ampia variabilità, persino per i prodotti esteticamente molto simili. Non è quindi possibile stabilire semplicemente a livello di prodotti se i prodotti alternativi si prestino o meno quali sostituti nell'alimentazione generale. Sostituendo la carne e i latticini nell'alimentazione media o in quella raccomandata, in tutti i modelli alimentari alternativi vi è una carenza di vitamina B12. Lo iodio non è presente in misura sufficiente in nessuno dei modelli alimentari esaminati, mentre il calcio è insufficiente solo in caso di sostituzione dei latticini e nell'alimentazione media. Le fibre alimentari, il ferro, il potassio, lo zinco, l'acido folico e la vitamina B5 sono presenti in parte in misura insufficiente nei modelli alimentari alternativi basati sull'alimentazione media. Soddisfare le raccomandazioni relative all'apporto di nutrienti dipende dalla scelta del prodotto alternativo. Per quanto riguarda la quantità di zuccheri aggiunti e acidi grassi saturi, il cui consumo eccessivo rappresenta un rischio per la salute, in tutti i modelli alimentari esaminati sono stati constatati valori superiori alle raccomandazioni, in base all'alimentazione media. Anche qui sono tuttavia emerse differenze a seconda del prodotto alternativo usato come sostituto.

A prescindere dal contenuto complessivo di nutrienti, assumono rilievo anche la qualità e la biodisponibilità dei nutrienti forniti dai prodotti alternativi di origine vegetale: esse sono spesso inferiori rispetto alla qualità e alla biodisponibilità dei nutrienti forniti dai prodotti di riferimento di origine animale. Mediante la trasformazione e l'arricchimento è tuttavia possibile migliorarle.

Nel complesso si può constatare che, sia a livello di produzione sia a livello di consumo di prodotti alternativi, particolare attenzione andrebbe posta su un elevato valore nutrizionale, in particolare per quanto riguarda i nutrienti critici. Il rapporto illustra vari approcci per raggiungere tale obiettivo.

Sostenibilità

Gli effetti negativi sull'ambiente (il cosiddetto impatto ambientale) dei prodotti alternativi alla carne, ad eccezione della carne in vitro, sono inferiori rispetto a quello dei vari tipi di carne considerati. Questa constatazione è valida quando l'impatto ambientale è espresso per kg di prodotto e si sposta leggermente a favore della carne non appena lo si esprime per kg di proteine. I prodotti alternativi alla carne restano però più rispettosi dell'ambiente. L'integrazione dei prodotti alternativi alla carne nei modelli alimentari alternativi mitiga infatti tutti gli effetti ambientali considerati. Le differenze sono minori per quanto riguarda la scarsità d'acqua e maggiori per quanto riguarda invece il potenziale di riscaldamento globale e acidificazione nonché l'uso del suolo, con un potenziale di riduzione superiore al 25% in ognuno dei casi.

Anche per i prodotti alternativi ai latticini è stato osservato un impatto ambientale perlopiù inferiore rispetto a quello dei prodotti di riferimento, salvo per la scarsità d'acqua. Il confronto in base al contenuto di proteine rivela che le alternative al formaggio e al latte, ad eccezione del latte di soia, hanno un impatto ambientale in parte superiore rispetto a quello dei prodotti di riferimento. Pur consentendo di ridurre il potenziale di riscaldamento globale e acidificazione nonché l'uso del suolo, l'integrazione dei prodotti alternativi ai latticini nei modelli alimentari alternativi incrementa la scarsità d'acqua e il potenziale di eutrofizzazione d'acqua dolce.

La dimensione economica della sostenibilità dei prodotti alternativi è più difficile da quantificare. In genere si opera con indicatori. Un possibile termine di paragone è ad esempio il prezzo del prodotto che, per i prodotti alternativi alla carne, è in linea con quello della carne, mentre per le alternative al latte è nettamente superiore a quello del latte vaccino. I prezzi si riferiscono al mercato svizzero. La letteratura sulla dimensione sociale della sostenibilità dei prodotti alternativi è molto scarsa.

Gli obiettivi relativi alla composizione di nutrienti sono in conflitto con quelli relativi all'impatto ambientale. Benché presenti il minor potenziale di riscaldamento globale, un'alimentazione in cui la carne e i latticini sono sostituiti completamente da prodotti sostitutivi non è in grado di coprire il fabbisogno di iodio e di calcio di un adulto. Per superare questi conflitti tra gli obiettivi bisognerebbe far leva su miglioramenti dei prodotti alternativi.

Valutazione dei prodotti alternativi da parte dei consumatori

La valutazione dei prodotti alternativi da parte dei consumatori in Svizzera è stata analizzata sia in termini qualitativi che quantitativi. I risultati evidenziano che i consumatori fanno fatica a valutare la sostenibilità e la salubrità dei prodotti alternativi. Per valutare questi due aspetti tendono quindi ad affidarsi a regole approssimative e all'intuito. Il gusto è un fattore chiave che favorisce un consumo regolare. Sembra esserci una correlazione positiva anche tra la disponibilità al consumo da un lato e la sostenibilità e la salubrità percepite dall'altro, una correlazione che è più marcata per quanto riguarda la salubrità. È interessante rilevare che le alternative alla carne e ai latticini non sono valutate allo stesso modo. I consumatori sono infatti più scettici nei confronti dei prodotti alternativi alla carne, al tempo stesso per quanto riguarda la carne ammettono più spesso, rispetto ai latticini, la necessità di ridurne il consumo. La preferenza per una forte somiglianza tra i prodotti alternativi e il prodotto di riferimento varia a seconda dei gruppi target.

Condizioni quadro giuridiche

Stando ai risultati dell'analisi, in Svizzera le condizioni quadro giuridiche per i prodotti alternativi sono disciplinate in misura sufficiente. A livello di contenuti spiccano la sicurezza degli alimenti, la protezione contro gli inganni e la messa a disposizione di informazioni. Nel contesto della legislazione agricola assumono rilievo la fornitura di materie prime e la sua promozione. Gli esperti intervistati non intravedono particolari necessità di modificare la legislazione svizzera sulle derrate alimentari. In linea con la letteratura sono però identificate alcune opzioni per eliminare gli ostacoli e ottimizzare l'esecuzione.

Il punto di vista etico

L'analisi etica introduce, esamina in modo articolato e motiva riferimenti normativi fondamentali (giudizi di valore). Accanto alla nozione di benessere degli animali (prevenzione del dolore e della sofferenza) compare ad esempio quella di dignità degli animali (l'uccisione in massa di animali rappresenta una strumentalizzazione eccessiva, anche a prescindere dal dolore e dalla sofferenza). Siccome deve interessarsi ai fattori che favoriscono o inibiscono l'azione etica, l'etica analizza anche i modelli di ruolo (carne e virilità) e i significati simbolici (prodotti alternativi quali imitazioni o prodotti a sé ancora da sviluppare). Nel ponderare beni etici differenti svolge un ruolo chiave il rischio di danni irreversibili: la sostenibilità ecologica è quindi particolarmente rilevante dal punto di vista etico.

Potenziale agricolo della Svizzera di attuare modelli alimentari alternativi

Le indagini sul potenziale agricolo della Svizzera di attuare modelli alimentari alternativi rivelano che non tutte le materie prime si prestano ad una coltivazione in Svizzera. Nell'ottica dell'autosufficienza avrebbe quindi senso usare solo materie prime che possono essere coltivate anche sul territorio svizzero. Attualmente in Svizzera le leguminose sono prodotte solo in piccoli quantitativi: il fabbisogno teorico di un'alimentazione alternativa supera quindi sensibilmente la produzione attuale. Per rappresentare in misura sufficiente le interazioni dinamiche nell'agricoltura sarebbero necessari ulteriori calcoli di scenari complessi con modelli settoriali. La letteratura scientifica evidenzia sinergie tra un'alimentazione sana e sostenibile e il grado di autosufficienza della Svizzera. Tali sinergie andrebbero sfruttate sistematicamente, nei limiti del possibile, anche per la produzione di prodotti alternativi.

Conclusione

Lo studio mostra i molteplici vantaggi e svantaggi dei prodotti alternativi e i conflitti tra gli obiettivi. Nelle condizioni giuste, i prodotti alternativi possono completare l'alimentazione, influenzando favorevolmente la sostenibilità e la salubrità dell'alimentazione. Consentirebbero inoltre di gestire meglio i rischi per la salute di un consumo eccessivo di carne. Il potenziale effettivo di migliorare i prodotti andrebbe affrontato sistematicamente. La composizione nutrizionale dei prodotti alternativi è infatti un fattore critico ai fini della loro idoneità come prodotti sostitutivi. È quindi indispensabile aumentare la densità e la qualità nutritiva dei prodotti alternativi. Al contempo andrebbe però anche migliorata la trasparenza a livello di prodotti, in modo da consentire ai consumatori di scegliere i prodotti adatti a loro e di valutare i possibili effetti di un'alimentazione con prodotti alternativi. Per raggiungere questi obiettivi è necessaria una collaborazione tra tutti i gruppi di interesse, tenendo conto di tutti gli aspetti pertinenti, comprese le condizioni quadro esterne. I risultati dello studio evidenziano inoltre i vantaggi, sia in termini di valori nutrizionali sia in termini di impatto ambientale, di un'alimentazione secondo la piramide alimentare svizzera.

1. Einführung in die Problemstellung

Gemäss MyClimate werden 15,4% der durchschnittlichen CO_2-Emissionen der Schweizer Bevölkerung durch die Ernährung verursacht (SRF & MyClimate, 2021). Transportwege und Verarbeitungsprozesse erklären nur einen kleinen Teil dieses Prozentsatzes (Zurek et al., 2022), welche Produkte konsumiert werden, den grösseren (Poore & Nemecek, 2018). Würden sich z.B. alle Schweizerinnen und Schweizer vegan ernähren, das heisst auf den Konsum tierischer Produkte verzichten, würden sich die durchschnittlichen ernährungsbedingten CO_2-Emissionen um die Hälfte verringern (SRF & MyClimate, 2021). Der Konsum tierischer Produkte hat aber nicht nur Auswirkungen auf das Klima. Tatsächlich gibt es eine grosse Zahl an Umweltauswirkungen durch die Produktion von Nahrungsmitteln. So verursacht der Import von Futter-Soja aus Brasilien auch die Abholzung von Regenwald für die Erschliessung neuen Ackerlandes, das zuvor Lebensraum einer Vielzahl von Arten war (Grenz & Angnes, 2020). Crenna et al. (2019) fanden heraus, dass in der Europäischen Union Fleisch im Vergleich zu 32 Lebensmitteln die Biodiversität am meisten beeinflusst. Weiter zeigten Poore & Nemecek (2018), dass Fleisch, Aquakultur, Eier und Milcherzeugnisse global zwischen 56–58% aller Emissionen verursachen, welche auf Lebensmittel zurückgehen.

Nebst den Auswirkungen auf die Umwelt gilt es auch die gesundheitlichen Folgen des Konsums tierischer Produkte zu beachten. Einerseits wirkt sich der übermässige Konsum von rotem Fleisch und verarbeiteten Fleischprodukten wie Wurst negativ auf die Lebenserwartung aus (Fadnes et al., 2022) und wird mit erhöhtem Risiko für nicht übertragbare Krankheiten wie Herz-Kreislauf-Erkrankungen, Diabetes und einige Formen von Krebs assoziiert (Feskens et al., 2013; Schwingshackl et al., 2017). Das ist umso besorgniserregender, da weltweit der Konsum tierischer Produkte ansteigt (Kearney, 2010). Andererseits sind tierische Produkte wichtige Protein- und Mikronährstoffquellen, welche bei einer veganen Ernährung teilweise fehlen (WHO, 2021) oder zugesetzt werden müssen (Ernstoff et al., 2020; Feskens et al., 2013; Schwingshackl et al., 2017; Stylianou et al., 2021).

Zudem prägen Überlegungen zum Tierwohl den Konsum tierischer Produkte. Der Verzicht auf tierische Produkte und besonders auf Fleisch wird häufig dadurch motiviert, dass das Töten von Tieren für die menschliche Ernährung ethisch nicht vertretbar ist (Coop, 2023).

Es gibt verschiedene Ansätze, um die negativen Auswirkungen des Konsums tierischer Produkte auf Gesundheit und Umwelt zu reduzieren. So besteht die Möglichkeit durch technischen Fortschritt die Produktionsprozesse effizienter zu gestalten (Zurek et al., 2022) oder durch eine Umstellung der Produktionsmethoden den Ressourcenverbrauch und die Emissionen zu verringern (Poore & Nemecek, 2018). Der potenziell einflussreichere Ansatz jedoch ist die Umstellung der Ernährung (Poore & Nemecek, 2018; SRF & MyClimate, 2021).

In der Schweiz hat das Bewusstsein diesbezüglich in den letzten 10 Jahren zugenommen. Während 2012 noch 40% der Bevölkerung bewusst regelmässig auf tierische Produkte verzichteten, waren es 10 Jahre später schon 60% (68% der Frauen und 52% der Männer) (Coop, 2023). In einem kürzlich veröffentlichten Whitepaper der Universität St. Gallen, in dem die flexitarische[1] Ernährung anhand von Kassenzetteln und Maximalwerten des Konsums von tierischen Produkten bestimmt wurde, konnte ein Anteil von 18,3% festgestellt werden (Eggenschwiler et al., 2023). Der deutlich niedrigere Wert erklärt sich durch die strengere Einteilung der Gruppen mit kleineren Mengen an Fleisch bei Flexitariern.

Der Umweltschutz ist für Junge (15–29 Jahre) die Hauptmotivation für eine flexitarische Ernährung, für ältere Menschen (60–79 Jahre) ist es die Gesundheit. Für Vegetarierinnen sowie Veganer stehen ethische Gründe, vor allem der Tierschutz, im Vordergrund. In der Schweiz ernähren sich etwa 7,8% der Bevölkerung rein vegetarisch und 0,5% vegan (Eggenschwiler et al., 2023).

Eine Ernährungsumstellung kann über verschiedene Wege geschehen. Eine Möglichkeit ist der Austausch von tierischen Produkten durch Alternativprodukte. Zu diesen Alternativprodukten gehören sowohl stark verarbeitete Produkte pflanzlicher oder tierischer Herkunft, wie Pflanzendrinks oder Insektenburger, als auch traditionelle pflanzliche Proteinquellen, wie Falafel oder Seitan. Der Begriff «Alternative» oder «Ersatzprodukt» bezieht sich im Rahmen dieser Studie darauf, dass solche Produkte die jeweiligen Referenzprodukte wie Fleisch, Milch, Eier oder Fisch in einer Mahlzeit ersetzen sollen.

Es stellt sich allerdings die Frage, ob eine Ernährung mit grossen Anteilen an Alternativprodukten für Fleisch und Milch hinsichtlich Gesundheit und Umwelt überhaupt wünschenswert wäre und welche Auswirkungen dies auf Gesellschaft und Wirtschaft hätte.

---

[1] Das Wort flexitarisch ist kein eindeutig definierter Begriff, aber bedeutet zumeist, dass jemand regelmässig bewusst auf Fleisch verzichtet.

Der vorliegende Bericht zielt auf die Beantwortung dieser Fragen. Dabei werden zwei Hauptziele verfolgt. Zum einen wird ein Überblick über die gesundheitlichen, ökologischen, sozialen und ökonomischen Auswirkungen von Alternativen zu Milchprodukten und Fleisch geschaffen. Zum anderen werden die gesellschaftlichen Rahmenbedingungen und die Beurteilung von Alternativprodukten durch Konsumentinnen und Konsumenten sowie das landwirtschaftliche Potenzial der Schweiz zur Umsetzung von Ernährungsmustern mit unterschiedlichen Anteilen an Alternativprodukten untersucht. Aus den gesammelten Erkenntnissen werden schlussendlich Empfehlungen für die verschiedenen Interessengruppen abgeleitet.

Der Fokus der Analysen liegt auf zwei Arten von Produkten. Zum einen werden Produkte betrachtet, welche in anderen Erdteilen als traditionell gelten, aber in Europa erst in den letzten Jahren zunehmend konsumiert werden. Zum anderen werden neuartige Produkte untersucht, die als Ersatzprodukte ausgewiesen und in den letzten Jahren auf den Markt gekommen sind oder bei denen erwartet wird, dass sie in Zukunft einen nennenswerten Marktanteil erreichen werden.

2. Erläuterung der Referenzmärkte und -produkte

Zunächst wurde untersucht, welche tierischen Produkte in der Schweiz die grösste Relevanz haben, um eine Auswahl an geeigneten Referenzprodukten treffen zu können. 2021 lag der Produktionswert der Schweizer Landwirtschaft bei 11,2 Milliarden Franken, wovon 2,9 Milliarden Franken auf Tiere (Fleisch) zurückzuführen waren und 2,6 Milliarden Franken auf Milch (BfS, 2022a). Beide zusammen stellten also knapp die Hälfte (49%) des Produktionswertes. Die Produktion von Eiern kommt auf einen Wert von 0,3 Milliarden Franken, andere tierische Erzeugnisse kommen zusammen auf 7 Millionen Franken.

Daten des Schweizerischen Bauernverbandes zufolge lag die Produktion von Verkehrsmilch (vermarktete Milch) 2021 bei knapp 3,4 Millionen Tonnen (SBV, 2022). Davon waren über 99% Kuhmilch. Zur Einordnung der Hauptprodukte wird die Menge der Milchäquivalente (MAQ)[2] angegeben. Laktose wird nicht berücksichtigt. Nach Menge der Milchäquivalente waren 2021 die Hauptprodukte der Milchindustrie: Käse (47%), Butter (14%), Trinkmilch (11%), Dauermilchwaren (10%), Konsumrahm (8%) und Joghurt (4%). Die restlichen Produkte addieren zu 6% auf. Für die Auswahl geeigneter Referenzprodukte musste nun bedacht werden, inwieweit Alternativprodukte zu den relevanten Milchprodukten vorhanden sind. Für Butter gibt es mit Margarine seit dem 19. Jahrhundert eine etablierte pflanzenbasierte Alternative. Da die vorliegende Studie insbesondere neuartige und neu eingeführte Produkte untersucht, scheidet Butter somit als Referenzprodukt aus. Der Begriff Dauermilchwaren bezieht sich auf verschiedene Produkte wie Milchpulver oder Proteinextrakte, welche oft kein selbstständiges Produkt darstellen, sondern vielmehr als Zutat zu anderen Produkten dienen, weshalb hier der Vergleich zu Alternativprodukten insbesondere im Kontext der Ernährung schwerfällt. Dementsprechend wurden auch die Dauermilchwaren nicht als Referenzprodukt berücksichtigt. Somit ergibt sich folgende Auswahl an Milchreferenzprodukten: Käse, Trinkmilch, Rahm und Joghurt. Die Analyse des Schweizer Marktes für Alternativprodukte (Kapitel 3.5) zeigte, dass zu allen vier Referenzen neuartige Alternativen existieren.

---

2 Ein MAQ entspricht 33 g Milchprotein und 40 g Milchfett.

Die Schweizer Fleischproduktion lag 2021 bei insgesamt 495.000 Tonnen Schlachtgewicht und 456.000 Tonnen Verkaufsgewicht (81% Inlandproduktion) mit den vier Hauptprodukten Schweine-, Geflügel-, Rind- und Kalbfleisch[3] (Proviande, 2021a). Die vier wichtigsten Fleischsorten jeweils sowohl in unverarbeiteter als auch verarbeiteter Form ergeben acht Referenzprodukte. Als verarbeitet werden alle Produkte betrachtet, die nicht frisch sind, z.B. Wurst und Aufschnitt. Dabei wurde auf die gebräuchliche NOVA-Klassifizierung (Monteiro et al., 2019) Bezug genommen, welche nur Frischfleisch ohne Zusätze als gering verarbeitet betrachtet (NOVA 1). Andere, nicht beachtete Fleischsorten umschliessen unter anderem Schaf, Pferd und Wild, die zusammen auf 5% der Gesamtproduktion kommen. Wie schon für die Milchproduktreferenzen zeigte auch hier die Analyse der Alternativprodukte in der Schweiz, dass es für alle acht Fleischreferenzen Alternativprodukte gibt, wobei allerdings die Anzahl an Angeboten zu den jeweiligen Referenzprodukten sehr variiert.

Wie bereits in der Einführung angesprochen, spielen Fleisch und Milchprodukte eine essenzielle Rolle in der Schweizer Lebensmittelpyramide (SGE, 2020). Beide zusammen bilden den Hauptbestandteil einer der fünf Hauptnahrungsgruppen (den Eiweisslieferanten). Pro Woche werden 2 bis 3 Portionen à 100–120 g Fleisch empfohlen. Milchprodukte sollen häufiger konsumiert werden (3 Portionen täglich[4]), wobei die Portionsgrösse der Milchprodukte sehr variiert. Während die Portionsgrösse von Trinkmilch mit 2 dl angegeben ist, sind es bei Hartkäse nur 30 g (SGE, 2020).

In der nationalen Ernährungsstudie menuCH in der Schweiz 2014 wurde festgestellt, dass der durchschnittliche wöchentliche Fleischkonsum bei 780 g pro Person lag, was ungefähr dem Dreifachen der von der Schweizerischen Gesellschaft für Ernährung empfohlenen Menge entspricht (SGE, 2020; Tschanz et al., 2022). Hierbei waren grosse Unterschiede zwischen den Geschlechtern und Altersklassen zu beobachten, nichtsdestotrotz lagen sämtliche demographische Gruppen über den Empfehlungen (Tschanz et al., 2022). Bei den Milchprodukten dagegen blieb die Zufuhr mit durchschnittlich zwei täglichen Portionen unter den derzeitigen Empfehlungen (SGE, 2020). Auch hier war eine Abhängigkeit von demographischen Faktoren zu beobachten, wobei alle Gruppen insbesondere für den Konsum von Milch, Joghurt und Weichkäse unter den Empfeh-

[3] Kalb- und Rindfleisch wurden unabhängig voneinander betrachtet, da insbesondere bei den Umwelteinflüssen der Produktion mit grösseren Unterschieden zu rechnen ist.

[4] In den überarbeiteten Ernährungsempfehlungen, welche für 2024 angekündigt sind, werden voraussichtlich 2–3 Portionen Milchprodukte am Tag empfohlen.

lungen[5] lagen. Für den Konsum von Fleisch und Milchprodukten lassen sich diverse Trends beobachten, wie zum Beispiel die Abnahme des Konsums von Trinkmilch[6] und Schweinefleisch und die Zunahme des Konsums von Geflügelfleisch (Mann & Loginova, 2023).

Aufgrund ihrer Relevanz für die Schweizer Land- und Ernährungswirtschaft fokussiert sich die gegenwärtige Studie auf die zwei Produktgruppen Fleisch und Milchprodukte als Referenzen. Dies steht auch gut im Einklang mit der Verfügbarkeit von Alternativprodukten in der Schweiz (Kapitel 3.5).

---

[5] Ernährungsempfehlungen haben auch einen kulturellen Hintergrund. Herforth et al. (2019) haben in einer Studie 90 verschiede nationale Ernährungsrichtlinien aus allen Kontinenten verglichen und für verschiedene Nahrungsmittelgruppen ausgewertet. Während der Konsum von Milchprodukten insbesondere in Europa, Nordamerika und dem Nahen Osten stark empfohlen wird, werden Milchprodukte in vielen Ländern Afrikas (50%), Lateinamerikas (62%) und des Pazifischen Asiens (40%) nicht als separate Gruppe betrachtet, sondern mit anderen Proteinquellen oder calciumreichen Alternativen auf pflanzlicher Basis zusammengefasst. Dies ist naheliegend, wenn man bedenkt, dass grosse Teile der Weltbevölkerung Laktose nicht verdauen können und dementsprechend auf alternative Nährstoffquellen angewiesen sind (Bayless et al., 2017; Storhaug et al., 2017). Auch für Fleisch zeigte sich, dass es in den Ernährungsrichtlinien oft mit pflanzlichen Proteinquellen kombiniert wird (37%).

[6] Dieser Trend zeigt sich schon seit 50 Jahren.

3. Überblick über die Alternativprodukte

Alternativprodukte umfassen grundsätzlich alle Lebensmittel, die Produkte tierischen Ursprungs wie Fleisch, Milch, Eier oder Fisch aus Sicht der Konsumentinnen und Konsumenten ersetzen sollen. Der Ersatz kann sowohl auf Nährstoffebene wie auch auf organoleptischer Ebene geschehen. Organoleptische Charakteristiken umfassen Geschmack, Aussehen, Geruch, Textur und Farbe.

Wie in den Kapiteln 1 und 2 erläutert, fokussiert sich der gegenwärtige Bericht auf neuartige oder neu eingeführte Alternativen zu Fleisch und Milchprodukten. In den folgenden Unterkapiteln wird vorgestellt, wie die Alternativprodukte innerhalb der Studie klassiert wurden. Zudem wird erläutert, welche Produkte unter die jeweilige Hauptkategorien fallen und was typische Produktionsprozesse sind.

3.1. Klassierung der Alternativprodukte

Eine Klassierung wurde für den Bericht eingeführt, um die Resultate kondensiert wiedergeben zu können. Zur Einteilung wurden verschiedene Charakteristika der Produkte genutzt. Ziel war es möglichst solche Produkte zu gruppieren, welche ähnliche Resultate mit Bezug auf die quantitative Auswertung (Nährwerte und Umweltwirkungen) liefern würden. Die ersten zwei Produkteigenschaften, welche als Grundlage für die Hauptklassierung dienten, waren die Herstellung und die Verarbeitung. Weitere Produkteigenschaften wurden für Detailanalysen genutzt. Die häufige Unterscheidung zwischen *In-vitro*-Fleisch, Fermentation[7] und pflanzlichen Alternativen (GFI, 2021a, 2021b, 2021c) wurde nicht übernommen, da beinahe alle momentan verkauften Produkte in die Kategorie der pflanzlichen Alternativen fallen würden und daher im Rahmen der Studie keine sinnvolle Unterscheidung der Produkte möglich gewesen wäre.

---

7 Traditionelle Fermentation spielt in dieser Gruppe nur eine untergeordnete Rolle (neben Fermentation zu mikrobiellen Produkten und Präzisionsfermentation).

3.1.1. Hauptklassierung

Zunächst wurde die Art der Herstellung zwischen autotroph und heterotroph unterschieden. Während eine heterotrophe Produktion auf die Zufuhr organischen Materials in Form von Futter oder Nährmedien angewiesen ist, wird bei einer autotrophen Produktion nur die Zufuhr anorganischer Stoffe (wie z.B. Stickstoff und Phosphor) benötigt. Eine autotrophe Produktion umfasst also insbesondere die pflanzlichen und einige mikrobielle[8] Produkte. Die heterotrophe Produktion dagegen umfasst sowohl tierische (inklusive Laborfleisch) als auch die meisten mikrobiellen Produkte. Damit wird der Tatsache Rechnung getragen, dass heterotrophe Produktionsmethoden auf die Zufuhr von organischem Kohlenstoff aus autotropher Produktion (zumeist pflanzlich) angewiesen sind, was Auswirkungen auf die Komplexität und den erwarteten Ressourcenverbrauch der Produktion hat. Gleichzeitig erlaubt es die intuitive Unterscheidung zwischen pflanzlich und tierisch auf Mikroorganismen, die zu keiner der zwei Kategorien gehören, zu erweitern.

Die zweite Unterscheidung wurde anhand der Verarbeitung vorgenommen. Mit der NOVA-Klassifizierung gibt es bereits ein verbreitetes System zur Unterscheidung verschiedener Verarbeitungsstufen (Monteiro et al., 2019). Diese orientiert sich allerdings hauptsächlich an der Länge der Zutatenliste, um den Verarbeitungsgrad zu bewerten, weshalb selbst nahezu identische Produkte in verschiedenen Kategorien eingeordnet werden. Naturjoghurt wäre auf Stufe 1, Joghurt mit Zucker-, Farbstoff- und Geschmackszusätzen wäre auf Stufe 4, unabhängig davon wie viel von den jeweiligen Substanzen enthalten ist. Selbst der Zusatz von Vitaminen und Mineralstoffen zur Verbesserung der Nährstoffqualität eines Produktes führt zu einer höheren Einstufung (Petrus et al., 2021). Daher wurde entschieden, dass sich die Verarbeitungsmethoden besser für die Produktunterscheidung im Bericht eignen.

Die für die Produktion entscheidende Technologie wurde als Grundlage der Unterscheidung genutzt, wobei die höchste angewandte Stufe für die Einteilung des Produktes entscheidend war. Es werden vier Stufen unterschieden (**Tab. 1**). Stufe eins beschreibt Verarbeitungstechniken mit wenigen Schritten und geringer bis keiner weiteren Behandlung der Rohstoffe. Beispiele sind Reinigung, Trocknung und Schälen. Auf Stufe zwei werden physikalische Prozesse einge-

8 Mikrobielle Produkte sind im Gegensatz zu fermentierten Produkten solche, bei denen die Mikroben selber zum Produkt werden, also etwa Algen oder Bakterien.

setzt wie Rösten und Mahlen oder Extrusion[9]. Stufe drei umfasst biochemische Prozesse wie beispielsweise Gerinnung und Fermentierung. Die vierte und letzte Stufe betrifft sehr komplexe biotechnologische Verfahren wie die Kultur von In-vitro-Fleisch und Präzisionsfermentation.

Hybridprodukte[10] werden als heterotrophe Produkte eingeordnet. Ausschlaggebend für die Deklaration als Hybridprodukt ist, dass ein substanzieller Anteil der Zutaten aus sowohl autotropher als auch heterotropher Produktion stammt. Substanziell bedeutet in diesem Zusammenhang, dass die heterotrophen Zutaten als Nährstoffquelle zugefügt wurden und nicht nur für die Produktkonsistenz, da in diesen Fällen der Anteil an der Produktmasse bei nur wenigen Prozent liegt. Die Hauptklassierung ist in **Tab. 1** dargestellt. Beispielprodukte sowie die jeweilige NOVA-Kategorie werden gezeigt. Nicht jede der möglichen Kombinationen aus Verarbeitung und Herstellung wurde in der gegenwärtigen Studie betrachtet. Die Stufe der gering verarbeiteten Produkte wurde ausgeschlossen, da Produkte in dieser Stufe, soweit den Autoren bekannt, nicht als neuartige oder neu eingeführte Ersatzprodukte verkauft werden. Unter den heterotroph hergestellten Produkten gibt es für die biochemische Verarbeitungsstufe momentan keine auf dem Markt verfügbaren Alternativprodukte. Es wäre allerdings in Zukunft möglich, über biochemische Prozesse beispielsweise Käse aus mikrobiellen Milchproteinen herzustellen. Für die Studie ergeben sich vier Hauptkategorien an Produkten: autotroph physikalisch und autotroph biochemisch sowie heterotroph physikalisch und heterotroph biotechnologisch.

---

9 Bei der Extrusion handelt es sich um einen aufwendigen Verarbeitungsschritt, weshalb biochemisch verarbeitete Produkte nicht zwingend «höher» verarbeitet sind als physikalisch verarbeitete. Da biochemische Verarbeitung allerdings auch oft physikalische Schritte beinhaltet, wurde die Reihenfolge der Stufen so gewählt.

10 Als Hybridprodukte werden zumeist Produkte bezeichnet, die sowohl pflanzliche als auch tierische Hauptzutaten enthalten.

Tab. 1: Hauptklassierung der Alternativprodukte nach Art der Produktion und angewandter Technologie in der Verarbeitung. In der gegenwärtigen Studie werden Produkte der Gruppen in Grün betrachtet und in Grau nicht betrachtet.

Produktionsart	Verarbeitung	NOVA[11]	Beispiele
Autotrophe Produktion	(1) gering	1	Nüsse, Hülsenfrüchte, Getreide
	(2) physikalisch	3	Falafel, Gemüseburger, Seitan
			Pflanzendrinks
	Extrusion[12]	4	Burger, Schnitzel, Gehacktes
	(3) biochemisch	3	Tofu, Tempeh, Joghurtalternativen
Heterotrophe Produktion	(1) gering		
	(2) physikalisch	3	Insekten, Quorn®, Mikroalgen
	Extrusion	4	Burger, Schnitzel, Gehacktes
	(3) biochemisch	4	Käse aus mikrobiellem Milchprotein
	(4) biotechnologisch[13]	4	*In-vitro*-Fleisch

3.1.2. Detailklassierung

Abgesehen von der Herstellung und Verarbeitung wurden zusätzliche Produkteigenschaften untersucht, um die Produkte detaillierter zu charakterisieren und eine übersichtliche und schwerpunktorientierte Analyse zu ermöglichen. Ausschlaggebend für die Auswahl der Produkteigenschaften war deren Relevanz für die Nährwerte und Umweltbilanzen[14]. Die folgenden zwei Aspekte wurden in diesem Klassierungsschritt genutzt:

---

[11] Einordung in 1 – nicht oder nur gering verarbeitet, 3 – verarbeitet und 4 – hoch verarbeitet

[12] Extrusion wird hier separat aufgeführt, um aufzuzeigen, dass es sich um einen aufwendigen Verarbeitungsschritt handelt, welcher zu einer höheren NOVA-Kategorisierung führen kann. Da aus den im Verlauf der Studie gesammelten Daten selten ersichtlich ist, wie einzelne Produkte verarbeitet werden, wird die Stufe der physikalischen Verarbeitung in der Auswertung nicht aufgetrennt.

[13] Biotechnologisch beschreibt sowohl die Herstellung als auch die Verarbeitung.

[14] Erste Analysen hatten z.B. gezeigt, dass die Produktform (z.B. Schnitzel, Gehacktes oder Geschnetzeltes) keinen Einfluss auf die Umweltwirkungen und Nährwerte hat. Daher wurde sie im Verlauf der Studie nicht weiter beachtet.

- Hauptzutaten: Welche Rohstoffe sind die Hauptbestandteile des Alternativproduktes?
- Referenzprodukt: Welches der in Kapitel 2 eingeführten Referenzprodukte soll ersetzt werden?

Da Fleischalternativen grundsätzlich verschiedene Fleischsorten ersetzen können, war für sie vor allem die Hauptzutat ein weiterer Unterscheidungsfaktor. Bei den Milchprodukten dagegen war es ebenfalls wichtig anhand des Referenzproduktes zu unterscheiden. Gleichzeitig erlaubte die Datenverfügbarkeit nur für die Milchalternativen eine Unterscheidung anhand der Hauptzutat. Die Produktgruppen, die sich aus der Detailklassierung ergeben, sind in **Tab. 2** gezeigt. Während im Haupttext des Berichtes die Auswertung anhand der Hauptkategorien gezeigt ist, finden sich im Annex (Seite 239 ff.) die Ergebnisse nach den Produktgruppen.

Tab. 2: Detailklassierung der Alternativprodukte. In Grau gehalten sind Produktgruppen, bei denen aufgrund der Datenverfügbarkeit keine kombinierte Auswertung der Umweltbilanzen und Nährwerte durchgeführt werden konnte.

Hauptkategorien	Fleischalternativen	Milchproduktalternativen
Autotroph, physikalisch	Soja-Alternativen	Sojadrink
	Weizen-Alternativen	Haferdrink
	Erbsen-Alternativen	Mandeldrink
	Bohnen-Alternativen	Reisdrink
	Falafel	Alle Rahmalternativen
		Alle Joghurtalternativen
		Alle Käsealternativen
Autotroph, biochemisch	Soja-Alternativen	
Heterotroph, physikalisch	Mycoprotein-Alternativen	
	Insekten-Alternativen	
Heterotroph, biotechnologisch	*In-vitro*-Fleisch	

3.2. Autotrophe Alternativprodukte – Herstellungsverfahren und Beispiele

3.2.1. Geringer Verarbeitungsgrad und traditionelle vegetarische Gerichte

Traditionelle vegetarische Gerichte, das heisst Gerichte ohne Fleisch oder Fisch, sind oft Kombinationen aus verschiedenen proteinreichen Lebensmitteln. Dabei erhöht diese Kombination gerade die Proteinqualität des Gerichts und verbessert die Verdauung und Aufnahme der Aminosäuren (Hertzler et al., 2020). Zu den etablierten, wenig verarbeiteten proteinreichen Lebensmitteln zählen Nüsse, Hülsenfrüchte wie Soja, Linsen, Kichererbsen, Bohnen oder Erdnüsse, glutenhaltige Getreide wie Weizen, Dinkel, Roggen oder Triticale sowie glutenfreie Getreide wie Reis. Die Verarbeitung dieser Lebensmittel zum Endprodukt besteht aus wenigen Schritten wie Reinigung, Trocknen, Schälen, Schleifen und Polieren. Werden diese Lebensmittel dann durch Kochen in Gerichte verarbeitet, so sind strukturelle und geschmackliche Ähnlichkeiten zu Fleisch und Milch begrenzt, der Nährstoffgehalt kann sie aber dennoch zu Alternativen in einer gesunden Ernährung machen.

3.2.2. Verarbeitung durch physikalische Prozesse

Pflanzliche Rohstoffe werden oft rein physikalisch weiterverarbeitet. Für die Herstellung von Seitan zum Beispiel werden die Weizenkörner in einer Trockenmühle gequetscht und gesiebt und Kleie und Keime aus dem Mehl entfernt. Das Mehl wird mit Wasser vermischt und Stärke und Gluten werden getrennt. Das so gewonnene Weizengluten wird dann geknetet, getrocknet und als Seitan verkauft (Flambeau et al., 2017). Dank der besonderen viskoelastischen Eigenschaften vom Weizengluten wird eine fleischartige Textur erreicht.

Die Verarbeitung pflanzlicher Rohstoffe zu Flüssigkeiten, die als Alternative zu Milch vermarkt werden, ist ebenfalls physikalisch. Der pflanzliche Rohstoff wird gemahlen und mit Wasser vermischt und die Feststoffe werden durch Filtrieren oder Zentrifugieren abgetrennt. Anschliessend ist eine Homogenisierung notwendig, um die Grösse der Partikel und die Sedimentations- oder Aggregationsprozesse zu verringern und so die Stabilität der Mischung zu garantieren. Globuline, die wichtigsten Proteinfraktionen in vielen pflanzlichen Milchalternativen, sind bei niedrigen Salzkonzentrationen nicht vollständig löslich, darum werden in den derzeitigen Milchersatzprodukten Salze hinzugefügt. Weitere Zutaten wie

Zucker, Öl oder Aromen, Stabilisatoren, Emulgatoren und Regulatoren können noch hinzugefügt, eine Ultrahocherhitzung durchgeführt oder andere Prozesse zur Reduktion von Nebengerüchen angehängt werden. Pflanzliche Milchersatzprodukte sind der Kuhmilch in der Textur, Aussehen und Anwendung sehr ähnlich, unterscheiden sich aber teilweise, je nach Rohstoff und Anreicherung, in Nährstoffzusammensetzung und -gehalt und ihrem Geschmack ganz wesentlich (Bocker & Silva, 2022; Burton-Pimentel & Walther, 2023; Green et al., 2022; Mäkinen et al., 2016).

3.2.2.1. Textur durch Extrusion

Die Entwicklung des thermo-mechanischen Prozesses der Extrusion in den 1990er Jahren, bei dem ein Teiggemisch unter Anwendung von Druck und Temperatur durch eine Öffnung gepresst wird, hat in dieser Hinsicht eine neue Welt der Möglichkeiten eröffnet. Besonders zur Nachahmung von Fleisch wird Extrusion oft verwendet, um pflanzlichen Proteinen eine faserige Struktur ähnlich der des Muskelfleisches zu geben. Fleischanaloge mit hohem Feuchtigkeitsgehalt werden allesamt durch Extrusion produziert.

Unterschiedliche Rohprodukte können für die Extrusion gebraucht werden, wobei der Proteingehalt bei der Wahl entscheidend ist. Proteine haben strukturierende, texturgebende, emulgierende, schäumende, flüssigkeitsbindende und nahrhafte Eigenschaften, welche für pflanzliche Analoge besonders wichtig sind (McClements & Grossmann, 2021). Proteinzutaten werden entweder als Mehle, Konzentrate oder Isolate verkauft und können aus unterschiedlichen pflanzlichen Quellen kommen. Zu den texturierten pflanzlichen Analogen zählen zum Beispiel pflanzliche Burger, Schnitzel oder Würste. In der Schweiz zählen die US-amerikanische Firma Beyond® und die Schweizer Firmen Hilcona, Planted sowie die Migros und Coop mit ihren hauseigenen Produkten (V-Love, Délicor, Cornatur) zu den bekanntesten Herstellern von texturierten pflanzlichen Produkten.

3.2.3. Verarbeitung durch biochemische Prozesse

Die Fermentation ist ein weiteres Beispiel eines biochemischen Verarbeitungsschrittes. Sie ist für Alternativprodukte besonders relevant, da sie die organoleptischen Eigenschaften der Produkte verbessern und deren Haltbarkeit verlängern kann. Es handelt sich dabei um eine schonende Verarbeitung, welche meist ohne oder mit sehr wenigen Zusatzstoffen auskommt. In Indonesien wird

Fermentation zum Beispiel für die Herstellung von Tempeh verwendet. Tempeh ist ein kompaktes, weisses, kuchenförmiges Produkt, das traditionell aus geschälten und gekochten Sojabohnen hergestellt wird. Tempeh weist eine fleischartige Textur auf und enthält zum Beispiel Vitamin B12 und Selen, beides wichtige Nährstoffe für eine gesunde Ernährung ohne tierische Produkte (Ahnan-Winarno et al., 2021). Auch planted® aus der Schweiz hat kürzlich ein Fleischanalog zu Brühwürsten mittels Fermentationstechnologie auf den Markt gebracht (foodaktuell, 2023c). Die Fermentation verläuft ähnlich wie bei Käse mit der Beimpfung/Zufuhr von speziellen Starterkulturen der Gattung *Rhizopus* und kann auf unterschiedliche Substrate angewendet werden, wie zum Beispiel Kichererbsen, Linsen oder Bohnen.

3.2.4. Verarbeitung durch physikalische und biochemische Prozesse

Physikalisch transformierte pflanzliche Lebensmittel können durch zusätzliche biochemische Prozesse in weiteren Alternativprodukten resultieren. Der flüssige Extrakt von Soja, der nach der Zentrifugation und/oder Filtration entsteht, ist die Hauptzutat von Tofu. Durch Zufuhr von Zitronensäure oder anderen Koagulierungsmitteln werden die im Sojadrink enthaltenen Proteine koaguliert (Zheng et al., 2021). Der Tofu wird dann durch Erhitzen weiter getrennt, abgeschöpft oder gefiltert und in Blöcke gepresst. Die Pasteurisierung oder Ultrahocherhitzung (UHT) wird häufig eingesetzt, um die Haltbarkeit des fertigen Tofus zu verlängern. Je nachdem welche Methode zur Haltbarkeitsverlängerung angewandt wurde, ändert sich auch die Zusammensetzung, Textur, Haltbarkeit und der Nährwert (Ali et al., 2021).

3.3. Heterotrophe Alternativprodukte – Herstellungsverfahren und Beispiele

Eine heterotrophe Produktion kann sowohl mithilfe von Tieren als auch von Mikroorganismen wie Bakterien, Hefen oder Mikroalgen geschehen. Ausschlaggebend für die Einteilung ist der Bedarf an zugeführtem organischen Kohlenstoff für die Produktion, sei es in Form von Futter oder Nährmedien. Im Falle der Mikroorganismen kommt es dann zu einer Verarbeitung des Nährmediums ähnlich einer klassischen Fermentation. Der Hauptunterschied zu den biochemischen Verarbeitungstechniken von pflanzlichen Rohstoffen ist die Tatsache, dass bei einer heterotrophen Produktion die Mikroorganismen selbst zum Produkt werden und nicht die verarbeiteten pflanzlichen Rohstoffe. Die mikrobiellen Produkte werden dann zumeist physikalisch weiterverarbeitet.

3.3.1. Verarbeitung durch physikalische Prozesse

3.3.1.1. Insekten

In der Europäischen Union, und seit 2017 auch in der Schweiz, gelten Lebensmittel, welche vor dem 15. Mai 1997 nicht in nennenswertem Umfang verzehrt wurden, als «Novel Foods» und werden unter der Novel-Food-Verordnung zugelassen (EU, 2015). Darunter fallen zum Beispiel alle hochtechnisierten, neuartigen Alternativprodukte, aber auch in Europa weniger bekannte Lebensmittel wie Insekten oder Algen. Die in der Schweiz geltende Legislation wird in Kapitel 8 ausführlich dargelegt. Insekten als Alternative zum Verzehr von Fleisch gehören in anderen Kulturen schon seit langem zum Speiseplan (Jetzke, 2020; Van Huis, 2013; WWF, 2021). In Europa gab es in der näheren Vergangenheit mehrfach erfolglose Versuche, Insektenprodukte auf dem europäischen Markt zu etablieren (BLW, 2021b), weshalb momentan nur wenige Produkte zum Verkauf angeboten werden. Nach der Revision des Schweizer Lebensmittelrechts im Jahr 2017 wurden drei Insektenarten, nämlich *Tenebrio molitor* im Larvenstadium (Mehlwurm), *Acheta domesticus* im Erwachsenenstadium (Grille) und *Locusta migratoria* im Erwachsenenstadium (Europäische Wanderheuschrecke), gemäss Novel-Food-Verordnung zugelassen.

Insekten können gebraten oder zu Endprodukten wie Riegel oder Mehl verarbeitet werden. Onwezen et al. (2021) vermuten, dass Produkte aus Insektenmehl wie Nudeln oder Proteinriegel aufgrund bekannter Barrieren (z.B. Neophobie, Ekel) eher Chancen auf dem europäischen Markt haben als ganze Tiere mit erkennbaren Augen, Fühlern und Beinen. So ist seit Januar 2023 die Beimischung von Insekten in Teilfertigprodukten wie Teigwaren oder Backwaren in der Europäischen Union erlaubt (EC, 2023a). Derzeit werden hauptsächlich Proteinmehl und Lipide aus Larven produziert (Melgar-Lalanne et al., 2019).

3.3.1.2. Mikroalgen

Wie bei einem klassischen Fermentationsprozess können verschiedene Mikroorganismen heterotroph gezüchtet werden, um so die Produktion von proteinreichen Nahrungsmitteln zu ermöglichen. Tatsächlich werden die meisten Mikroalgenstämme, die derzeit in Lebensmitteln benutzt werden, heterotroph gezüchtet, also mit Zucker gefüttert. Dadurch wird das Verfahren wesentlich effizienter und kostengünstiger, weil Algen in viel höheren Dichten und mit billigerer, gut etablierter Infrastruktur und Ausrüstung gezüchtet werden können (Smetana et al., 2017).

Neben der Verwendung von Mikroalgen als alternative Proteinquellen wird vermehrt untersucht, inwiefern sich Mikroalgen als Alternativen zu Fleisch und Meeresfrüchten eignen. Dabei stellen die Anforderungen der Konsumentinnen und Konsumenten an die Produkte eine Herausforderung dar (Lucas & Brunner, 2024).

3.3.1.3. Fadenpilz

Auf Fadenpilz basierende Produkte werden zum grössten Teil von Quorn® hergestellt und vertrieben. Die Herstellung der Produkte erfolgt über biologische und physikalische Prozesse. Der Fadenpilz *Fusarium venenatum* A3/5 (ATCC PTA-2684) wächst zuerst unter Zufuhr von Glukosesirup, Wasser, Nährstoffen und Sauerstoff in Bioreaktoren. Danach wird die Ribonukleinsäure durch Hitzebehandlung in Monomere zerlegt und aus den Zellen extrahiert. Die resultierende Biomasse wird dann erhitzt und zentrifugiert, um ein teigartiges Produkt zu gewinnen (Wiebe, 2004). Die entstehende Myzelpaste, oder Mycoprotein, wird anschliessend mit einem Bindemittel wie Eialbumin oder Kartoffelstärke und verschiedenen Gewürzen oder Aromen vermischt. Die Stücke vom Mycoprotein werden anschliessend erhitzt, damit das Bindemittel geliert und die Mischung zusammenhält, ähnlich wie das Bindegewebe die Muskelzellen im Fleisch zusammenhält (Wiebe, 2004).

3.3.1.4. Extrusion und Hybridprodukte

Wie zuvor für die autotrophe Produktion beschrieben, können auch Hybridprodukte, die Anteile an tierischen Proteinen wie Hühnerei oder Insekten enthalten, durch Extrusion produziert werden. Ein solches Verfahren wird bereits grossflächig in der Tierfutterindustrie angewendet und auch in der Lebensmittelindustrie gäbe es ähnliche Potenziale. So gibt es Versuche, Insektenprotein und Sojaprotein in einer Nassextrusion zu kombinieren, um hochwertige Fleischersatzprodukte herzustellen (Kiiru et al., 2020; Kim et al., 2022; Smetana et al., 2018). Dabei waren insbesondere Kombinationen aus 30%–40% Insektenproteinen und 60%–70% Sojaproteinen mit Hinblick auf die Textureigenschaften erfolgreich.

3.3.2. Komplexe biotechnologische Verfahren

Um das sensorische Erlebnis noch näher an jenes der tierischen Produkte zu bringen, beschäftigen sich Firmen zunehmend mit der Kultivierung von Fleischzellen. Die Produktion von *In-vitro*-Fleisch, «cultivated meat», «cultured meat», «clean meat» oder «cell-based meat» auf Englisch (FAO, 2022), muss von der Produktion und Verarbeitung von Nutztieren unterschieden werden (Rubio et al., 2020). Das Fleisch wird *in vitro* mit Hilfe sogenannter Tissue-Engineering-Techniken auf der Basis von Zellkulturen ausserhalb des tierischen Organismus gezüchtet. Die dafür benötigten Stammzellen werden von Nutztieren entnommen. Um Fleisch aus wenigen Mikrometern grossen Zellen zu erzeugen, werden diese typischerweise auf ein Trägergerüst aufgebracht, in einem Bioreaktor mit einem Nährmedium[15] versorgt und gegebenenfalls stimuliert, damit sie sich vermehren und das gewünschte Gewebe – z.B. Muskelfasern – bilden (Dekkers et al., 2018). Die *In-vitro*-Produktion von Fleisch durch die Kultivierung von Zellen zählt zur sogenannten «zellulären Landwirtschaft», wobei der Begriff eine breite Palette an Produkten beinhaltet. Grundsätzlich können die Produkte der zellulären Landwirtschaft in zwei Kategorien unterschieden werden (Tuomisto, 2019):

- Azelluläre Produkte, wie Kasein, Gelatine, Vanillin, Omega-3-Fettsäuren, Vitamine oder Eialbumin, die von *In-vitro*-Mikroorganismen vor der Extraktion synthetisiert werden. Azelluläre Produkte werden schon seit Jahrzehnten in der Lebensmittel- und Pharmaindustrie verwendet.
- Zelluläre Produkte, wie Fleisch, Leder, Fell oder Holz, die auf dem Wachstum von Zellkulturen basieren. Die Kommerzialisierung von zellulären Produkten beginnt erst zum Beispiel mit dem zellulären Leder von Modern Meadow® oder dem *In-vitro*-Hühnerfleisch der Firma Eat Just®.

Azelluläre Produkte werden zumeist als Supplementierung eingesetzt, da es sich oft um bestimmte Substanzen mit einzigartigen Eigenschaften handelt. Zelluläre Produkte dagegen werden wie ihre Referenzprodukte eingesetzt und sollen diese perfekt imitieren und ersetzen.

---

[15] Das beste heute bekannte Medium enthält fötales Rinderserum (FBS), ein Serum, das aus dem Blut ungeborenen Kalbs entnommen wird. Es ist möglich, Zellen unter serumfreien Bedingungen oder unter Verwendung von Serumersatz zu züchten, aber weitere Forschung ist notwendig, um eine gleichwertige Alternative zu finden (Stephens et al., 2018).

3.4. Alternativprodukte weltweit

Die Investitionen im Bereich Alternative Proteine wachsen stetig. Nach Daten des Good Food Institutes (GFI) wurden 2020 3,1 Milliarden US$ in alternative Proteine investiert, dreimal der Betrag von 2019 (GFI, 2021d). Im Jahr 2021 waren es schon 5,0 Milliarden US$ (GFI, 2023b). Diese Investitionen waren relativ gleichmässig zwischen pflanzenbasierten Alternativen (1,9 Milliarden US$), Fermentierungsprodukten (1,7 Milliarden US$) und Fleischkultivierung (1,4 Milliarden US$) aufgeteilt.

2021 zählen Impossible Foods, NotCo, v2food, Next Gen Foods, Gathered Foods, New Wave Foods und Fazenda Futuro zu den Unternehmen, die am meisten Investitionen aufbringen konnten. Die Investitionen finden hauptsächlich in Nordamerika, Lateinamerika, Europa und im asiatisch-pazifischen Raum statt. Die Investitionen im Bereich *In-vitro*-Fleisch sind zwar hoch, jedoch verteilen sie sich auf eine kleinere Anzahl an Start-ups, insgesamt 107 im Jahr 2021. Die meisten davon haben ihren Sitz in den USA (26), gefolgt von Israel (14) und Grossbritannien (12). Zu den Unternehmen mit Rekordinvestitionen zählen Future Meat Technologies, Eat Just, Aleph Farms, Joes Future Food Co., BlueNalu und Finless Foods. Seit 2013, als der erste Burger aus *In-vitro*-Fleisch vorgestellt wurde, sind mehr als 100 neue Unternehmen in diesem Bereich gegründet worden (GFI, 2021a). Die hohen Gesamtproduktionskosten sind nach wie vor der wichtigste limitierende Faktor für die Wirtschaftlichkeit der Unternehmen.

Bei den Fermentierungsprodukten identifiziert das GFI 88 aktive Unternehmen. Zu den Firmen, welche 2021 am meisten Investitionen aufbringen konnten, zählen Nature's Fynd, Perfect Day, Motif FoodWorks und EVERY. In 2021 wurde am meisten in Präzisionsfermentation investiert. Mehr Details zu den einzelnen Unternehmen sowie eine detaillierte Liste aller Unternehmen kann auf der GFI-Datenbank (GFI, 2023a) gefunden werden.

Das Marktvolumen für essbare Insekten wächst weltweit. In Europa wird der Umsatz bis 2023 voraussichtlich auf rund 260 Millionen US$ steigen (WWF, 2021). Zudem wurden in den letzten 10 Jahren weltweit, aber vor allem in Europa, Südasien und Nordamerika, mehrere Unternehmen und Start-ups gegründet mit dem Ziel, Lebensmittel auf Insektenbasis für den menschlichen Verzehr zu vermarkten (Melgar-Lalanne et al., 2019).

3.5. Alternativprodukte in der Schweiz

3.5.1. Übersicht zu den kommerziell verfügbaren Alternativprodukten

Um eine vollständige Übersicht aller in der Schweiz kommerziell verfügbaren Alternativprodukte zu erhalten, wurde eine manuelle Recherche in Online-Katalogen aller Schweizer Grossverteiler durchgeführt. Stichtag war der 31.01.2023. Alle Produkte von Migros, Denner, Coop, Aldi und Lidl wurden durchgesehen. Weitere kleinere Fachmärkte wie z.B. Spar oder Manor wurden nicht mit einbezogen, weil diese mehrheitlich Produkte von grösseren Unternehmen im Sortiment haben und wenige Eigenmarken vertreiben. Die Produkte von grossen Unternehmen wie z.B. Nestlé, Emmi etc. werden auch durch Grossverteiler vertrieben, weshalb deren Kataloge nicht spezifisch untersucht wurden. Doppelzählungen wurden vermieden.

Insgesamt wurden 378 Produkte identifiziert und analysiert. Die meisten Alternativprodukte wurden für Fleisch gefunden (209 Produkte), knapp gefolgt von Milch und Milchprodukten (158 Produkte). Die Alternativen für Fisch waren in klarer Minderheit mit 11 Produkten. In der Schweiz gibt es die grösste Auswahl bei Alternativen zu Burgern und vegetarischen Aufschnitten (Lyoner, Salami etc.). Bei den Milchprodukten ist das Sortiment für Milch- und Joghurtalternativen am vielfältigsten. Alle Alternativprodukte werden zu etwa gleich grossen Teilen in der Schweiz und in der EU inkl. Vereinigtes Königreich hergestellt. Dabei werden Alternativprodukte für Milch und Milchprodukte mehrheitlich in der Schweiz produziert und Alternativprodukte für Fleisch mehrheitlich in der EU. Im Schweizer Detailhandel gibt es auffällig viele Eigenmarken, was sich auch in der Analyse niederschlägt. So waren die Produkte von V-Love, eine Eigenmarke der Migros Genossenschaft, zahlenmässig am stärksten vertreten, gefolgt von den Eigenmarken von Aldi, Lidl und Coop (BioNatura, Vemondo und Karma).

Mit wenigen Ausnahmen (≈ 5%) war die Grundlage aller Alternativprodukte pflanzlich (**Abb. 1**, Mehrfachnennung möglich). Angeführt wird die Zutatenliste von Soja (29%), gefolgt von Erbsen (22%) und Weizen (15%), welche zusammen somit die Grundlage für gut die Hälfte aller Alternativprodukte ausmachen. Die nicht-pflanzlichen Rohstoffe beschränken sich auf Pilze (aus Fadenpilz gewonnenes Mycoprotein und ganzer Fruchtkörper), Insekten und Bestandteile des Hühnereis.

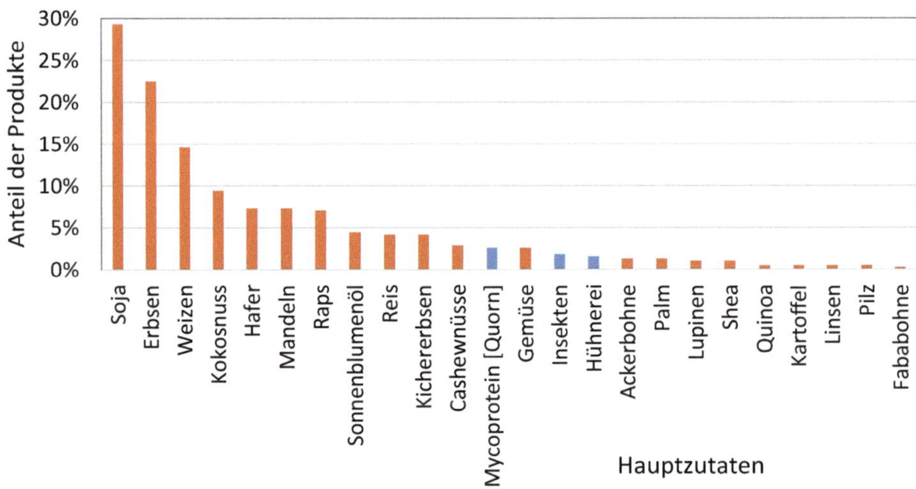

Abb. 1: Relative Aufteilung aller genutzten Hauptrohstoffe in den Alternativprodukten, die in Schweizer Detailhändlern und Discountern gefunden wurden, Stand Januar 2023. Autotrophe Rohstoffe sind in Orange gehalten, heterotrophe in Blau. 261 Produkte hatten nur eine Hauptzutat, die restlichen 117 bis zu vier.

Aufgrund der gezeigten Verfügbarkeit an Alternativprodukten in der Schweiz sowie der Relevanz der Referenzprodukte (Kapitel 2) wurde für die vorliegende Studie ein Fokus auf Alternativen zu Fleisch und Milchprodukten gelegt. Alternativen zu Ei und Fisch wurden somit nicht betrachtet.

3.5.2. Marktvolumen von Alternativprodukten

Von den Grossverteilern in der Schweiz gibt nur Coop öffentlich einsehbare Auskünfte über den Umsatz oder die Anteile von Alternativprodukten am Gesamtsortiment. In Zusammenarbeit mit dem LINK Institut wurde 2023 zum dritten Mal ein Plant-Based Food Report veröffentlicht (Coop, 2023). Darin zeigt Coop Daten zu den Umsätzen und Anteilen von Alternativprodukten und gibt Informationen zu einzelnen Kundensegmenten und deren Einkaufsverhalten. Vegane Burger machen heute bei Coop ein Fünftel des gesamten Burger-Umsatzes aus. In 2019 lag der Anteil noch bei 13%. Insgesamt ist der Wachstumstrend für vegane Burgeralternativen in den letzten zwei Jahren leicht abnehmend. Lyoner-Wurst ist das beliebteste Charcuterie-Produkt im veganen Ersatzsortiment von Coop. Pflanzenbasierte Alternativen tragen bereits 14% zum Gesamtumsatz im Charcuterie-Segment bei.

Pflanzliche Fleischalternativen machten im Jahr 2022 mit 88,1 Millionen Franken den zweitgrössten Anteil des Schweizer Alternativproduktmarktes aus. Davor lagen nur die pflanzlichen Milchersatzprodukte mit 126,7 Millionen Franken (Coop, 2023). Diese Zahlen dürfen jedoch nicht darüber hinwegtäuschen, dass der Marktanteil pflanzlicher Alternativprodukte im Vergleich zu konventionellen tierischen Produkten immer noch gering ist. Im Jahr 2021 machten pflanzliche Fleischalternativen nur 2,3% und pflanzliche Milchersatzprodukte 3,3% des gesamten Marktes aus (BLW, 2021a; Coop, 2022, 2023). Da der heutige Marktanteil von Alternativprodukten gering ist, sind hohe Wachstumszahlen möglich. So publiziert Coop für den Zeitraum 2019 bis 2021 Wachstumszahlen von über 200% (Coop, 2023). Es wird angenommen, dass der Anteil der Alternativprodukte auch in Zukunft steigen wird, mit potenziellen Marktanteilen für Fleischalternativen von bis zu 60% (Reinhild Benning, 2021).

Zu neuartigen tierischen Produkten wie *In-vitro*-Fleisch oder azellulären Produkten gibt es zurzeit keine Zahlen, da diese im schweizerischen und europäischen Kontext noch nicht zugelassen sind. Laut BLW ist die Nachfrage nach Insektenprodukten auf niedrigem Niveau stabil. Im Schweizer Gesamtmarkt für Fleisch (inkl. Fleischersatz) hat sie sich bei ca. 0,005% eingependelt (BLW, 2021a). Im Jahr 2019, zwei Jahre nach der Zulassung der Insekten, erreichte der Umsatz in der Schweiz mit 420.000 CHF pro Jahr seinen bisherigen Höhepunkt. Im Jahr 2020 brach der Umsatz dann um ein Drittel ein (Ament, 2022). Der Detailhändler Migros hat seine essbaren Insekten der Marke «Mi-Bugs» im Jahr 2021 aus dem Sortiment genommen. Der konkurrierende Einzelhändler Coop behielt aber einzelne Produkte wie Mehlwurm-Burger und Proteinriegel aus Grillenpulver des Schweizer Herstellers Essento im Sortiment.

3.6. Zukünftige Trends und Innovationen

In diesem Unterkapitel werden beispielhaft die Aktivitäten einiger Start-ups und neue Forschungsansätze zur Thematik der Alternativprodukte vorgestellt.

3.6.1. Innovative Zutaten für pflanzenbasierte Alternativprodukte

Unterschiedliche, bisher nicht genutzte Zutaten können für die Herstellung von Alternativprodukten verwendet werden. So stellt etwa die Firma DUG Pflanzendrinks auf Basis von Kartoffeln her, die alternativ zu Milch verwendet werden können (dugdrinks.com). Einige Firmen investieren auch in die Produktion von spezialisierten Zutaten wie z.B. das US-amerikanische Start-up Terviva, das Öl und Proteine aus Bohnen von Pongamia-Bäumen vermarktet (GFI, 2021c).

Neben der Verwendung von speziellen Rohstoffen gewinnt die Aufwertung von Abfallströmen ebenfalls an Bedeutung. Im Bericht «The Swiss FoodTech Ecosystem 2021» werden Recycling und Upcycling als einer von vier Innovationstreibern aufgelistet. Das Unternehmen Wheycation, das Molke zur Herstellung von Proteinshakes durch Fermentation aufwertet, ist ein Beispiel eines solchen Upcycling-Prozesses (wheycation.com). Das Start-up Luya Foods wiederum stellt einen Fleischersatz auf Basis von Kichererbsen und Reststoffen aus der Sojadrink- und Tofu-Produktion in der Schweiz her. Auf diesem Weg könnten jährlich 1000 t Nebenprodukte, die zurzeit in der Biogasanlage landen, als Nahrungsmittel verwertet werden.

3.6.2. Techniken zur Strukturierung pflanzlicher Alternativprodukte

Extrusion ermöglicht die Herstellung von texturierten Produkten mit ähnlichen Charakteristiken wie ihre Referenzen. Extrusion ist allerdings energieintensiv, weshalb alternative Prozesse entwickelt werden (Guyony et al., 2022). Mit der Scherzellen-Methode z.B. kann mit weniger Energieaufwand eine feinere Proteinstrukturierung und grössere Produktdicke als bei der Extrusion produziert werden (Grabowska et al., 2014). Obwohl einige Start-ups, wie Rival Foods, die Scherzellen-Methode für ihre Produkte schon verwenden, benötigt die Umstellung auf kontinuierliche Produktionssysteme zusätzliche Forschung und Entwicklung.

Eine weitere Methode für die Strukturierung von pflanzlichen Analogen ist der Einsatz der 3D-Druck-Technologie. Dankar et al. (2018) haben allerdings gezeigt, dass die Kombination von 3D-Druck und Extrusion noch nicht reif genug ist, um im industriellen Massstab Anwendung zu finden.

La VieTM Foods ist es gelungen durch ein kombiniertes Fett- und Sojaprotein-Extrusionsverfahren Speckstreifen und -würfel zu imitieren. Ein weiteres Projekt, das eine Finanzierung im ETH-internen Seeding-Programm anstrebt, setzt ebenfalls auf ein 2-Phasen-Extrusionsverfahren. Im Gegensatz zur Methode von La VieTM Foods, bei der zwei aufeinanderfolgende Extrusionen und eine anschliessende Montage angewendet werden, soll hier allerdings die charakteristische Marmorierung von Steaks durch computergesteuerte alternierende Extrusionsdüsen erstellt werden (Elhardt, 2022).

3.6.3. Präzisionsfermentation

Präzisionsfermentation wird vermehrt durch Start-ups benutzt, um tierische Produkte wie Milch oder Käse ohne Zusatz von pflanzlichen Rohstoffen zu produzieren. Dazu gehören die US-indische Firma Perfect Day, die Glace, Milch und Frischkäse produziert, sowie das französische Start-up Standing Ovation und das deutsche Start-up Formo, die beide Käse durch Präzisionsfermentation produzieren.

3.6.4. *In-vitro*-Fleisch

In der Schweiz arbeitet derzeit nur Mirai International (ehem. Mirai Foods) an *In-vitro*-Fleisch. Das Unternehmen wurde 2019 gegründet. Seit August 2022 sind Mirai International und Gaia Foods in einer strategischen Partnerschaft zur Produktion von *In-vitro*-Rindfleisch in Singapur. Gaia Foods ist eine Tochtergesellschaft von Shiok Meats, das erste Unternehmen für *In-vitro*-Meeresfrüchte in Südostasien. Anfang Februar 2023 meldete Mirai International, dass das Unternehmen das erste dicke, zarte Rindfiletsteak produzieren konnte (foodaktuell, 2023b). Auch die englische Firma 3D Bio-Tissues hat Anfang Februar das erste Schweinesteak komplett im Labor produzieren können (Ford, 2023). Während der regulatorische Weg der derzeitige Engpass für die Kommerzialisierung von *In-vitro*-Fleisch ist, würde eine baldige Markteinführung stets in sehr kleinem Massstab erfolgen, mit begrenzter Produktverfügbarkeit und Premium-Positionierung. Grund dafür sind die weiterhin hohen Herstellungskosten. Hybride Produkte mit pflanzlichen oder fermentativ gewonnenen Proteinen könnten die Markteinführung beschleunigen (GFI, 2021a).

4. Methoden zur Bewertung der Nachhaltigkeit und Gesundheit

Für die Bewertung der Nachhaltigkeit und Gesundheit der Alternativprodukte wurden diverse Methoden der Datenerhebung und Auswertung angewandt, welche in diesem Kapitel erläutert werden. Ausserdem werden die Hintergründe der Nachhaltigkeits- und Nährwertanalysen vorgestellt, um ein besseres Verständnis der Ergebnisse zu ermöglichen.

4.1. Nährwertindices zur Quantifizierung des Nährwertes

Der Nährwert, also der physiologische Wert der Nahrung für den Menschen, wird zumeist anhand des Nährstoffgehalts der Nahrungsmittel quantifiziert. Da viele verschiedene Nährstoffe existieren, werden diese der Übersicht halber oftmals in Indices zusammengefasst. Ein typisches Beispiel sind die NRF-Indices (engl. «nutrient rich foods» – Nährstoffreiche Nahrungsmittel) (Fulgoni et al., 2009).

Ein NRF-Index quantifiziert die Nährstoffdichte eines Produktes. Er beschreibt für ein Produkt von bestimmter Masse den Anteil der enthaltenen Nährstoffe am täglichen Gesamtbedarf. Der Anteil am Bedarf wird dabei für jeden Nährstoff einzeln berechnet und dann für alle Nährstoffe aufsummiert. Da es sich um einen dimensionslosen Index handelt, kann er zur Anschaulichkeit mit 100 multipliziert werden. Der Index kann je nach Ziel der Analyse an verschiedene Nährstoffe angepasst werden. Es wird zwischen «guten» oder qualifizierenden und «schlechten» oder disqualifizierenden Nährstoffen unterschieden[16]. Qualifizierende Nährstoffe werden mit der empfohlenen Tagesdosis, disqualifizierende Nährstoffe mit der maximal empfohlenen Aufnahme verglichen. In der gegenwärtigen Studie werden zehn qualifizierende und drei disqualifizierende Nähr-

---

[16] «Gute» oder qualifizierende Nährstoffe sind solche, welche einen potenziell positiven Einfluss auf die Qualität der Ernährung haben (z.B. Ballaststoffe) oder einen Mangel in der Bevölkerung vermeiden helfen (z.B. Eisen und Zink), während «schlechte» oder disqualifizierende Nährstoffe tendenziell eher einen negativen Einfluss auf die Qualität der Ernährung haben (z.B. Zucker).

stoffe beachtet[17]. Es wird also ein NRF10.3 berechnet, indem der LIM3 vom NR10 abgezogen wird[18], um den disqualifizierenden Eigenschaften Rechnung zu tragen (**Abb. 2**). Die beachteten qualifizierenden Nährstoffe sind: Ballaststoffe, Protein, Calcium, Eisen, Jod, Kalium und Magnesium sowie die Vitamine A, C und E. Die disqualifizierenden Nährstoffe sind: Zucker, Natrium und gesättigte Fettsäuren. Ein hoher NRF-Wert bedeutet, dass ein Produkt einen hohen Nährwert hat.

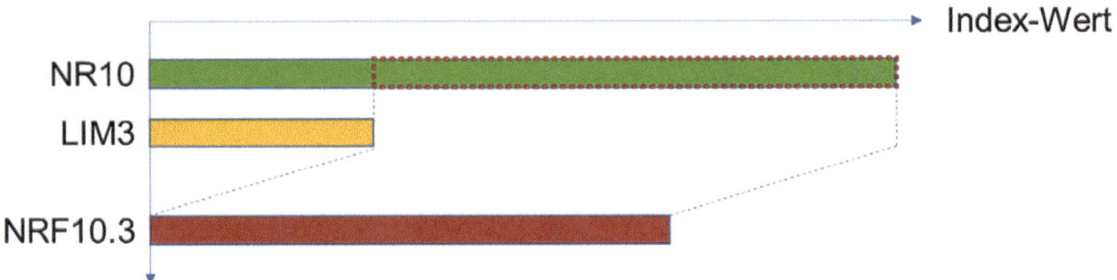

Abb. 2: Schematische Darstellung der Berechnung des NRF10.3-Indexes.

Wird der NRF-Index für die Ernährung berechnet, wird ein Capping angewendet. Das heisst, jegliche Zufuhrmengen von qualifizierenden Nährstoffen, die über die empfohlene Tagesdosis hinausgehen, werden nicht mit betrachtet, da sie für den Körper keinen Mehrwert liefern. Mengen an disqualifizierenden Nährstoffen, die unter den empfohlenen Maximalwerten liegen, werden ebenfalls nicht mit eingerechnet, da sie keinen relevanten negativen Effekt auf die Gesundheit haben.

Ein wichtiger Aspekt, der im NRF nicht beachtet wird, ist die Nährstoffqualität[19]. Der Begriff Nährstoffqualität bezieht sich hauptsächlich auf zwei Aspekte. Der erste ist die Bioverfügbarkeit, also der Anteil an der Gesamtmenge eines Nährstoffes in der Nahrung, welcher vom Körper aufgenommen und genutzt werden kann. Dies ist z.B. beim Vergleich zwischen Hämeisen und Nicht-Hämeisen relevant. Beim zweiten Aspekt handelt es sich um die Zusammensetzung einzelner Nährstoffgruppen. Bei den Fetten ist z.B. der Anteil gesättigter, einfach unge-

---

17 Es werden die gleichen Nährstoffe wie in der ursprünglichen Veröffentlichung von Fulgoni et al. (2009) beachtet. Zudem wird Jod in die Analyse mit aufgenommen, da die Versorgung der Schweizer Bevölkerung mit Jod bekanntermassen niedrig ist.

18 Der NR10 stellt die Summe aller qualifizierenden Nährstoffe dar, während der LIM3 dasselbe für die disqualifizierenden Nährstoffe tut.

19 Siehe auch Kapitel 5.2.2.

sättigter und mehrfach ungesättigter Fettsäuren von Interesse[20], während bei Proteinen der Anteil essenzieller Aminosäuren wichtig ist. Je nach Zusammensetzung der Nährstoffgruppen sind diese für den Menschen mehr oder weniger wertvoll. Ein typisches Beispiel für einen Nährstoffqualitätsindex ist der DIAAS (engl. «digestible indispensible amino acid score» – verdaulicher, unverzichtbarer Aminosäureindex) (FAO, 2013), welcher die Qualität von Nahrungsproteinen bewertet. Er wurde von der FAO als Nachfolger des PDCAAS (engl. «protein digestibility corrected amino acid score» – proteinverdaulichkeitskorrigierter Aminosäureindex) vorgeschlagen und basiert auf der Verdaulichkeit und dem Gehalt an essenziellen Aminosäuren in den Nahrungsmitteln. Zur Errechnung eines DIAAS-Wertes wird zunächst der am Ende des Dünndarms (ileal) gemessene Gehalt aller essenziellen Aminosäuren bestimmt. Damit wird die Menge der für den menschlichen Körper verfügbaren Aminosäuren pro Masseinheit Protein festgestellt. Diese errechnete Menge wird anschliessend für jede der essenziellen Aminosäuren mit der Idealmenge[21] ins Verhältnis gesetzt. Das niedrigste Verhältnis entspricht dem DIAAS, da es die minimal verwertbare Menge an Protein als Teil des Gesamtproteins darstellt. Die essenzielle Aminosäure mit dem niedrigsten Verhältnis wird auch als limitierende Aminosäure bezeichnet.

Bei Agroscope wurde eine *In-vitro*-Methode (lat. «im Glas») zur Ermittlung des DIAAS-Wertes entwickelt (Sousa, Recio et al., 2023). Dies ist ein wichtiger Fortschritt, da zuvor DIAAS-Werte nur *in vivo* (lat. «im Lebendigen») ermittelt werden konnten. Diese Ermittlungen wurden zumeist an Tieren (Ratten oder Schweinen) durchgeführt und waren deutlich zeit- und kostenaufwendiger und mit ethischen Problemen behaftet. Sousa, Recio et al. (2023) vergleichen ihre Ergebnisse auch gegen *In-vivo*-Daten (junges Schwein) und stellen eine gute Übereinstimmung der Werte fest.

---

[20] Bei den mehrfach ungesättigten Fettsäuren ist ebenfalls das Verhältnis von Omega-3- zu Omega-6-Fettsäuren wichtig.

[21] Die Idealmenge der jeweiligen Aminosäuren entspricht der anteiligen Menge einer jeden Aminosäure im Protein, die nötig ist, damit das Protein zu 100% verwertet werden kann. Als Referenz wird zumeist der Bedarf von Kindern im Alter von sechs Monaten bis zu drei Jahren verwendet, da sie im Vergleich zu Erwachsenen einen erhöhten Bedarf an essenziellen Aminosäuren haben.

4.2. Einführung zum Begriff der Nachhaltigkeit

Für das Konzept der Nachhaltigkeit und der nachhaltigen Entwicklung, welche oft synonym verwendet werden, gibt es verschiedene Definitionen. Allgemein bezeichnet es das Prinzip, nicht mehr Ressourcen zu nutzen, als nachwachsen oder regeneriert werden können (Duden, 2023). Diese Definition orientiert sich an der Ökologie und hat im deutschen Sprachraum ihren Ursprung in der Forstwirtschaft. Auf der internationalen Ebene ist eine der wegweisenden Definitionen die der nachhaltigen Entwicklung aus dem Brundtland-Bericht (United Nations, 1987), die besagt, dass eine «nachhaltige Entwicklung eine Entwicklung ist, die die Bedürfnisse der Gegenwart befriedigt, ohne zu riskieren, dass künftige Generationen ihre eigenen Bedürfnisse nicht befriedigen können».

Die Vereinten Nationen haben aus diesem Konzept und als Ablösung der Millenniums-Entwicklungsziele im Jahr 2015 die Ziele für eine nachhaltige Entwicklung beschlossen, welche als Richtungsvorgabe und Hilfsmittel dienen sollen, um bis zum Jahr 2030 und darüber hinaus eine nachhaltigere Welt mit Wohlstand und Frieden für alle zu gestalten (https://sdgs.un.org).

In den meisten Fällen werden der Nachhaltigkeit mehrere Dimensionen zugeschrieben. In der häufigsten Variante handelt es sich um die ökonomische, soziale und ökologische Dimension (Roesch et al., 2016), wobei auch Varianten mit weiteren Dimensionen, wie der technischen und der politischen, vorgeschlagen wurden. In offiziellen Dokumenten des Bundes werden für die drei Dimensionen die Begriffe «gesellschaftliche Solidarität», «wirtschaftliche Leistungsfähigkeit» und «ökologische Verantwortung» verwendet (BfS, 2012).

Es gibt verschiedene Auffassungen, was die Dimensionen jeweils beinhalten. Dies hat Auswirkungen darauf, wie die Nachhaltigkeit gemessen, quantifiziert und beurteilt wird, weshalb die Konzepte kurz erläutert werden.

Die ökonomische Dimension der Nachhaltigkeit verfolgt das Ziel einer langfristigen, stabilen Wirtschaft, ohne die ökologischen und sozialen Grundlagen zu beeinträchtigen (Anand & Sen, 2000; KTH, 2023). Oft wird auch das Wirtschaftswachstum mit benannt, wobei es Bestrebungen gibt, dieses vom Ressourcenverbrauch zu entkoppeln. In manchen Quellen wird die ökonomische Dimension der Nachhaltigkeit auch nur als Werkzeug für eine nachhaltige Entwicklung gesehen, um über Effizienz und Optimierung die ökologische und soziale Dimension der Nachhaltigkeit umzusetzen (Del Río Castro et al., 2021). In der Landwirtschaft ist auch langfristige Produktivität gemeint, womit auch die natürlichen Ressourcen wie die Böden und das Wasser in den Begriff mit einbezogen sind und somit eine direkte Verbindung zur ökologischen Dimension der Nachhaltigkeit besteht (EC, 2023b).

Die soziale Dimension der Nachhaltigkeit ist die am wenigsten scharf definierte. Allgemein bezieht sie sich auf das soziale langfristige Wohlergehen von Individuen und Gesellschaften. Allerdings gibt es verschiedene Ansätze, was dies beinhaltet. So werden verschiedene Levels unterschieden, die jeweils verschiedene Ziele beinhalten (McGuinn et al., 2020). Im Makro-Level sind es die Grundbedürfnisse wie Nahrung, Kleidung und Gesundheit, während sich das Mikro-Level dreiteilt zwischen dem Sozialen, den Dienstleistungen und der Verwaltung mit Zielen wie dem gesellschaftlichen Zusammenhalt, der Verfügbarkeit von Gütern, Arbeit und Bildung sowie der Zusammenarbeit zwischen Verwaltung und Bürgern. Ähnliche Ziele werden auch durch die SDGs der Vereinten Nationen verfolgt. Viele der Ziele zeigen Überschneidungen mit den anderen zwei Nachhaltigkeitsdimensionen (Colantonio, 2007; Murphy, 2012).

Sowohl die ökonomische als auch die soziale Dimension der Nachhaltigkeit werden zumeist über Indikatoren quantifiziert (BfS, 2003, 2012). Die Indikatoren ergeben sich dabei unter anderem aus dem Ziel, der geographischen Grössenordnung und dem Kontext einer Studie, weshalb eine grosse Bandbreite an verfügbaren Indikatoren existiert.

Die ökologische Dimension der Nachhaltigkeit beschreibt das Ziel, die natürlichen Ressourcen des Planeten schonend zu nutzen und die globalen Ökosysteme zu schützen, damit menschliches Wohlergehen langfristig gesichert ist. Im Gegensatz zu den anderen zwei Dimensionen gibt es bei der ökologischen Dimension der Nachhaltigkeit mehr Möglichkeiten der Quantifizierung, da Material- und Energieströme und auch Emissionen einfacher gemessen und Prozessen zugeordnet werden können. Zudem gibt es mit dem Konzept der «planetary boundaries» (engl. für Planetare Grenzen) eine Möglichkeit die Belastbarkeitsgrenzen des Gesamtsystems Erde zu bestimmen (Rockström et al., 2009). Verschiedene Methoden wurden entwickelt, um die ökologische Dimension der Nachhaltigkeit zu bewerten, wobei insbesondere die Umweltbilanz von Bedeutung ist, eine komplexe Methode, die im Folgenden kurz vorgestellt wird.

4.2.1. Die Methode der Umweltbilanz

Umweltbilanzen (engl. «Life Cycle Assessment» – LCA) sind nach ISO normiert (International Standard Organisation (ISO), 2006a, 2006b) und folgen einer klaren Struktur. Ziel ist es dabei, zunächst quantifizierte Energie- und Materialströme eines Prozesses oder einer Dienstleistung in ökologisch relevante potenzielle[22] Umweltwirkungen zu übersetzen. Die Ergebnisse können unterschiedliche Anwendungen finden, zum Beispiel in der Produktentwicklung, dem Produktvergleich beim Einkauf oder der Bewertung politischer Massnahmen. Eine Umweltbilanz bezieht sich auf einen gesamten Lebenszyklus einer Wertschöpfungskette, also von Wiege bis Grab («cradle-to-grave»). Ausgewählte Start- oder Endpunkte werden als Tore («gates») bezeichnet.

Innerhalb einer Umweltbilanz gibt es vier essenzielle Phasen. In der ersten Phase werden Ziel und Umfang der Studie definiert. Ein wichtiger Schritt in dieser Phase ist es, eine funktionelle Einheit festzulegen, auf welche sich später die Ergebnisse beziehen werden. Dies können z.B. die Masse eines Produktes, die Menge an produzierter Energie oder die gefahrenen Personenkilometer sein. Das Hauptkriterium der Auswahl ist, dass die Einheit die Funktion des Prozesses, Produktes oder der Dienstleistung wiedergeben muss. Die zweite Phase befasst sich mit der Erstellung von Inventaren der Energie- und Materialströme innerhalb der definierten Grenzen der Studie in einer Sachbilanz. Die Inventare werden dann der funktionellen Einheit zugeordnet, das heisst, es wird berechnet, wie viel Material und Energie pro Einheit genutzt und wie viele Emissionen produziert werden. In der dritten Phase werden die Inventare mithilfe geeigneter Methoden in Umweltwirkungen abgeschätzt. Es ist wichtig zu beachten, dass Methoden, welche die gleichen Umweltwirkungen abbilden, teilweise auf unterschiedlichen Modellen basieren, weshalb Ergebnisse unterschiedlicher Studien auch für die gleiche Umweltwirkung nicht unbedingt vergleichbar sind. Für die Nahrungsmittelherstellung werden dabei vor allem das globale Treibhauspotenzial, die Landnutzung, der Wasserverbrauch[23], das Eutrophierungspotenzial[24] und das Versauerungspotenzial untersucht (Poore & Nemecek, 2018). In der vierten Phase werden die Ergebnisse interpretiert und in den Kontext der Studie eingeordnet. Da es sich bei der Umweltbilanz um einen iterativen Prozess handelt, ist diese vierte Phase allerdings nicht als alleinstehende Phase zu verstehen, sondern findet von Beginn an parallel mit den anderen Phasen statt.

---

[22] Die Wirkungen werden nicht direkt gemessen, sondern abgeschätzt. Daher sind es die potenziellen, nicht tatsächlichen Wirkungen.

[23] Statt des Wasserverbrauches kann auch die Wasserknappheit genutzt werden, welche die Verfügbarkeit von Wasser in verschiedenen Einzugsgebieten berücksichtigt. Zur Erläuterung siehe Annex (Seite 254).

[24] Als Eutrophierung wird die Anreicherung eines Systems mit Nährstoffen bezeichnet, welche im Extremfall zu negativen Umweltwirkungen führen kann. Umgangssprachlich wird dieses Phänomen auch Überdüngung genannt.

4.2.2. Nährwertkorrigierte Umweltbilanzen

Viele Umweltbilanzen von Nahrungsmitteln nutzen das Produktgewicht als funktionelle Einheit. Es ist allerdings umstritten, ob das Produktgewicht die Funktion eines Nahrungsmittels überhaupt darstellt. Daher hat sich in den letzten Jahren ein neuer Ansatz für die Anwendung von Umweltbilanzen in der Lebensmittelindustrie entwickelt, die nährwertkorrigierte Umweltbilanz, oder n-LCA (FAO, 2021).

Dieser Ansatz beruht auf der Annahme, dass ein Nährwertbezug die vorherrschende Funktion von Nahrungsmitteln, nämlich den menschlichen Körper mit den nötigen Nährstoffen zu versorgen, besser darstellt. Diese Umstellung der funktionellen Einheit beeinflusst die Ergebnisse einer Umweltbilanz. So muss z.B. ein besonders nahrhaftes Nahrungsmittel in geringeren Mengen konsumiert werden als eines mit niedrigem Nährwert, um den täglichen Nährstoffbedarf zu decken. Das hat zur Folge, dass für die gleiche Funktion auch weniger dieses Nahrungsmittels produziert werden muss, wodurch die absolute Menge der Umweltwirkungen des Nahrungsmittels abnimmt.

Es stellt sich nun allerdings die Frage, wie der Nährwert als funktionelle Einheit dargestellt werden kann. Dafür gibt es wiederum verschiedene Ansätze. So kann beispielsweise der Gehalt an einzelnen Nährstoffen als funktionelle Einheit genutzt werden. Häufig wird hierbei das enthaltene Protein verwendet (Parodi et al., 2018; Poore & Nemecek, 2018). Ähnlich wie zuvor bei der Produktmasse beziehen sich dann die Ergebnisse der Umweltbilanz auf die Proteinmasse. Andere Ansätze ergeben sich aus der Nutzung von Nährwertindices, welche den Gehalt an verschiedenen Nährstoffen kombinieren und somit eine umfassendere Betrachtung des Nährwertes erlauben. Ein Beispiel wäre der Nutrient-Rich-Foods-Index (NRF) (Kapitel 4.1) der Nahrungsmittel. In diesem Fall könnten sich die Ergebnisse beispielsweise auf einen NRF von 10% beziehen[25], also auf die Menge an Produkt, die nötig ist, um durchschnittlich 10% der empfohlenen Tageszufuhr von ausgewählten Nährstoffen bereitzustellen.

---

[25] Bei drei täglichen Mahlzeiten mit je drei bis vier Hauptzutaten würde ein durchschnittlicher Beitrag zur täglichen Nährstoffzufuhr von rund 10% je Hauptzutat erwartet werden.

4.3. Datenbankenanalysen

Eine der Hauptquellen für Nährstoff- und Umweltbilanzdaten in dieser Studie waren Datenbanken, welche im Folgenden kurz vorgestellt werden. Die Erfassung der für die Auswertung geeigneten Produkte erfolgte bei allen Datenbanken über denselben Ansatz. Zunächst wurde eine Stichwortsuche mit möglichst vielen potenziellen Namen für Alternativprodukte innerhalb der Datenbanken durchgeführt. Die Resultate wurden dann überprüft und nur passende Produkte übernommen. Anschliessend wurde eine zweite Suche anhand der in den Datenbanken vorhandenen Produktkategorien durchgeführt, um Produkte zu finden, die eventuell noch übersehen wurden. Ausschlaggebend für die Auswahl der Alternativprodukte war, dass diese als Alternativen zu den zuvor definierten Referenzprodukten geeignet sind. Die Suche nach den Alternativprodukten wurde unabhängig voneinander zweimal durchgeführt, um eine vollständige Datenerhebung sicherzustellen. Für die Referenzprodukte wurde ein Fokus auf die Schweiz gelegt[26], was bei den Alternativprodukten aufgrund der unzureichenden Datenverfügbarkeit nicht möglich war. Bei allen Produkten wurde die Auswahl, wenn möglich, zu Gunsten der Vergleichbarkeit auf nicht zubereitete Produkte gelegt[27].

Da nur über die Produktbeschreibung eine Klassierung der Alternativprodukte nicht immer eindeutig möglich war, mussten Annahmen für die Zuordnung getroffen werden. Wenn möglich, wurden dafür identische oder ähnliche Produkte aus derselben Datenquelle genutzt.

4.3.1. Datenbanken für Nährstoffgehalte

Die grösste europäische Datenbank für Lebensmittelnährstoffgehalte ist die EuroFIR (European Food Information Resource, eurofir.org), welche die verfügbaren Daten aus verschiedenen Staaten harmonisiert. Für die vorliegende Studie wurden Datensätze für Frankreich, Griechenland, Portugal, die Schweiz, Slowenien, Spanien und das Vereinigte Königreich erworben und zusammen-

---

[26] Der Selbstversorgungsgrad liegt für die meisten Referenzprodukte bei deutlich über 50% (siehe Kapitel 10).

[27] Die Zubereitung hat einen Einfluss sowohl auf den Nährwert als auch die Umweltbilanz eines Produktes. Da aber jedes Produkt auf verschiedene Weisen zubereitet werden kann, würde so eine grosse Unsicherheit in die Daten einfliessen, die den Vergleich zwischen den Produkten deutlich erschweren würde.

geführt. Insgesamt standen dadurch knapp 12.000 Lebensmittel zur Verfügung. Die identifizierten Alternativprodukte wurden dann anhand der Produktbeschreibung klassiert (Kapitel 3.1).

4.3.2. Umweltdatenbanken für Produktinventare

Es gibt verschiedene öffentlich und privat verwaltete Datenbanken mit Ökoinventaren[28] von Produkten und Prozessen für die Berechnung von Umweltbilanzen. Für die Datensuche in diesem Studienteil wurden die Datenbanken von Agribalyse v3.1 (agribalyse.ademe.fr), Agri-footprint v5.0 (www.blonksustainability.nl), ecoinvent v3.9.1 (ecoinvent.org), SALCA v3.4 (Nemecek et al., 2010) und WFLDB v3.5 (Nemecek et al., 2015) durchsucht.

Für die Berechnung der Umweltbilanzen wurde die von Agroscope entwickelte SALCA Wirkungsabschätzungsmethode v2.01 verwendet (Douziech et al., 2024; Nemecek et al., 2023), da sie insbesondere für Schweizer Landwirtschafts- und Nahrungsmittelprodukte geeignet ist. Als Fokus wurden die fünf Umweltwirkungskategorien verwendet, welche auch in der Literatur am häufigsten genutzt werden[29] (**Tab. 21**, Seite 254). Die Systemgrenze der Produkte wurde beim Rohprodukt gewählt, da die anschliessenden Schritte wie Transport und Verpackung zwischen den Referenz- und Alternativprodukten sehr ähnlich sind und somit keinen Einfluss auf den direkten Vergleich hätten. Die Produkte wurden anhand deren Beschreibungen und der Inventardaten klassiert. Hierbei fanden die Kategorien Anwendung, die in Kapitel 3.1 vorgestellt wurden.

4.4. Literaturstudien

Für den Bericht wurden mehrere Literaturstudien durchgeführt. Diese haben abhängig von ihrem Zweck systematischen oder ergänzenden Charakter. In beiden Fällen wurde auf wissenschaftlich begutachtete Artikel zurückgegriffen, wobei in der systematischen Literaturanalyse auch graue Literatur beachtet wurde. Graue Literatur beschreibt z.B. Firmenreporte und Reporte internationaler

---

[28] Ein Ökoinventar ist eine Auflistung aller Material- und Energieflüsse, welche für den Lebenszyklus eines Produktes oder Prozesses benötigt werden.

[29] Die fünf Kategorien sind das globale Treibhauspotenzial, die Wasserknappheit, die Landnutzung, das Eutrophierungspotenzial und das Versauerungspotenzial.

Organisationen wie der FAO, die nicht den Peer-review-Prozess durchlaufen haben. Diese Studien wurden durch englische Stichwortsuchen in den Datenbanken Scopus und Web of Science gefunden. Alle Suchen und die anschliessende Auswahl geeigneter Artikel wurden von zwei Forschenden unabhängig durchgeführt, die Ergebnisse verglichen und die Methode gegebenenfalls verfeinert, um Vollständigkeit und Reproduzierbarkeit zu gewährleisten. Die direkte Suche in den Datenbanken wurde dann durch eine erweiterte Suche nach dem Schneeballprinzip ergänzt. Es wurden also in den gefundenen Artikeln weitere geeignete Referenzen identifiziert. Im Folgenden werden die Stichworte und Auswahlkriterien der verschiedenen Literaturstudien vorgestellt.

4.4.1. Literaturstudie der Nährstoffgehalte ausgewählter Alternativprodukte

Eine ergänzende Literaturstudie wurde durchgeführt, in der gezielt nach Nährstoffgehalten von Alternativprodukten gesucht wurde. In den Nährstoffdatenbanken gab es nämlich nicht ausreichend Daten zu Alternativprodukten auf Basis von Erbsen, Insekten und Mycoprotein, welche alle drei potenziell interessante Nährstoffprofile aufweisen und auch auf dem Schweizer Markt vertreten sind.

Bei der Literaturstudie wurden keine Bedingungen für den Zeitrahmen der Veröffentlichung gesetzt und die Auswahlkriterien waren folgende:

- Das untersuchte Produkt musste grosse Ähnlichkeit zu den in dieser Studie definierten Alternativprodukten haben
- Das Produkt musste einen der drei Rohstoffe Erbsen, Insekten oder Mycoprotein als Hauptzutat haben
- Es musste ein Grossteil der für die Nährstoffindexberechnung wichtigen Stoffe gemessen und berichtet werden

4.4.2. Literaturstudie der Umweltbilanzen von Alternativprodukten

Das Ziel der Literaturstudie war es, eine Übersicht der vorhandenen Daten zu Umweltbilanzen von Alternativprodukten zu erstellen und untereinander sowie mit den Referenzprodukten zu vergleichen. Die Suche wurde dabei möglichst breit gefasst, um alle Kategorien (Kapitel 3.1) mit Beispielen darstellen zu können. Die systematische Literaturstudie folgt den Leitlinien für die Durchführung von Literaturstudien, um Vollständigkeit und Reproduzierbarkeit der Methodik zu gewährleisten (Zumsteg et al., 2012).

Für den Zeitpunkt der Veröffentlichung gab es keine Einschränkungen, allerdings waren nur zwei Studien älter als 10 Jahre (Smedman et al., 2010; Tuomisto & de Mattos, 2011). Bei der Auswahl geeigneter Studien wurden folgende Auswahlkriterien angewandt:

- Die Studie muss Umweltbilanzmethodik anwenden
- Das Produkt muss als Fleisch oder Milchproduktersatz geeignet sein, wobei nur die definierten Referenzprodukte beachtet wurden (kein Fisch oder Butter)
- Es muss mindestens eine funktionelle Einheit mit Produktmassebezug angewendet werden
- Die Systemgrenzen müssen wenigstens bei Wiege bis Rohprodukt liegen
- In der Studie müssen eigene Berechnungen zumindest teilweise durchgeführt und nicht nur Hintergrunddaten zitiert werden

Auch wenn der Fokus auf den Alternativprodukten lag, wurden Daten zu den Referenzprodukten in den jeweiligen Studien ebenfalls mit extrahiert, um später direkte Vergleiche zwischen den Alternativ- und Referenzprodukten zu ermöglichen.

Für den Fall, dass verschiedene Produkte innerhalb einer Arbeit ausgewertet wurden, wurden diese im Rahmen der Literaturanalyse einzeln betrachtet und die entsprechenden Umweltwirkungen dazu extrahiert. Falls in den Studien verschiedene Produktionsszenarien ausgewertet wurden, wurden diese nur dann einzeln übernommen, wenn sie sich deutlich unterschieden, also beispielsweise unterschiedliche Rohstoffe und Energiequellen genutzt wurden. Ansonsten wurde ein Mittelwert oder die Werte des Basis-Szenarios übernommen, wenn im Rahmen einer Sensitivitätsanalyse diverse Szenarien vorgestellt wurden. Wenn unterschiedliche Systemgrenzen berichtet wurden, wurde die weiteste übernommen.

Für die Datenerfassung der Umweltbilanzen wurden ebenfalls die fünf für die Nahrungsmittelherstellung meistgenutzten Umweltwirkungskategorien beachtet (Poore & Nemecek, 2018): globales Treibhauspotenzial, Eutrophierungspotenzial, Versauerungspotenzial, Landnutzung und Wasserverbrauch. Zur Harmonisierung der Datenpunkte wurden die Einheiten der Umweltwirkungen in Kilogramm, Quadratmeter und Liter umgerechnet[30]. Gleiches wurde für die funktionelle Einheit der Produkte durchgeführt, indem auf ein Kilogramm Produkt vereinheitlicht wurde. Weitere Vereinheitlichungen zwischen den einzelnen Studien, z.B. gleiche Systemgrenzen oder gleiche Bewertungsmethode, wurden nicht vorgenommen, sodass Vergleiche zwischen den Ergebnissen unterschiedlicher Studien nur bedingt zulässig sind.

4.5. Qualitative Untersuchungen

Abgesehen von den vorgestellten Methoden zur quantitativen Erhebung von Daten wurden auch qualitative Untersuchungen angestellt. Diese befassen sich mit der Nährstoffqualität, der sozialen und ökonomischen Dimension der Nachhaltigkeit und der Lebensmittelverarbeitung. Für diese Aspekte waren jeweils nicht ausreichend Daten in Datenbanken vorhanden, um quantitative Auswertungen durchzuführen. Eine Stichwortsuche und anschliessend eine Suche nach dem Schneeballprinzip für wissenschaftliche Literatur wurden durchgeführt. Aus der Literatur wurden dann die wichtigsten Argumente herausgearbeitet und im Zusammenhang mit den Ergebnissen aus anderen Arbeitsschritten diskutiert.

30 Während für das globale Treibhauspotenzial mit Kilogramm Kohlenstoffdioxidäquivalenten eine uniforme Einheit gegeben ist, gibt es für die meisten anderen Kategorien mehrere Einheiten und Methoden, die regelmässig angewendet werden. Im Falle von Landnutzung beispielsweise kann sich die Einheit Quadratmeter mal Jahr auf verschiedene Äquivalente beziehen. So gibt es etwa die Referenz zur belegten Anbaufläche, zum genutzten Ackerland oder nur zur Flächennutzung allgemein. Für andere Kategorien sind die Unterschiede noch offensichtlicher, wenn auf unterschiedliche Stoffäquivalente verwiesen wird. Zum Beispiel wird das Versauerungspotenzial als Kilogramm Schwefeldioxidäquivalente oder Mol Wasserstoffkation-Äquivalente angegeben und das photochemische Ozonbildungspotenzial als Kilogramm Stickoxidäquivalente oder Äquivalente an flüchtigen organischen Verbindungen («non-methane volatile organic compounds» – NMVOCs).

5. Nachhaltigkeit und Gesundheit der Alternativprodukte

5.1. Produktverfügbarkeit in den Datenquellen

Zunächst wurde untersucht, in welchem Umfang Daten zu den Alternativprodukten in den verschiedenen Quellen zur Verfügung stehen, und diese mit der Produktverfügbarkeit im Schweizer Detailhandel (Kapitel 3.5) verglichen. Im Schweizer Detailhandel wurden **367** Fleisch- und Milchproduktalternativen identifiziert, die sich relativ ausgeglichen auf Fleisch- bzw. Milchproduktalternativen verteilen. Nährstoffdaten wurden zu **126** Alternativprodukten gefunden, wobei ebenfalls etwa 50% auf Fleischalternativen entfallen. Bei den Umweltdaten war die Verteilung etwas weniger ausgeglichen mit 75% Daten für die Fleischalternativen bei **140** Alternativprodukten.

Es wurde ebenfalls untersucht, ob die Hauptzutaten der Alternativprodukte aus den Datenquellen denen aus dem Schweizer Detailhandel entsprechen. Im Vergleich zum Schweizer Markt war in allen Datensätzen Soja überrepräsentiert, während Erbsen und Kokosnuss unterrepräsentiert waren. Abgesehen davon war für die pflanzlichen Rohstoffe eine gute Übereinstimmung zu beobachten. Bei den nicht-pflanzlichen Zutaten standen Umweltbilanzdaten für *In-vitro*-Fleischprodukte zur Verfügung, obwohl bisher noch keines in der Schweiz zugelassen wurde. Nährstoffdaten wurden für Mycoprotein-, Insekten- und Erbsenprodukte mit Literaturquellen vervollständigt.

Die zuvor definierten Hauptkategorien (Kapitel 3.1) wurden ebenfalls verwendet, um die Produktverfügbarkeit zu vergleichen. In allen Fällen stammt die überwiegende Mehrzahl der Produkte aus autotropher, also pflanzenbasierter, physikalischer Herstellung. Die Verteilung zwischen der physikalischen und biochemischen Verarbeitung ähnelt sich bei den autotrophen Produkten zwischen den Datenquellen, wobei biochemisch gewonnene Produkte am Schweizer Markt eine etwas grössere Rolle spielen als in den anderen Datenquellen.

5.2. Gesundheit und Nährwerte der Alternativ- und Referenzprodukte

Die Nährstoffdaten für die Alternativ- und Referenzprodukte wurden hauptsächlich aus den standardisierten EuroFIR-Datenbanken (eurofir.org) für Nährwerte von Lebensmitteln bezogen. Für einzelne Produkte wurde gezielt nach Literaturdaten gesucht, um die Nährwertdaten zu vervollständigen. Die Methodik ist ausführlich in Kapitel 4 (Seite 65 ff.) beschrieben.

5.2.1. Nährstoffgehalte

Die Nährstoffgehalte wurden für die Hauptkategorien der Alternativprodukte, die in Kapitel 3.1.2 vorgestellten Produktgruppen sowie die Referenzprodukte berechnet. Die **Abb. 3** zeigt für die wichtigsten Produkte den Gehalt an sieben relevanten Nährstoffen[31] und den Energiegehalt. Die detaillierten Ergebnisse finden sich im Annex (**Tab. 14**, Seite 240; **Tab. 15**, Seite 242; **Tab. 16**, Seite 243; **Abb. 17**, Seite 245).

Der Nährstoffgehalt bezieht sich jeweils auf eine Portion[32] und ist als Verhältnis zur empfohlenen Tageszufuhr dargestellt. Es sollte beachtet werden, dass für Zucker die empfohlene Tagesdosis einen Maximalwert darstellt, während es für die anderen Nährstoffe Minimalwerte sind.

---

[31] Relevant bezeichnet hierbei jene Nährstoffe, für die Fleisch- oder Milchprodukte wichtige Quellen sind, sowie jene, für die in der Schweiz bekanntermassen ein Mangelrisiko vorhanden ist.

[32] Bei den Fleischprodukten entspricht nach den Empfehlungen der Schweizer Lebensmittelpyramide eine Portion 100 g. Die Portionsgrössen der Milchprodukte sind: 200 g Milch, 175 g Joghurt, 30 g Halbhart- und Hartkäse und 60 g Weichkäse. Für Rahm gibt es keine empfohlene Portionsgrösse.

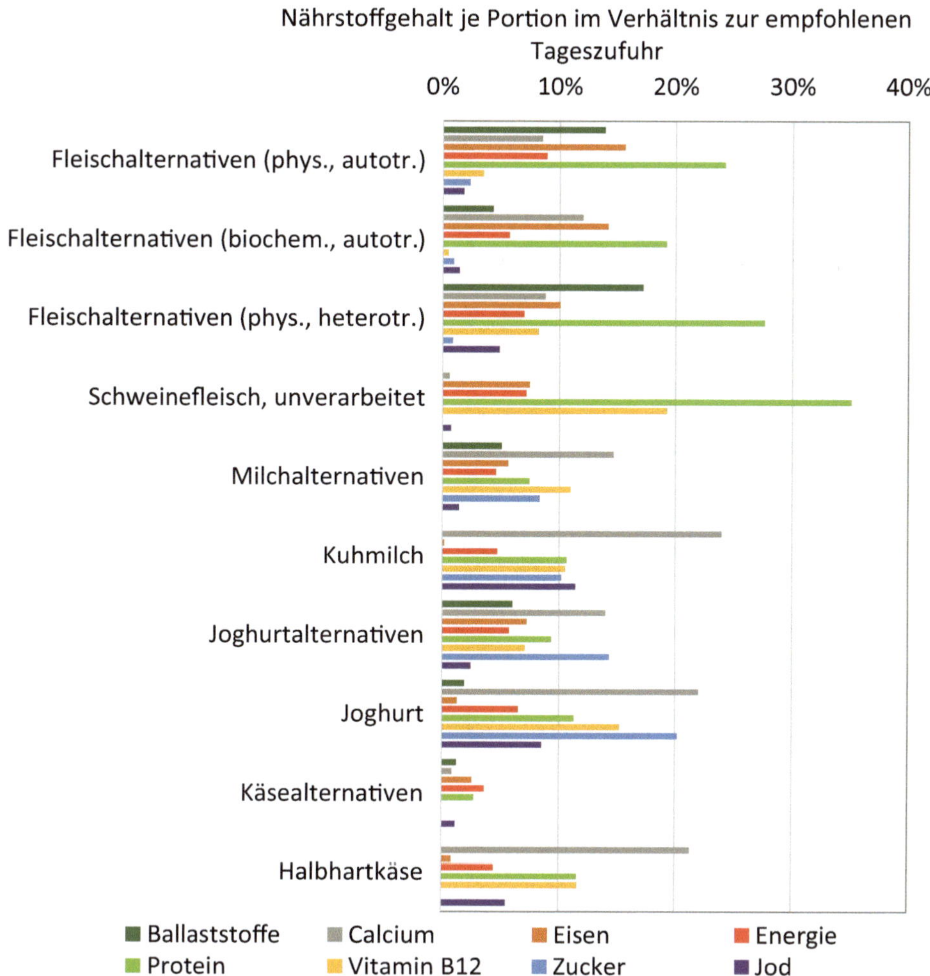

Abb. 3: Nährstoff- und Energiegehalt je Portion im Verhältnis zur empfohlenen Tageszufuhr für einige ausgewählte Produkte.

In **Abb. 3** lassen sich direkt eindeutige Unterschiede in den Nährstoffprofilen der Alternativ- und Referenzprodukte erkennen. Während Fleischalternativen deutlich mehr Ballaststoffe und Calcium enthalten als ihre Referenz, weist unverarbeitetes Schweinefleisch hohe Gehalte an Protein und Vitamin B12 auf. Auch Milchproduktalternativen enthalten viele Ballaststoffe und dazu deutlich mehr Eisen als ihre Referenzen, welche sich wiederum vor allem durch einen hohen Gehalt an Calcium und Jod auszeichnen.

Eine detaillierte Analyse der Produktgruppen zeigt, dass insbesondere für die Alternativprodukte der Gehalt an Mikronährstoffen sehr variiert. So schwankt etwa der Calciumgehalt der Soja-, Hafer- und Mandeldrinks zwischen rund 10 und 130 mg/100 g, was darauf hindeutet, dass einige der Produkte angereichert wurden. Im Vergleich dazu ist der Calciumgehalt der Milch mit 110 bis 130 mg/100 g relativ konstant. Die gleiche Beobachtung zeigt sich für den Gehalt an Vitamin B12, welcher innerhalb der Produktgruppen stark schwankt. Bei den pflanzlichen Produkten ist dies auf eine Anreicherung zurückzuführen.

Für die disqualifizierenden Nährstoffe lässt sich ebenfalls eine grosse Schwankung innerhalb der Produktgruppen feststellen. So variiert etwa der Natriumgehalt[33] von Falafel und Weizen-Alternativen um einen Faktor drei, während der Zuckergehalt von den Milchalternativen von null bis 9 g/100 g reicht.

Von den Milchalternativen zeichnen sich insbesondere Soja-Alternativen durch einen mit Milch vergleichbaren Proteingehalt aus. Für die weiteren Nährstoffe und für die Fleischalternativen allgemein ist die Variation innerhalb der Produktgruppe allerdings oft grösser als die Unterschiede zwischen den Produktgruppen.

Insgesamt zeigt der direkte Vergleich also, dass die Nährstoffprofile der einzelnen Produkte zum Teil sehr unterschiedlich sind. Aus diesen detaillierten Nährstoffanalysen lässt sich allerdings nur schwer ableiten, welche Produkte insgesamt die höchste Nährwertdichte haben. Aus diesem Grund wurden für die Produkte ebenfalls die NRF10.3-, NR10- und LIM3-Werte berechnet. Für die wichtigsten Produktgruppen sind die Ergebnisse in **Abb. 4** gezeigt. Detaillierte Ergebnisse finden sich im Annex (**Tab. 17**, Seite 246; **Abb. 18**, Seite 247).

[33] Natrium kommt natürlicherweise in nahezu allen Lebensmitteln vor, kann aber auch in Form von Speisesalz zusätzlich beigefügt werden. Eine hohe Schwankung des Natriumgehaltes in ähnlichen Produkten lässt sich wahrscheinlich auf Schwankungen im Salzgehalt zurückführen.

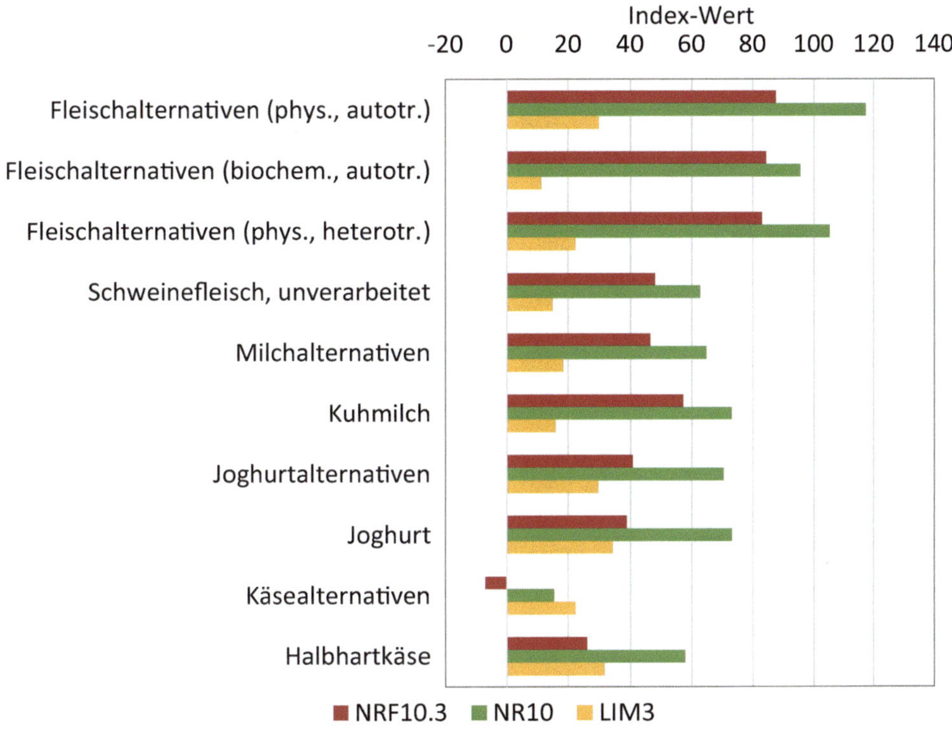

Abb. 4: Nährwertindexwerte pro Portion einiger ausgewählter Produkte.

Alle drei präsentierten Kategorien der Fleischalternativen zeigen höhere NRF10.3-Indexwerte als das Referenzprodukt (Schweinefleisch), was hauptsächlich auf den hohen Gehalt an qualifizierenden Nährstoffen zurückzuführen ist (**Abb. 4**). Beim Vergleich mit den weiteren Referenzprodukten (Rindfleisch, Geflügelfleisch, Kalbfleisch, jeweils unverarbeitet und verarbeitet) wird dieser Unterschied noch deutlicher, da insbesondere die verarbeiteten Fleischprodukte einen hohen Gehalt an disqualifizierenden Nährstoffen aufweisen (Annex, **Tab. 17**, Seite 246), welcher den gleichzeitig hohen Gehalt an qualifizierenden Nährstoffen ausgleicht und teilweise sogar übertrifft. Zwischen den Fleischalternativen gibt es vor allem beim Gehalt an disqualifizierenden Nährstoffen Unterschiede, wobei insbesondere die biochemisch und autotroph hergestellten Sojaprodukte niedrige Werte aufweisen. Bei den heterotrophen Produkten zeigen die Insektenprodukte eine höhere Nährwertdichte als die Mycoproteinprodukte für alle drei Indices.

Die Milchalternativen weisen etwas niedrigere Mengen an qualifizierenden Nährstoffen auf als ihre Referenzen. Dabei muss allerdings zwischen den Produktgruppen unterschieden werden, da nur Sojadrinks eine höhere Nährwertdichte als Milch erreichen. Käsealternativen zeigen eine allgemein geringe Nährstoffdichte mit einem vergleichsweise hohen Anteil an disqualifizierenden Nährstoffen, weshalb die Referenzprodukte (Annex, **Tab. 17**, Seite 246) für alle drei Indices höhere Werte erreichen. Die zuvor beobachtete Variation in den Nährstoffgehalten wirken sich auch auf die Index-Werte aus. Während der NRF10.3 von Milch auch für verschiedene Datensätze relativ konstant bei rund 60 liegt, schwankt er für Sojadrink zwischen 22 und 115 je Portion.

5.2.2. Nährstoffqualität

Da Fleisch- und Milchprodukte wichtige Proteinlieferanten sind, wird zunächst die Proteinqualität ausgewertet. **Tab. 3** zeigt den Proteingehalt verschiedener Fleisch- und Milchproduktalternativen und einiger Referenzprodukte sowie ermittelte DIAAS-Werte als Indikatoren der Proteinqualität (Kapitel 4.1). Aus beiden Werten wurde ausserdem der Gehalt an verfügbarem Protein errechnet. Alle untersuchten Produkte enthalten mindestens 12 g Protein pro 100 g Produkt. Wird der Gehalt durch die Hinzunahme des DIAAS qualitätskorrigiert, ändert sich die verfügbare Menge jedoch zum Teil deutlich. Die zubereiteten Fleischprodukte behalten ihren hohen Proteingehalt bei, während er für viele der pflanzlichen Produkte abnimmt.

Von den pflanzlichen Lebensmitteln schneiden die verarbeiteten Sojaprodukte am besten ab. Weizenkleie-Flakes als Beispielprodukt für Weizenprotein zeigen dagegen eine besonders niedrige Proteinqualität. Insekten erreichen, obwohl es sich um tierische Proteine handelt, ebenfalls keine optimale Proteinqualität.

Tab. 3: Der Einfluss der Proteinverdaulichkeit und Aminosäurezusammensetzung (DIAAS[34]) auf den Vergleich zwischen den verschiedenen proteinhaltigen Produkten auf Basis von Agroscope-Daten (Hammer et al., 2023; Hammer et al., 2024; Sousa, Portmann et al., 2023; Sousa, Recio et al., 2023).

Nahrungsmittel	Zubereitung	Proteingehalt [g/100 g Produkt]	DIAAS	Verfügbares Protein [g/100 g Produkt]
Weizenkleie-Flakes		14,2	26	3,7
Straucherbse		26,1	67	17,5
Schwarze Bohne		23,0	72	16,5
Sojabohnen	gekocht	16,3	51	8,3
Soja-Burger	roh	12,9	100	12,9
	gegrillt	14,1	94	13,3
Erbsen-Fava-Burger	roh	14,4	86	12,4
	gegrillt	20,1	69	13,9
Rindsburger	roh	19,0	[35]112	19,0
	gegrillt	24,7	124	24,7
Tofu		14,4	84	12,1
Mehlwurm	blanchiert	19,9	89	17,7
Grille	blanchiert	18,0	92	16,5
Poulet-Brust	gebraten	26,8	113	26,8

Auch in der wissenschaftlichen Literatur wurde die Proteinqualität verschiedener Alternativprodukte und Rohzutaten von Alternativprodukten untersucht (Fanelli et al., 2022; Herreman et al., 2020). In einer umfassenden Literaturübersicht haben Herreman et al. (2020) die DIAAS-Werte verschiedener proteinreicher Nahrungsmittel verglichen. Die Auswertung hat gezeigt, dass insbesondere tierische Proteine und Kartoffelproteine eine sehr hohe Qualität mit einem idealen Anteil an essenziellen Aminosäuren hatten. Von den weiteren pflanzlichen Proteinquellen erreichte nur Sojaprotein eine hohe Qualität (DIAAS > 80). Insbesondere Getreideprodukte hatten mit DIAAS-Werten von unter 50 eine geringe Proteinqualität. Es wurde festgestellt, dass nicht alle pflanzlichen Proteinquel-

[34] Die DIAAS-Werte beziehen sich auf die Altersgruppe von 6 Monaten bis 3 Jahren (Vorgabe der FAO).

[35] Auch bei DIAAS-Werten von über 100 sind nur 100% Protein verfügbar. Allerdings können Proteinquellen mit DIAAS-Werten von über 100 unvollständige Proteinquellen unabhängig von der limitierenden Aminosäure bei einem gleichzeitigen Konsum ergänzen und damit aufwerten.

len die gleiche limitierende Aminosäure[36] haben. So war Lysin limitierend für Raps, Hafer, Weizen, Reis und Mais, während es für Hülsenfrüchte Methionin/Cystein war. Eine Kombination von Zutaten konnte also den DIAAS-Wert des Gemisches erhöhen, da der Mangel an einzelnen Aminosäuren durch andere Zutaten ausgeglichen wird. Herreman et al. (2020) zeigten, dass beispielsweise eine 41/59 Kombination aus Reis und Erbse einen DIAAS von 84 erreicht und eine Dreierkombination aus Erbse/Raps/Kartoffel (35/35/30) auf einen DIAAS von 100 kommt.

Chalupa-Krebzdak et al. (2018), Walther et al. (2022) und Hammer et al. (2024) haben die Proteinqualität verschiedener Milchalternativen untersucht und ebenfalls festgestellt, dass nur Milch vollwertig ist, wobei Sojadrink beinahe ebenso hohe Werte erreicht, während die anderen Milchalternativen deutlich niedrigere Werte aufweisen.

Für zwei kommerzielle Insektenprodukte haben Komatsu et al. (2023) gezeigt, dass DIAAS-Werte von 64 für Hausgrillen und 70 für Mehlwürmer erreicht werden. Malla et al. (2022) haben fünf kommerzielle Insekten untersucht und DIAAS-Werte zwischen 54 (gelber Mehlwurm) und 78 (Bändergrille) erhalten. Allerdings argumentieren Malla & Roos (2023), dass bei der Berechnung von DIAAS-Werten auf Basis des Stickstoffgehalts oft der Nicht-Protein-Stickstoff (Chitin) in Insekten als Protein gezählt wird und somit die Proteinqualität um ca. 15% unterbewertet wird[37]. Somit könnten die meisten Insekten als gute Proteinquellen eingestuft werden (DIAAS > 75)[38].

Relativ wenig Literatur ist zur Proteinqualität von Mycoprotein zu finden. Miller & Dwyer (2001) haben einen PDCAAS-Wert von 0,91 berichtet, was vergleichbar mit Sojaprotein ist. In Fertigprodukten der Marke Quorn® kann der Wert sogar höher sein, da Eialbumin oder Milchproteine den Produkten beigemischt werden. In einer Studie von Edwards & Cummings (2010) wurde ein PDCAAS von 0,996 nachgewiesen, wobei festgestellt wurde, dass verschiedene Zubereitungsmethoden keinen Einfluss auf die Proteinqualität haben.

---

[36] Als limitierende Aminosäure eines Proteins bezeichnet man jene essenzielle Aminosäure, welche im Vergleich zu einem idealen Protein den geringsten Gehalt aufweist. Siehe auch Kapitel 4.1.

[37] Da der Gesamtproteingehalt und der Gehalt an essenziellen Aminosäuren unabhängig voneinander bestimmt werden, führt eine Überschätzung des Proteingehaltes zu einer Unterschätzung der Proteinqualität.

[38] Allerdings wäre auch der Proteingehalt niedriger, weshalb die Menge an verfügbarem Protein konstant bliebe.

Auch bei den Fetten hängt die Nährstoffqualität unter anderem von der Zusammensetzung ab. In diesem Falle ist die Zusammensetzung der Fettsäuren von Interesse. Es wird hauptsächlich zwischen gesättigten, einfach und mehrfach ungesättigten Fettsäuren unterschieden. Die Omega-3- und die Omega-6-Fettsäuren sind mehrfach ungesättigte Fettsäuren, von denen die Alpha-Linolensäure und die Linolsäure für den menschlichen Körper essenziell sind, also durch die Nahrung aufgenommen werden müssen. Beide Fettsäuren kommen hauptsächlich in pflanzlichen Ölen und Fisch vor. Abgesehen von der Menge ist allerdings auch das Verhältnis von Omega-6- zu Omega-3-Fettsäuren entscheidend. Die D-A-CH-Gesellschaften für Ernährung empfehlen ein Verhältnis von 5:1 (Deutsche Gesellschaft für Ernährung et al., 2021). In neueren Richtlinien wird ein möglichst ausgeglichenes Verhältnis empfohlen, idealerweise 1:1. Bei der Analyse verschiedener pflanzlicher Öle wurde festgestellt, dass das Verhältnis oft zugunsten der Omega-6-Fettsäuren verschoben ist (VGS, 2020; Z.d.G., 2023), weshalb der Konsum von Rapsöl (Verhältnis 2:1) ausdrücklich empfohlen wird (SGE, 2020). Während der Untersuchung des Alternativproduktmarktes in der Schweiz (Kapitel 3.5) wurde beobachtet, dass Alternativprodukte oft unter der Hinzunahme von Rapsöl hergestellt werden. Allerdings wird ebenfalls oft Sonnenblumenöl genutzt, welches ein sehr ungünstiges Verhältnis von 120:1 aufweist.

Chalupa-Krebzdak et al. (2018) und Antunes et al. (2023) haben die Zusammensetzung der Fettsäuren in Milchalternativen untersucht und Vorteile bei den pflanzlichen Alternativen (abgesehen von Kokosdrink) gegenüber Milch aufgrund des höheren Gehaltes an ungesättigten Fettsäuren festgestellt. Kokosdrinks weisen auch hohe Gehalte an ungesättigten Fettsäuren auf. Walther et al. (2022) teilen die Beobachtung des höheren Gehaltes an ungesättigten und auch langkettigen Fettsäuren, haben aber auch das Verhältnis zwischen Omega-6- und Omega-3-Fettsäuren analysiert, welches nur bei Kuhmilch[39] und Sojadrink bei unter 10:1 liegt.

Auch bei den Mikronährstoffen spielt die Nährstoffqualität eine wichtige Rolle, wobei in diesem Falle die Bioverfügbarkeit im Fokus steht (EFSA, 2006). Allgemein wird festgestellt, dass pflanzliche Lebensmittel eine geringere Bioverfügbarkeit von Nährstoffen als tierische Lebensmittel aufweisen. Beispielsweise ist

---

[39] Bei Milch ist ein starker Effekt der Fütterung auf das Verhältnis zwischen den Omega-3- und Omega-6-Fettsäuren zu beobachten. Kühe, die v.a. Wiesen- und Weidefutter fressen (im Unterschied zu Mais und Kraftfutter), produzieren Milch mit einem höheren Anteil Omega-3-Fettsäuren. (Bär et al., 2020)

bekannt, dass Eisen als Teil des Häm-Komplexes[40], wie es teilweise in Fleisch vorliegt, leichter zu verdauen ist als pflanzliches Eisen (Fairweather-Tait, 2023; Pointke & Pawelzik, 2022). Tatsächlich kann Hämeisen bis zu viermal besser absorbiert werden als Nicht-Hämeisen (Hunt, 2002). Daher nutzt Impossible Foods (impossiblefoods.com) in seinen Produkten über Präzisionsfermentation hergestelltes Häm für die Eisenanreicherung. Dies ist allerdings in Europa nicht zugelassen.

Anreicherung spielt ebenfalls für Mikronährstoffe eine Rolle, deren Gehalt in pflanzlichen Produkten gering ist. Calcium etwa wird häufig zu Milchalternativen beigefügt. Angereichert wird dabei zumeist mit Calciumcarbonat, welches ähnlich gut verdaulich ist wie Calcium aus Milchprodukten (Chalupa-Krebzdak et al., 2018), solange es gelöst vorliegt[41]. Allgemein werden angereicherte Mineralstoffe und Vitamine vermehrt in besser bioverfügbaren Formen genutzt, um ihre Wirksamkeit sicherzustellen. Zudem werden weiterhin neue Methoden entwickelt, um die Bioverfügbarkeit zu verbessern (McClements & McClements, 2023).

Abgesehen von einzelnen Substanzen und deren chemischen Verbindungen in den Nahrungsmitteln spielt auch die Nahrungsmatrix[42] eine bedeutende Rolle für die Bioverfügbarkeit. Es wurde beobachtet, dass der Gehalt an Ballaststoffen und Anti-Nährstoffen in pflanzlichen Produkten die Verdaulichkeit verschiedener Nährstoffe verlangsamen und hemmen kann (Capuano & Pellegrini, 2019; Ogawa et al., 2018; Rousseau et al., 2020). Beispielsweise zeigen Phytinsäure, Tannine, Oxalsäure und Lektine Anti-Nährstoffeigenschaften, indem sie entweder die Nährstoffe oder die Verdauungsenzyme stark binden und so die Verfügbarkeit für den Körper einschränken (McClements & McClements, 2023). Zudem sind in pflanzlichen Nahrungsmitteln oft Zellstrukturen enthalten, welche der Verdauung widerstehen und somit die Nährstoffe nicht freigeben (Chungchunlam & Moughan, 2023).

Durch die Verarbeitung der pflanzlichen Produkte besteht allerdings die Möglichkeit die Zellstrukturen aufzubrechen, den Gehalt an Anti-Nährstoffen zu

---

40 Häme sind Komplexverbindungen, welche in Proteinen zu finden sind. Hier spielen sie mit ihrem zentralen Eisenion eine wichtige Rolle in verschiedenen Stoffwechselprozessen. Ein typisches Beispiel ist das Häm *b*, welches Teil des Hämoglobins ist und für die Sauerstoffaufnahme im Körper von Wirbeltieren (inklusive des Menschen) eine entscheidende Rolle spielt.

41 In der Studie wurde der Calciumgehalt der Milchalternativen vor und nach dem Schütteln gemessen und es wurde festgestellt, dass nicht alles ausgefällte Calcium sich wieder lösen lässt.

42 Bei der Nahrungsmatrix handelt es sich um die Kombination von Nahrungsmitteln, welche zur gleichen Zeit aufgenommen und verdaut werden.

verringern und so die Bioverfügbarkeit zu verbessern (Forde & Decker, 2022; McClements & McClements, 2023; Rousseau et al., 2020). Insbesondere die Verarbeitung durch Fermentation hat dabei positive Einflüsse (Aydar et al., 2020) und auch die Heissextrusion kann den Gehalt von Anti-Nährstoffen signifikant verringern (Nikmaram et al., 2017). Bei einem Vergleich zwischen der Verdaulichkeit von Eisen und Zink in Burgern und Alternativburgern haben Latunde-Dada et al. (2023) festgestellt, dass Eisen ähnlich gut verdaut wird, Zink aus dem Fleischprodukt dafür deutlich besser. Pointke & Pawelzik (2022) haben die Bioverfügbarkeit von Mineralstoffen in Fleisch- und Milchproduktalternativen verglichen und gezeigt, dass die Alternativen teilweise mehr verfügbares Zink und Eisen enthalten als ihre Referenzen.

Auch die Zubereitung der Lebensmittel hat Einfluss darauf, ob Nährstoffe zugänglich gemacht oder zerstört werden. So hilft etwa das Zerkleinern und Kochen von pflanzlichen Produkten die Zellstrukturen aufzubrechen und so die Nährstoffe für die menschliche Verdauung verfügbar zu machen (Hedrén et al., 2002). Gleichzeitig sind viele Anti-Nährstoffe, aber auch Vitamine hitzeempfindlich, weshalb übermässiges Erhitzen die Verfügbarkeit deutlich verringern kann (USDA, 2007). Darüber hinaus spielt es eine Rolle, ob die Vitamine fettlöslich sind oder nicht, da diese unterschiedlich stark ausgewaschen werden können und sich die Verdauungsvorgänge stark unterscheiden (McClements & McClements, 2023). Es kann also für die Verfügbarkeit einen Unterschied machen, ob das Produkt gekocht, gedämpft oder gebraten wird.

Das Zusammenspiel der beschriebenen Phänomene wird auch als Matrixeffekte bezeichnet. Diese können für die einzelnen Nährstoffe jeweils positiven oder negativen Charakter haben, die Verdauung beschleunigen oder verlangsamen, überhaupt erst ermöglichen oder weitestgehend verhindern. Aufgrund der Vielzahl an Interaktionen ist weiterhin nur wenig zu diesen Effekten bekannt und Vorhersagen zu bestimmten Nahrungsmittelkombinationen sind schwierig. Aus diesem Grund zielt die Forschung zurzeit insbesondere auf einzelne, wichtige Substanzen und Interaktionen (J. Chen et al., 2019; Li et al., 2020; Reynaud et al., 2020; Tan et al., 2020).

Die Unsicherheiten zum Einfluss der Matrixeffekte haben zur Folge, dass die Angaben zu Inhaltsstoffen nur der Gesamtmenge entsprechen und nicht der dem Körper zur Verfügung stehenden. Dies ist allerdings in der Berechnung der Richtwerte für den täglichen Bedarf an den einzelnen Nährstoffen mit bedacht. So liegt der tatsächliche tägliche Bedarf an Eisen bei lediglich 1–3 mg (Hallberg, 1992), während eine Tageszufuhr von 11–30 mg (BLV, 2022) empfohlen wird, da die Bioverfügbarkeit von Eisen zwischen 1% und 40% variieren kann und normalerweise bei rund 10–15% liegt (Hunt, 2002).

5.2.3. Einfluss der Lebensmittelverarbeitung auf die Gesundheit

Eine der am weitesten verbreiteten Kategorisierungsmethoden für den Grad der Lebensmittelverarbeitung ist NOVA von Monteiro (2009). In der Veröffentlichung wird argumentiert, dass eine intensive Lebensmittelverarbeitung zu diversen negativen gesundheitlichen Folgen führt. Die Hauptkritikpunkte an der Lebensmittelverarbeitung sind dabei die hohe Energiedichte, der hohe Gehalt an Zucker, Fett, Salz, Konservierungsmitteln und Zusatzstoffen, der Verlust an Nährstoffen und der geringe Gehalt an Ballaststoffen der Lebensmittel. Aufgrund dieser häufig beobachteten Eigenschaften werden verarbeitete Produkte mit verschiedenen nicht übertragbaren Krankheiten assoziiert (Fedde et al., 2021; Monteiro et al., 2019; Rauber et al., 2018). Ausserdem wird argumentiert, dass ein hoher Verzehr an verarbeiteten Produkten mit einem trägen Lebensstil und psychischen Krankheiten in Verbindung steht (Adjibade et al., 2019; Hecht et al., 2022; Mazloomi et al., 2023; Monteiro, 2009). Für viele verarbeitete Produkte werden zudem die gleichen einheitlichen und ungesunden Zutaten verwendet, was bei übermässigem Konsum zu einer unausgewogenen Ernährung führt (Monteiro et al., 2019).

Es gibt allerdings auch Vorteile einer Verarbeitung von Lebensmitteln. Wie bereits in Kapitel 5.2.2 angeführt, spielt die Nahrungsmittelmatrix eine grosse Rolle für die Bioverfügbarkeit der Nährstoffe. Lebensmittelverarbeitung kann die Matrix entscheidend beeinflussen, indem Anti-Nährstoffe und Allergene zerstört und Nährstoffe zugänglicher gemacht werden, sodass insgesamt der Nährwert des Lebensmittels und der Mahlzeit steigt (Alam et al., 2016; de Castro et al., 2018; Faisal et al., 2022; Forde & Decker, 2022; McClements & McClements, 2023; Nosworthy et al., 2017; Rivera del Rio et al., 2022; Zhang et al., 2022). Zudem kann in der Verarbeitung mit einzelnen Nährstoffen angereichert werden, wodurch der Nährwert der Lebensmittel weiter erhöht wird. Solche Massnahmen können erwiesenermassen helfen Mangelernährungen in der Gesamtbevölkerung zu vermeiden, wie am Beispiel der Salzjodierung gezeigt wurde (SAMW, 2022).

Ein weiterer Vorteil der Verarbeitung ist die Verbesserung der Textur und der aromatischen Eigenschaften. So hat die Extrusion Auswirkungen auf Geruch und Geschmack der Produkte (Wang et al., 2022). Ausserdem hat die Verarbeitung auch einen grossen Einfluss auf die sogenannte «Convenience» der Produkte, also ihre Benutzerfreundlichkeit oder Zweckmässigkeit. Das bedeutet, die verarbeiteten Produkte sind einfacher und schneller zuzubereiten und zu konsumieren als unverarbeitete Vergleichsprodukte. Zudem sind sie in den meisten Fällen länger haltbar als unverarbeitete Produkte[43]. Dies macht sie attraktiv für alle, die wenig Zeit und Aufwand in das Kochen investieren können und möchten.

Nun stellt sich die Frage, inwieweit sich die genannten Vor- und Nachteile von verarbeiteten Lebensmitteln auf die Alternativen zu Fleisch- und Milchprodukten übertragen lassen. Zunächst sollte festgehalten werden, dass die Analyse der verfügbaren Produkte am Schweizer Markt (Kapitel 3.5) ergab, dass alle Alternativprodukte als verarbeitet (nach NOVA) einzuordnen sind und die meisten sogar als hoch verarbeitet (NOVA 4).

Wie in der Auswertung der Nährwerte auf Produktebene (Kapitel 5.2.1) zu sehen, bestätigt sich die Kritik am hohen Zuckergehalt und der hohen Energiedichte der Alternativprodukte, wobei diese allerdings in den meisten Fällen vergleichbar mit den Referenzprodukten sind. Die Auswertung von Beispielprodukten am Schweizer Markt ergab zudem, dass viele Produkte diverse Zusatzstoffe enthalten. Einige Firmen legen jedoch auch Wert auf eine kurze Inhaltsstoffliste. Der Kritikpunkt des geringen Gehalts an Ballaststoffen wiederum lässt sich nicht bestätigen. Zudem ist auch die Nährstoffdichte, auch aufgrund von Anreicherung, teilweise höher als die der Referenzprodukte, wobei hier die Bioverfügbarkeit beachtet werden muss.

Allgemein wurden in der vorliegenden Studie, aber auch in der Literatur eine hohe Variabilität in der Zusammensetzung verschiedener Alternativprodukte beobachtet (Pointke & Pawelzik, 2022), weshalb Konsumentinnen und Konsumenten die Möglichkeit haben, gezielt hochwertige Produkte auszuwählen. Gleichzeitig erschwert dies aber auch allgemeingültige Aussagen zum Effekt der Verarbeitung zu treffen (McClements & McClements, 2023). Inwiefern ein direkter Ersatz von Fleisch- und Milchprodukten in der Ernährung deren Nährwert und Umweltwirkungen beeinflusst, wird in Kapitel 6 näher betrachtet.

5.2.4. Nährstoffbedarf verschiedener Bevölkerungsgruppen

Die Berechnungen und Ergebnisse der Studie zielen vor allem auf durchschnittliche Angaben zu den Nährstoffgehalten der verschiedenen Produkte und Ernährungsmuster. Allerdings gibt es innerhalb der Bevölkerung viele Gruppen

---

[43] Aufgrund der Verringerung der Lebensmittelabfälle ist die Haltbarkeit auch aus Umweltsicht vorteilhaft.

mit unterschiedlichen Ansprüchen an die Nährstoffzufuhr und dementsprechend auch unterschiedlichen Risiken für eine Mangelernährung (BLV, 2022). Diese Unterschiede werden kurz dargestellt, um die Ergebnisse des Berichtes in diesem Licht zu diskutieren.

Insbesondere die Mangelernährung von Kindern und Schwangeren sowie das Übergewicht stehen global im Fokus von Aktivitäten zur Verbesserung der Ernährung (FAO et al., 2022). Für die Schweiz lassen sich diese Beobachtungen allerdings nur zum Teil übertragen, da insbesondere die Unterernährung von Kindern kaum eine Rolle spielt (BLV, 2017). Übergewicht ist im internationalen Vergleich zwar seltener in der Schweizer Bevölkerung zu beobachten (Ritchie & Roser, 2017), nichtsdestotrotz kann ein Trend zu mehr Übergewicht und auch eine Zunahme der Prävalenz von nicht übertragbaren Krankheiten beobachtet werden. Dementsprechend ist eines der Hauptziele der Ernährungsstrategie 2017–2024 die Vorbeugung besagter Krankheiten (BLV, 2017), zu denen Herz-Kreislauf-Erkrankungen, chronische Atemwegserkrankungen, Diabetes, Krebs und muskuloskelettale Krankheiten zählen (BAG, 2016b). Des Weiteren wurde in früheren Studien für die Schweiz bereits festgestellt, dass es in bestimmten Bevölkerungsgruppen Mangelversorgungen mit einzelnen Mikronährstoffen gibt, weshalb dies ebenfalls in der Diskussion einer gesunden Ernährung beachtet werden sollte (BLV, 2019; BLV, 2021).

Allgemein gibt es sowohl zwischen den Geschlechtern als auch zwischen den Altersstufen Unterschiede in der empfohlenen Tageszufuhr verschiedener Nährstoffe. So ist etwa der Bedarf an Energie und Makronährstoffen bei Männern im Durchschnitt höher. Bei den Mikronährstoffen sind die empfohlenen Tagesmengen für Erwachsene (18–65 Jahre) oft gleich oder für Männer leicht erhöht. Die Ausnahme hiervon ist Eisen, da Frauen durch die Regelblutung regelmässig einen höheren Eisenverlust ausgleichen müssen (Fairweather-Tait, 2023).

Zwischen den Altersstufen gibt es zum Teil deutlichere Unterschiede, da Kinder, Stillende und Schwangere auf eine hohe Nährstoffzufuhr angewiesen sind. So ist etwa der Bedarf an Calcium bei Jugendlichen (11–17 Jahre) höher als bei Erwachsenen. Für andere Mikronährstoffe wie Vitamin B5 und Jod entsprechen schon ab 11 bzw. 13 Jahren die Empfehlungen denen für Erwachsenen. Auch bei der Altersstufe über 66 Jahren wird für einzelne Nährstoffe eine höhere Dosis empfohlen[44], um Unterversorgungen vorzubeugen und verschiedenen

[44] Der Grund hierfür ist die physiologische Veränderung im Alter, etwa die schlechtere Verdauungs- und Absorptionsfähigkeit oder das niedrige Vitamin-D-Synthesepotenzial der Haut.

Krankheiten entgegenzuwirken[45] (BAG, 2018). Detaillierte Empfehlungen zur Nährstoffzufuhr nach Geschlecht und Alter werden vom BLV zur Verfügung gestellt (BLV, 2022).

Somit ergeben sich eine Vielzahl an unterschiedlichen Bedürfnissen in der Bevölkerung und entsprechend auch verschiedene Risiken eines Nährstoffmangels. Die Versorgung der Schweizer Bevölkerung mit Mikronährstoffen wurde in einer Studie des BLV untersucht (BLV, 2021), dabei wurde nach verschiedenen Bevölkerungsgruppen gesunder Erwachsener unterschieden. Die Ergebnisse der Studie weisen darauf hin, dass die durchschnittliche Zufuhr vieler Mikronährstoffe nicht ausreichend ist. Sowohl Männer als auch Frauen zeigen in sämtlichen Altersstufen eine unzureichende Versorgung mit den Vitaminen Folat und Pantothensäure. Zudem werden in den meisten Altersstufen die Mineralstoffe Kalium, Calcium, Jod, Magnesium und Eisen unzureichend aufgenommen. Im Falle von Eisen sind Frauen aufgrund ihres höheren Bedarfs besonders betroffen. Bei Männern sind zudem Vitamin C und Zink kritisch.

5.2.5. Gesundheitliche Folgen der Ernährung mit Alternativprodukten

Das Ziel des Berichtes ist es unter anderem eine Übersicht zu den gesundheitlichen Folgen des Konsums von Alternativprodukten zu geben[46]. Allerdings werden in diesem Kapitel speziell die Nährwerte der Alternativprodukte ausgewertet. Es stellt sich also die Frage, inwieweit Nährwerte die gesundheitlichen Folgen vorhersagen können.

Bei der Betrachtung der gesundheitlichen Folgen der Ernährung stehen vor allem zwei Themen im Vordergrund: die Vermeidung von Mangelernährung (BLV, 2019) und der Einfluss der Ernährung auf die Prävalenz der nicht übertragbaren Krankheiten (BAG, 2016b; WHO, 2008). Während es in der Vergangenheit grosse Fortschritte in der Vermeidung von Mangelernährungen gab (BLV, 2017; SAMW, 2022), ist die Tendenz bei den nicht übertragbaren Krankheiten umgekehrt (BAG, 2016b). Ein Haupttreiber dieser Zunahme sind die hohen Mengen an ungesunden Fetten, raffiniertem Zucker und Salz (BAG, 2016a; Monteiro, 2009; WHO, 2023). Unter der Beachtung dieser Erkenntnisse wird deutlich, dass die Nährstoffgehaltsanalyse der Lebensmittel und auch Ernährungsmuster

[45] Eine erhöhte Calciumzufuhr hilft etwa bei der Verminderung des Osteoporoserisikos.

[46] Bisher gibt es dazu nur eine Kohortenstudie, die kein erhöhtes Risiko durch Alternativprodukte feststellt (Cordova et al., 2023).

eine Einschätzung der gesundheitlichen Folgen der Ernährung erlaubt. Zwar ist es nicht möglich quantitative Risiken zu berechnen, allerdings können allgemeine Tendenzen und Empfehlungen abgeleitet werden. Zudem kann festgestellt werden, ob die Ernährungsmuster vielseitig und ausgeglichen genug sind, um eine ausreichende Versorgung mit allen wichtigen Nährstoffen zu gewährleisten.

Nichtsdestotrotz gibt es auch Aspekte, die für die Gesundheit eine Rolle spielen können, aber durch die Nährwertanalyse nicht dargestellt werden. So werden beispielsweise viele Zusatzstoffe in einer Nährwertanalyse nicht explizit betrachtet. Dazu zählen Geschmacksverstärker, Emulgatoren, Konservierungs-, Farb- und Aromastoffe (Bohrer, 2019; Kyriakopoulou et al., 2021). Diese erfüllen andere Funktionen als die Nährstoffe und stehen vereinzelt unter Verdacht, negativen Einfluss auf die Gesundheit zu haben. In Europa gelten allerdings wesentlich strengere Zulassungsregelungen für diese Stoffe als beispielsweise in den USA (Cheeseman, 2014; EDI, 2013).

Kontaminationen und Rückstände aus verschiedenen Herstellungs-, Verarbeitungs- und Verpackungsschritten können ebenfalls negative gesundheitliche Folgen haben (Trasande et al., 2018). Im Falle der Pestizide hat dies unter anderem mit den Anbaumethoden zu tun (Barański et al., 2014), Antibiotikarückstände wiederum sind insbesondere in tierischen Produkten zu finden (J. Chen et al., 2019; Phillips et al., 2004). Auch Mikroplastik wird zunehmend als Problem wahrgenommen. Bisher untersuchen wenige Studien die Folgen für die Nahrungsmittelsicherheit (Rainieri & Barranco, 2019).

Auch während der Verarbeitung von Lebensmitteln und ihrer Zubereitung können gesundheitsschädliche Substanzen entstehen. Typische Beispiele sind in diesem Fall trans-Fette (Richter et al., 2009), heterozyklische Amine (HAA) und polyzyklische aromatische Kohlenwasserstoffe (PAK). Sowohl HAA als auch PAK werden meist mit Hochtemperaturzubereitung und -verarbeitung assoziiert, also Aktivitäten wie Grillen, Rösten und Braten (BAG, 2020; John, 2017; Nadeem et al., 2021). PAK werden dabei insbesondere über Getreide- und Fischprodukte und HAA hauptsächlich mit Fleisch- und Fischprodukten aufgenommen (EFSA, 2008; Robbana-Barnat et al., 1996). Trans-Fette entstehen in der industriellen Lebensmittelproduktion durch Prozesse zur Fetthärtung und die Erhitzung von fetthaltigen Lebensmitteln. Somit betrifft dies etwa Gebäck, Snacks, Fastfood und frittierte Lebensmittel (Richter et al., 2009). Der Gehalt an trans-Fetten ist in der EU und in der Schweiz allerdings stark reguliert und stellt daher nach heutigem Kenntnisstand kein Gesundheitsrisiko dar (Bundesrat, 2017).

Ein weiterer wichtiger Aspekt ist die Belastung mit Mikroorganismen. Dies betrifft diverse Humanpathogene, welche vergleichsweise häufig in tierischen Produkten zu finden sind. So zeigt die Weltorganisation für Tiergesundheit, dass 60% der Humanpathogene und 75% der neuartigen Krankheiten von Tieren auf Menschen übertragen werden (Zoonose), wenn sie diese konsumieren (Steinfeld et al., 2006).

Die meisten der aufgeführten Aspekte mit Einfluss auf die gesundheitlichen Folgen der Ernährung hängen enger mit der Wahl der Produktions- und Verarbeitungsmethoden zusammen als mit der Wahl der Rohstoffe, weshalb wenig produktspezifische Aussagen getroffen werden können.

Nichtdestotrotz sind es weiterhin die Nährwerte der Lebensmittel, welche die höchste Relevanz für die gesundheitlichen Folgen der Ernährung haben, weshalb diesen auch die höchste Priorität bei der Bekämpfung der nicht übertragbaren Krankheiten im Rahmen der Ernährung eingeräumt wird (BLV, 2017). Aus diesem Grund kann angenommen werden, dass sich die Nährwertanalyse als Methode zur Abschätzung der gesundheitlichen Folgen der Ernährung gut eignet.

5.2.6. Fazit zu den Nährwerten der Alternativprodukte

Die Alternativprodukte unterscheiden sich in ihrem Nährstoffprofil klar von den Referenzprodukten. Während die Alternativprodukte mehr Ballaststoffe und etwas mehr Eisen enthalten, ist ihr Gehalt an Vitamin B12 und, im Falle der Milchproduktalternativen, an Calcium geringer. Ausserdem wurde beobachtet, dass auch ähnliche Produkte sehr unterschiedliche Gehalte an Nährstoffen aufweisen können. Es lässt sich daher nicht ohne weiteres feststellen, ob sich die Alternativprodukte als Ersatz der Referenzprodukte in der Gesamternährung eignen. Zudem ist es wichtig bei einem Vergleich zwischen tierischen und pflanzlichen Lebensmitteln die Nährstoffqualität und Bioverfügbarkeit zu beachten, da diese sich zum Teil stark unterscheiden.

Eine Limitierung der vorliegenden Studie ist, dass der Nährstoffgehalt der Produkte auf Basis von Angaben zu den Rohprodukten berechnet wurde. Dies könnte bedeuten, dass der Nährstoffgehalt tendenziell überschätzt wird, da während der Zubereitung die Nährstoffe verloren gehen können. Unter Umständen kann bei einem Wasserverlust während der Zubereitung aber auch die Konzentration im Endprodukt erhöht werden. Zudem wird der Salzgehalt der Produkte unterschätzt, da während der Zubereitung oft zusätzlich gesalzt wird.

Verschiedene Bevölkerungsgruppen haben unterschiedliche Bedürfnisse an die Nährstoffversorgung, weshalb auch dieser Aspekt für die Eignung der Alternativprodukte eine Rolle spielt. Je nachdem welcher Nährstoff individuell das grösste Mangelrisiko darstellt, kann ein Ersatz durch Alternativprodukte sowohl positive als auch negative Effekte haben.

Auch aus der Lebensmittelverarbeitung und bei der Betrachtung der nährwertunabhängigen Gesundheitsaspekte lässt sich nicht direkt ableiten, ob Alternativprodukte gesundheitliche Vorteile bieten. Dies liegt vor allem daran, dass potenziell negative Folgen an spezifische Produktionsbedingungen oder Zutaten geknüpft sind, welche sich auch zwischen sehr ähnlichen Produkten unterscheiden können.

Bisher gibt es noch keine Langzeitstudien zu den gesundheitlichen Folgen eines Fleisch- und Milchproduktersatzes durch Alternativprodukte, weshalb Abschätzungen allgemein schwierig sind.

5.2.7. Detailempfehlungen

Es ergeben sich mehrere Detailempfehlungen.

Empfehlung	Adressat
Bei dem Kauf von Alternativprodukten sollte bewusst auf den Nährwert geachtet werden. Die Detailanalysen der Produkte haben gezeigt, dass auch bei ähnlichen Produkten aufgrund unterschiedlicher Zutaten und zusätzlicher Anreicherung mit einzelnen Nährstoffen für viele Nährstoffe eine grosse Spannbreite an Gehalten vorliegt. Dies hat zur Folge, dass keine pauschalen Aussagen zur Eignung verschiedener Produktgruppen als Ersatzprodukt getroffen werden können, sondern vielmehr gezielt Produkte erworben werden müssen, welche ein gutes Nährstoffprofil aufweisen.	Konsumentinnen und Konsumenten
Die Proteinqualität sollte bei der Produktwahl beachtet werden. Die Analyse der Proteinqualität verschiedener pflanzlicher Produkte hat gezeigt, dass sich diese stark unterscheiden können. Während verarbeitetes Sojaprotein eine gute Qualität aufweist, erreichen Bohnen und Erbsen und viele Getreidesorten nur eine niedrige. Defizite in der Proteinqualität können allerdings durch gezieltes Kombinieren ausgeglichen werden. So bietet sich etwa eine Kombination aus Hülsenfrüchten und Getreide an, mit der eine hohe Proteinqualität erreicht werden kann.	Konsumentinnen und Konsumenten

Empfehlung	Adressat
Bei der Herstellung sollte eine hohe Nährwertdichte angestrebt werden. Für die Eignung als Ersatzprodukt ist eine hohe Nährwertdichte der Alternativprodukte unerlässlich. Aus diesem Grund sollte die verarbeitende Industrie darauf Wert legen. Fachgesellschaften könnten dies begünstigen, indem sie einen Leitfaden für den Mindestgehalt an wichtigen Nährstoffen entwickeln.	Verarbeitende Industrie, Fachgesellschaften, Politik und Verwaltung
Die Verarbeitung sollte die Nährstoffaufnahme begünstigen. Abgesehen von der Nährstoffqualität wird die Bioverfügbarkeit der Nährstoffe auch durch die Nahrungsmatrix und den Gehalt an Anti-Nährstoffen beeinflusst. Beide Aspekte können während der Verarbeitung der Alternativprodukte so modifiziert werden, dass eine hohe Bioverfügbarkeit ermöglicht wird.	Verarbeitende Industrie
Fokus sollte auf Bevölkerungsgruppen mit Risiko zu Mangelernährung gelegt werden. Alternativprodukte eignen sich gut für die Anreicherung mit einzelnen Nährstoffen, da sie ohnehin aus verschiedenen Zutaten zusammengesetzt sind und zumeist eine homogene Struktur aufweisen. In der Schweiz gibt es viele Bevölkerungsgruppen mit sehr unterschiedlichen Ansprüchen und Risiken bezogen auf die Zufuhr einzelner Nährstoffe, weshalb es möglich wäre, Alternativprodukte gezielt für diese Bevölkerungsgruppen zu entwickeln (dieser Ansatz wird auch «precision nutrition» genannt). Dabei könnten je nach Bedarf einzelne oder mehrere Nährstoffe angereichert und so die Risiken einer Mangelernährung verringert werden.	Verarbeitende Industrie und Verteiler

5.3. Nachhaltigkeit der Alternativ- und Referenzprodukte

Die Daten für die Umweltbilanzen der Alternativ- und Referenzprodukte wurden auf zwei Wegen erhoben: Zunächst wurde eine Literaturanalyse durchgeführt, um herauszufinden, welche Produkte bereits untersucht wurden und wo der aktuelle Fokus der Forschung liegt, sowie um eine Übersicht der Umwelteinflüsse der verschiedenen Alternativprodukte zu erstellen. In einem zweiten Schritt wurden dann die verfügbaren Umweltdatenbanken durchsucht, um weitere Alternativ- und Referenzprodukte zu identifizieren. Für die Kombination von

Umweltbilanz- und Nährwertdaten wurde auf die Datenbanken zurückgegriffen, da sie standardisiert sind und eine einheitliche Berechnung der Umweltbilanzen erlauben. Die Methodik ist ausführlich in Kapitel 4 (Seite 65 ff.) beschrieben.

5.3.1. Umweltbilanzen

Zunächst werden die Ergebnisse der Datenbankenanalyse gezeigt, da diese die einheitlichere Datengrundlage darstellen und für die Modellierung der Ernährungsmuster genutzt werden. Die Resultate werden zum Zweck der Vergleichbarkeit jeweils im Verhältnis zu einem Referenzprodukt dargestellt.

Für die Alternativprodukte und ihre Referenzen dient das unverarbeitete Schweinefleisch als Vergleich, da Schweinefleisch die am meisten konsumierte Fleischsorte ist und in seinen Umweltwirkungen zwischen Rind und Geflügel liegt. Bei den Milchprodukten und ihren Alternativen werden jeweils Milch, Joghurt, Rahm und Halbhartkäse als Referenzen genutzt. Das heisst, für jeden Wert wurde die Umweltwirkung des Produktes durch die Umweltwirkung der gewählten Referenz geteilt, um die Unterschiede zu verdeutlichen. Das hat zur Folge, dass alle Werte unter 100% (rote Linie) einen Vorteil beim Produkt darstellen, während bei Werten über 100% die Referenz besser abschneidet.

In **Abb. 5** sind die Ergebnisse der Umweltbilanzen für die Hauptkategorien der Alternativprodukte und ausgewählter Referenzen dargestellt. Detaillierte Ergebnisse sind im Annex gezeigt (**Tab. 18**, Seite 248; **Abb. 19**, Seite 251). Die funktionelle Einheit ist jeweils ein Kilogramm Produkt[47].

[47] Da Alternativ- und Referenzprodukt jeweils direkt verglichen werden, ist die Portionsgrösse für den Vergleich irrelevant.

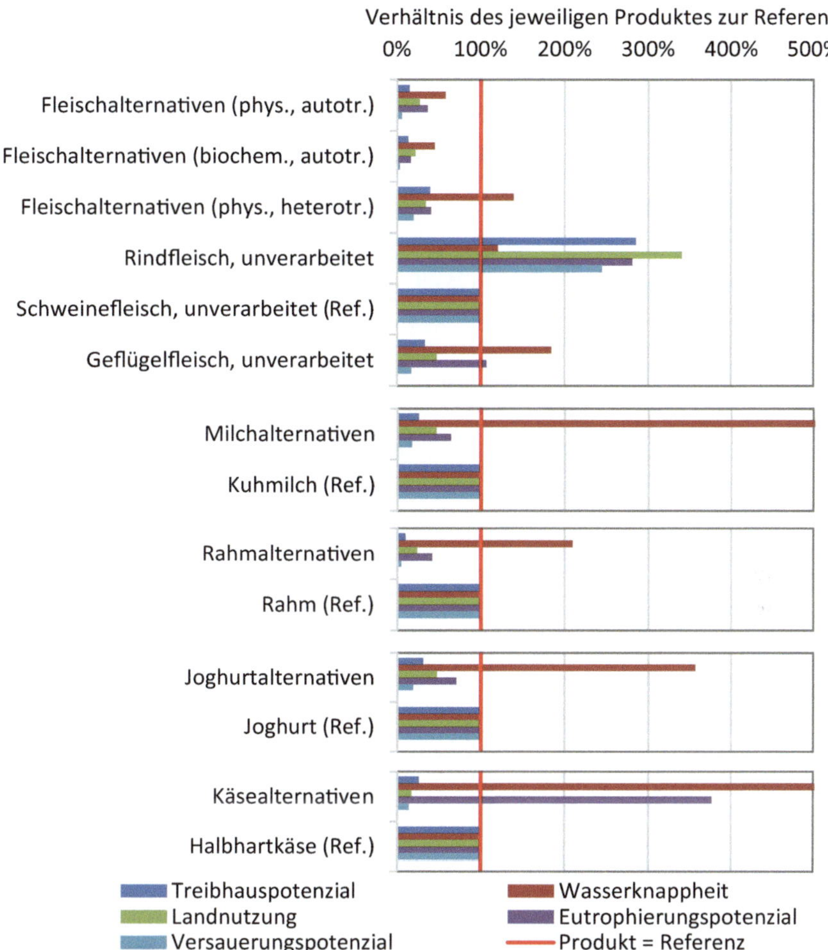

Abb. 5: Umweltwirkungen[48] je kg Produkt ausgewählter Produkte. Fleisch und Fleischalternativen werden im Verhältnis zum Referenzprodukt (Ref.) Schweinefleisch dargestellt. Kuhmilch, Rahm, Joghurt und Halbhartkäse dienen als Referenz für ihre Alternativen. Werte über 500% sind nicht dargestellt und können im Annex nachgeschlagen werden (**Tab. 18**, Seite 248).

Die Fleischalternativen zeigen fast ausschliesslich niedrigere Umweltwirkungen als ihre tierischen Referenzprodukte. Tatsächlich liegen die Werte, abgesehen

[48] Das Versauerungspotenzial umfasst die Folgen bestimmter gasförmiger Emissionen, welche in Kombination mit Niederschlag zu sogenanntem «sauren Regen» führen können. Das Eutrophierungspotenzial beschreibt das Risiko einer «Überdüngung».

von der Wasserknappheit, für alle Kategorien unter 50%. So ist das durchschnittliche Treibhauspotenzial der Soja- und Weizen-Alternativen um einen Faktor sechs kleiner und für Falafel um einen Faktor 15 kleiner als die Referenz. Abgesehen von der Wasserknappheit[49] zeigen Falafel und Tofu die insgesamt geringsten Umweltwirkungen aller Fleisch- und Fleischalternativprodukte.

Unverarbeitetes Geflügelfleisch ist das Fleischprodukt mit den niedrigsten Umweltwirkungen, wobei die Wasserknappheit aufgrund der Umweltwirkungen der Futtermittel höher liegt als beim Schweinefleisch. Die verarbeiteten Fleischprodukte (Annex, **Tab. 18**, Seite 248) zeigen sehr unterschiedliche Ergebnisse, da diese durch zwei gegenteilige Effekte beeinflusst werden. Zum einen kann eine höhere Verarbeitung und ein geringerer Wassergehalt der Produkte die Umweltwirkungen bezogen auf das Produktgewicht erhöhen, zum anderen werden häufig Innereien verarbeitet, welche aufgrund ihres geringen wirtschaftlichen Wertes nur einen kleinen Anteil der Umweltwirkungen zugewiesen bekommen[50].

Auch die Milchproduktalternativen zeigen, abgesehen von der Wasserknappheit, deutlich geringere Umweltwirkungen als ihre Referenzen. Eine Ausnahme sind hierbei die Käsealternativen, welche aufgrund des hohen Gehaltes an Kokosnussöl ein erhöhtes Eutrophierungspotenzial aufweisen. Bei den Milchalternativen können zudem Unterschiede zwischen den Produktgruppen beobachtet werden. Während Sojadrinks eine geringe Wasserknappheit aufweisen, mit Werten deutlich unter der Milchreferenz, zeigen Mandeldrinks die geringste Landnutzung und das kleinste Eutrophierungspotenzial (Annex, **Tab. 18**, Seite 248).

Die verschiedenen Studien, welche in der Literaturanalyse untersucht wurden, wenden Umweltbilanzkategorien in unterschiedlicher Vielfalt an. Nichtsdestotrotz konnten für die meisten Produkte für jede der fünf Kategorien Daten gefunden werden. In **Abb. 6** sind die Ergebnisse aus der Literaturanalyse für die vier Hauptkategorien der Alternativprodukte gezeigt. Detaillierte Ergebnisse finden sich im Annex (**Tab. 20**, Seite 250; **Abb. 20**, Seite 252).

[49] Die Methode zur Berechnung der Wasserknappheit gewichtet die Verbrauchsmengen nach dem im jeweiligen Einzugsgebiet zur Verfügung stehenden Wasser. Je nach Region können also sehr unterschiedliche Gewichtungsfaktoren vorliegen. Die Unterschiede in der Wasserknappheit der Produkte lassen sich teilweise auf diese Gewichtung zurückführen, da viele der Alternativproduktinventare nicht Schweiz-spezifisch sind, während für das Fleisch und die Milchprodukte eine Produktion in der Schweiz modelliert wurde.

[50] Dieser Ansatz wird ökonomische Allokation genannt.

Wie zuvor werden die Ergebnisse als Verhältnis zwischen der jeweiligen Alternative und einer Referenz dargestellt. Die Auswahl und die Umweltbilanzdaten der Referenz wurden hierbei aus den jeweiligen Studien übernommen, um die Vergleichbarkeit sicherzustellen. Im Gegensatz zu den Daten aus den Datenbanken bedeutet dies für die Fleischalternativen allerdings auch, dass nicht immer Schweinefleisch als Referenz genutzt wurde, sondern unter Umständen auch Rind- oder Geflügelfleisch.

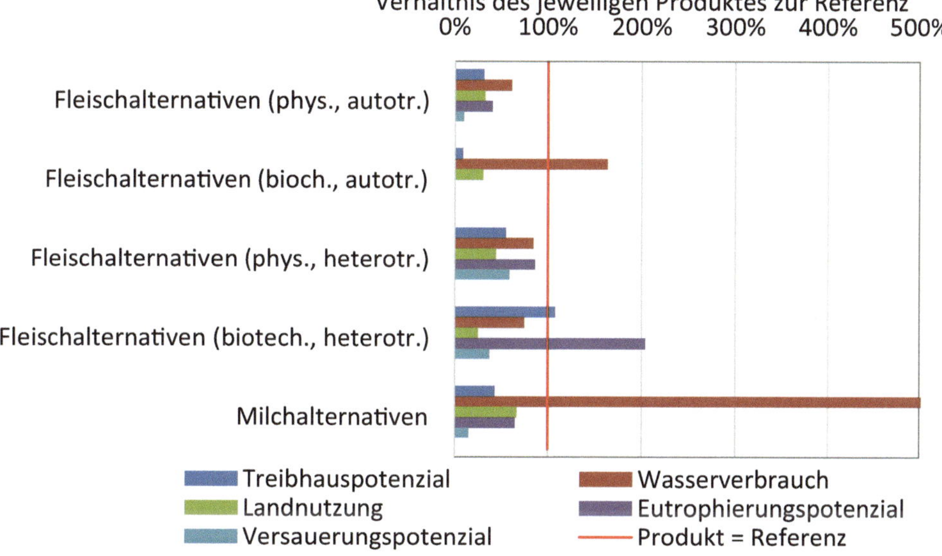

Abb. 6: Umweltwirkungen je kg Produkt der in der Literatur gefundenen Alternativproduktgruppen. Fleischalternativen werden im Verhältnis zur jeweils angegebenen Referenz (Rind-, Schweine- oder Geflügelfleisch) dargestellt. Kuhmilch dient als Referenz für die Milchalternativen. Werte über 500% sind nicht dargestellt und können im Annex nachgeschlagen werden (**Tab. 20**, Seite 250).

Abgesehen von den heterotroph und biotechnologisch produzierten Alternativprodukten, dem In-vitro-Fleisch, zeigen alle Alternativproduktkategorien deutlich niedrigere Umweltwirkungen als ihre Referenzen. Die Ausnahme ist wie zuvor der Wasserverbrauch[51]. In-vitro-Fleisch ist nur in der Landnutzung und dem Versauerungspotenzial deutlich unter den Referenzwerten (< 50%). Dabei ist insbesondere für das Treibhauspotenzial eine grosse Streuung in den Ergebnissen

[51] In den Literaturstudien wurde in den meisten Fällen nicht die Wasserknappheit berechnet.

zu beobachten. Dies liegt an der Tatsache, dass die ausgewerteten Studien häufig mit wenigen oder nur begrenzt für die industrielle Produktion gültigen Daten (Labordaten) arbeiten und daher viele (und oft vereinfachte) Annahmen für eine industrielle Produktion treffen müssen[52], die sich zwischen den Studien oft unterscheiden.

Ein Vergleich zwischen Produkten, welche sowohl in der Literatur als auch in den Datenbanken gefunden wurden, zeigte häufig, dass die absoluten Werte aus den Datenbanken etwas niedriger waren als in der Literatur. Das lässt sich darauf zurückführen, dass in der Literatur oft weitere Verarbeitungsschritte (Verpacken), Transport und sogar Zubereitung mit in die Berechnung einfliessen. Diese Lebenszyklusschritte können die Gesamtumweltwirkungen in einzelnen Kategorien bis zu verdoppeln.

In den Literatur- und Datenbankenwerten ist zu beobachten, dass Sojaprodukte auch im Vergleich mit den anderen Alternativprodukten sehr gut abschneiden. Der erhöhte Wasserverbrauch bzw. die Wasserknappheit bei den Alternativprodukten wird besonders bei Mandel- und Haferdrinks deutlich (Annex, **Tab. 18**, Seite 248, **Tab. 20**, Seite 250).

Wie zuvor beschrieben (Kapitel 4.2.2), ist eine der wichtigsten Entscheidungen in einer Umweltbilanz die Auswahl einer geeigneten funktionellen Einheit. Wenngleich die funktionelle Einheit von Kilogramm Produktgewicht sich dafür eignet Produkte aufgrund der Konsummenge zu vergleichen[53], stellt sie nur begrenzt die Funktion der Ernährung dar. Da Milchprodukte und Fleisch als Proteinquellen eine wichtige Rolle in der Ernährung spielen, wurden die Umweltwirkungen der Produkte zusätzlich mit Bezug auf die funktionelle Einheit Kilogramm Protein berechnet. Aufgrund der unzureichenden Datenlage konnte dabei kein Bezug auf die Proteinqualität genommen werden. Die **Abb. 7** zeigt die Ergebnisse der Berechnungen für die wichtigsten Alternativproduktkategorien und Referenzprodukte. Im Annex sind die detaillierteren Ergebnisse präsentiert (**Tab. 19**, Seite 249; **Abb. 21**, Seite 253).

---

[52] Diese Art der Umweltbilanz wird auch *Prospective LCA* genannt.

[53] Ein Alternativprodukt wird mit hoher Wahrscheinlichkeit in gleichen Mengen konsumiert wie die Referenz.

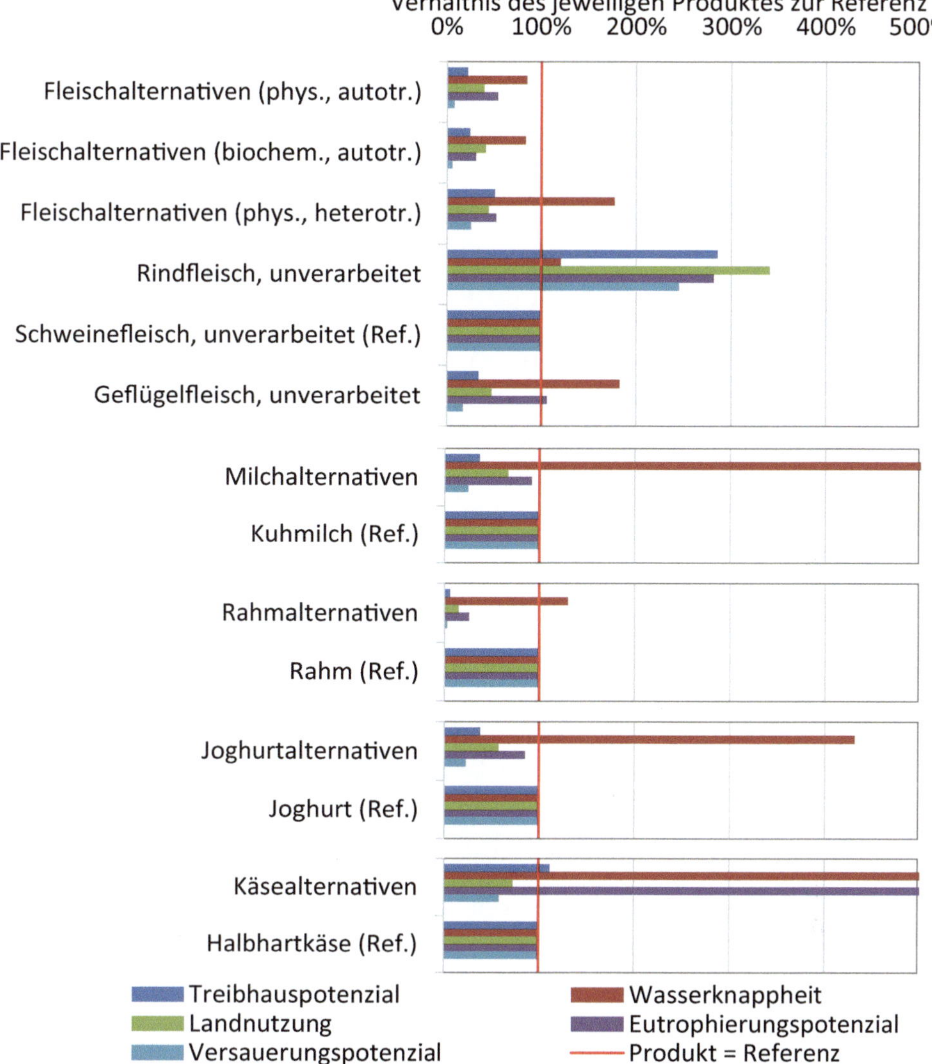

Abb. 7: Umweltwirkungen je kg Protein ausgewählter Produkte. Fleisch und Fleischalternativen werden im Verhältnis zum Referenzprodukt (Ref.) Schweinefleisch dargestellt. Kuhmilch, Rahm, Joghurt und Halbhartkäse dienen als Referenz für ihre Alternativen. Werte über 500% sind nicht dargestellt und können im Annex nachgeschlagen werden (**Tab. 19**, Seite 249).

Im Vergleich zu **Abb. 5** (Umweltwirkungen je kg Produkt) zeigt sich, dass sich die Ergebnisse für die Fleischprodukte und ihre Alternativen aufgrund des niedrigeren Proteingehaltes der Alternativen leicht zugunsten der Referenzen verschieben. Von den Fleischalternativen sind es insbesondere Falafel und die autotroph und biochemisch produzierten Produkte, die aufgrund ihres vergleichsweise geringen Proteingehalts erhöhte Werte erreichen (Annex, **Tab. 19**, Seite 249). Unverarbeitetes Geflügelfleisch zeigt weiterhin die geringsten Umweltwirkungen aller Fleischsorten und schneidet als einziges Fleischprodukt mit teilweise niedrigeren Werten ab als die heterotroph und physikalisch produzierten Alternativprodukte. Ausnahme in diesen Beobachtungen ist wie zuvor die Wasserknappheit, welche bei den Alternativen und den Referenzen in etwa auf dem gleichen Niveau liegt.

Die Milchprodukte weisen deutlichere Unterschiede zu **Abb. 5** (Umweltwirkungen je kg Produkt) auf. Lediglich die Rahmalternativen zeigen bessere Werte als zuvor. Für Milch- und Joghurtalternativen nehmen die Werte zu, sodass für Hafer- und Mandeldrinks alle Umweltwirkungen abgesehen vom Versauerungspotenzial über 100% erreichen. Bei den Käsealternativen sind die Umweltwirkungen aufgrund ihres niedrigen Proteingehaltes im Vergleich zu Halbhartkäse viermal höher als zuvor.

5.3.2. Soziale Dimension der Nachhaltigkeit

Wie in den Methoden vorgestellt (Kapitel 4.2), gibt es eine grosse Varietät an Aspekten, die in dem Konzept der sozialen Dimension der Nachhaltigkeit mit inbegriffen sind, und dementsprechend auch viele Möglichkeiten sie zu bewerten (Afshari et al., 2022). Hierfür werden zumeist diverse Indikatoren genutzt. So gibt es, unter anderem von der UNO in den SDGs bereitgestellt (UN, 2023), eine Reihe von Indikatoren, die auf einer sehr allgemeinen Ebene einzuordnen sind. Diese lassen sich oft nicht quantifizieren (nur ja/nein) oder sind zu allgemeingültig, um für die vorliegende Studie von Relevanz zu sein. Beispiele sind die SDG-Indikatoren 2.1.1 «Häufigkeit von Unterernährung», 3.1.1 «Sterblichkeitsrate von Müttern» und 5.1.1 «Vorhandensein eines rechtlichen Rahmens zur Förderung, Durchsetzung und Überwachung der Gleichstellung und Nicht-Diskriminierung aufgrund des Geschlechtes».

Für den Kontext der Landwirtschaft stellen Janker & Mann (2020) ebenfalls fest, dass eine grosse Vielfalt an Methoden und Indikatoren zur Bewertung der sozialen Dimension der Nachhaltigkeit entwickelt wurden. Die verschiedenen Methoden folgen dabei sehr unterschiedlichen Ansätzen, was eine Vereinheitlichung des Konzeptes erschwert. Es können allerdings einige Themen beobachtet werden, die in den Methoden häufig aufgegriffen werden. Dazu zählen die

Menschenrechte, Arbeitsbedingungen, Lebensqualität und der Einfluss auf die Gesellschaft (Janker & Mann, 2020). Die Wahrnehmung dieser Themen kann sich allerdings regional und kulturell sehr unterscheiden, weshalb die Bewertung der sozialen Dimension der Nachhaltigkeit flexibel an den Kontext einer Studie angepasst werden muss (Janker et al., 2019).

Allgemein sind viele quantifizierbare Indikatoren in ihrer Auflösung zu grob gefasst, um sich einzelnen Produkten zuordnen zu lassen. Das gilt etwa für nationale und regionale Indikatoren, welche sich nicht für Vergleiche unterhalb dieser Auflösung eignen. Viele der hoch aufgelösten und quantifizierbaren Indikatoren sind firmenspezifisch, aber nicht produktspezifisch. Dies hat zur Folge, dass allgemeingültige Aussagen zu verschiedenen Produkten und Produktgruppen nicht ohne weiteres getroffen werden können und Daten fallspezifisch erhoben werden müssen (Afshari et al., 2022; Hale et al., 2019; Husgafvel et al., 2015). Zudem wird der Bezug zu einer funktionellen Einheit erschwert. So liesse sich etwa das Verhältnis von weiblicher zu männlicher Belegschaft als Indikator für die Gleichstellung nur schwer einer funktionellen Einheit von Produktmasse zuordnen, einzelne Firmen könnten aber verglichen werden.

Nichtsdestotrotz gibt es Indikatoren, die für den Vergleich zwischen Fleisch- und Milchprodukten und ihren Alternativen herangezogen werden können. So gibt es etwa Versuche, das Tierwohl zu quantifizieren (Scherer et al., 2018; Tallentire et al., 2019; Zira et al., 2020). Scherer et al. (2018) stellen fest, dass Insekten, obwohl sie individuell am wenigsten leiden, aufgrund ihrer geringen Grösse und des damit einhergehenden hohen Bedarfs an Individuen pro Produkteinheit am schlechtesten bezüglich des Tierwohls abschneiden. Milch hingegen zeigt für die untersuchten Indikatoren (drei alternative Indikatoren für den Tierwohlverlust) die besten Werte auf, da eine hohe Produktivität mit vergleichsweise geringem individuellen Leiden einhergeht. Rind- und Schweinefleisch schneiden ebenfalls vergleichsweise gut ab, während Geflügelfleisch und Eier zu einem hohen Verlust von Tierwohl führen. Teile des Ansatzes von Scherer et al. (2018) werden von Tallentire et al. (2019) kritisiert, insbesondere die Quantifizierung der Leidwahrnehmung aufgrund der Neuronenzahl und der Aufsummierung des individuellen Leidens. Aus diesem Grund arbeiten viele Studien weiterhin mit qualitativen Indikatoren oder vergleichen nur Produktionsvarianten desselben Produktes (Tallentire et al., 2019). Für den Vergleich verschiedener Produkte sollten dann, nach Meinung von Tallentire et al. (2019), ethische Überlegungen in die Analyse mit einfliessen.

Varela-Ortega et al. (2021) zeigen die sozioökonomischen Folgen der Produktion und des Konsums von tierischen Proteinquellen im Vergleich mit pflanzlichen

Alternativprodukten auf Basis von Leguminosen. Aufseiten der sozialen Perspektive stellen sie insbesondere fest, dass es während der Verarbeitungsphase der Alternativprodukte eine geringere Arbeitslosigkeit gibt und die Produkte, abgesehen vom Proteingehalt, bessere Nährwerte aufweisen. Die tierischen Produkte dagegen zeigen eine bessere Profitabilität in der landwirtschaftlichen Produktion und eine höhere Proteinqualität, weshalb keine abschliessende Wertung bezüglich der sozioökonomischen Folgen getroffen werden konnte.

Ein weiterer quantifizierbarer Indikator ist die Bezahlbarkeit und damit Zugänglichkeit der Lebensmittel, wobei hier Überschneidungen mit der ökonomischen Dimension der Nachhaltigkeit gegeben sind, weshalb dieser im nachfolgenden Kapitel diskutiert wird.

5.3.3. Ökonomische Dimension der Nachhaltigkeit

Auch für die ökonomische Dimension der Nachhaltigkeit gibt es eine Vielzahl an Abschätzungsmethoden, welche wiederum eine grosse Zahl an Indikatoren berücksichtigen können. Wie zuvor bei der sozialen Dimension der Nachhaltigkeit sind viele dieser Indikatoren zu grob, um sie in der vorliegenden Studie anzuwenden, oder firmenspezifisch und damit nur schwer einem Produkt oder einer Produktgruppe zuzuordnen. Dennoch gibt es auch hier Indikatoren, die sich auf der Produktebene einordnen lassen.

Wie bereits im vorherigen Kapitel angeführt, ist der Produktpreis und damit die Zugänglichkeit des Lebensmittels ein wichtiger Indikator. Abgesehen vom direkten Preis können dabei auch indirekte Kosten wie Gesundheitskosten in die Berechnung mit einfliessen (FAO, 2015). Die Analyse kann sich auf das Einzelprodukt oder auf die Ernährung, welche das Produkt oder die Produkte integriert, beziehen. In der Literatur werden zumeist verschiedene Ernährungsformen verglichen (Germani et al., 2014; Saulle et al., 2014), allerdings zeigen Beckerman et al. (2019), dass, wenn in Schulessen Milch durch Sojadrink ausgetauscht wird, sich das Treibhauspotenzial der Mahlzeit verbessert, der Preis allerdings auch merkbar zunimmt. Allotey et al. (2023) stellen dagegen in einer Übersichtsarbeit zur Nachhaltigkeit von pflanzlichen Proteinquellen fest, dass es vor allem für die soziale und ökonomische Perspektive zu wenige Studien gibt, um allgemeingültige Aussagen zu den Produkten treffen zu können.

In der Schweiz wurden nach Daten des Bundesamtes für Statistik (BfS, 2022b) im Jahr 2020 pro Monat und Haushalt 130 CHF für Fleischprodukte und 92 CHF für Milchprodukte (inklusive Butter) ausgegeben. Die Gesamtausgaben für

Nahrungsmittel (ohne Getränke) lagen bei 587 CHF pro Monat, Ausgaben für Fleisch- und Milchprodukte machen also 38% aus. In derselben Studie wurde ebenfalls das Gewicht der gekauften Produkte angegeben, woraus sich ein Durchschnittspreis für Fleischprodukte von 21,85 CHF/kg und für Milch, stellvertretend für Milchprodukte, von 1,51 CHF/kg errechnen lässt. Die in Kapitel 3.5 untersuchten Fleischalternativen auf dem Schweizer Markt wurden für weniger als 5 CHF/kg bis mehr als 70 CHF/kg angeboten, bei einem Durchschnittspreis von 25,86 CHF/kg und einem Medianpreis von 22,70 CHF/kg. Milchalternativen wurden für zwischen 1,60 CHF und 19,90 CHF angeboten bei einem Durchschnittspreis von 5,69 CHF und einem Medianpreis von 3,30 CHF. Milchalternativen sind also in jedem Fall teurer als ihre durchschnittliche Referenz, während bei Fleischalternativen keine klare Tendenz zu erkennen ist und einzelne Produkte deutlicher günstiger als die durchschnittliche Referenz angeboten werden.

Ein Kritikpunkt am Vergleich des Verkaufspreises ist, dass der Verkaufspreis von Fleisch nicht dem «wahren» Preis entspricht, da indirekte Kosten nicht mit beachtet werden (Schläpfer & Lobsiger, 2023). In diesem Zusammenhang gab es von der Supermarktkette Penny in Deutschland im Jahr 2023 eine Aktion (PENNY, 2023), bei der der «wahre» Preis auf Produkten gezeigt wurde, welcher sich aus dem Produktpreis und zusätzlichen Umweltkosten ergab. Durch diese wurden Fleisch- und Milchprodukte deutlich teurer (bis zu 100% Zusatzkosten), während Alternativprodukte nur leichte Preissteigerungen sahen. In ihrer Studie zeigen Schläpfer & Lobsiger (2023) zudem, dass in der Schweiz aufgrund des Systems an Direktzahlungen und Subventionen insbesondere Ernährungsformen mit hohem individuellen Fleischkonsum indirekt durch die Steuerzahlerinnen und -zahler mitfinanziert werden.

Beim Vergleich von fleisch- und proteinbetonten gegenüber vegetarischen und veganen Ernährungsformen wird in verschiedenen Studien gezeigt, dass vegetarische und vegane Ernährungsformen sowohl ökologisch als auch ökonomisch nachhaltiger sein können als ihre Referenzen (C. Chen et al., 2019; Donati et al., 2016). In der Studie von C. Chen et al. (2019) ist es die nach der Schweizer Lebensmittelpyramide empfohlene Ernährung, die preislich am besten abschneidet. Allerdings untersucht keine der Studien explizit den Effekt von Alternativprodukten als Ersatz für Fleisch- und Milchprodukte.

Ein weiterer Indikator aus der sozioökonomischen Perspektive ist die Zahlungsbereitschaft (engl. «Willingness to pay» – WTP) für ein Produkt, also die Menge an Geld, die eine Person bereit ist für ein Produkt auszugeben. Studien zeigen, dass diese oft für Alternativprodukte geringer ist als für ihre Referenzen (Bunge et al., 2022), was mit der Konsumentenwahrnehmung der Produkte zusammenhängt (Kapitel 7.1.3).

5.3.4. Fazit zur Nachhaltigkeit der Alternativprodukte

Die Auswertung der Umweltbilanzen zeigt, dass die meisten Fleischalternativen geringere Umweltauswirkungen zur Folge haben als die Referenzprodukte. Ausnahmen sind hier vereinzelt die Wasserknappheit und im Falle des *In-vitro*-Fleischs das globale Treibhauspotenzial und das Eutrophierungspotenzial. Wird anstelle des Produktgewichtes der Proteingehalt als funktionelle Einheit, also als Bezugseinheit für die Umweltwirkungen, genutzt, schwächen sich die Unterschiede etwas ab, die Fleischalternativen bleiben aber weiterhin weitestgehend weniger umweltschädlich als die Referenzprodukte.

Die Milchproduktalternativen sind bei einer funktionellen Einheit des Produktgewichtes ebenfalls in den meisten Fällen weniger umweltschädlich als ihre Referenzen, mit Ausnahme der Wasserknappheit, welche nur bei den Sojadrinks unter der Referenz liegt. Wird der Proteingehalt als funktionelle Einheit gewählt, ändert sich das Bild teilweise deutlich. Insbesondere die Käsealternativen sowie die Milchalternativen, abgesehen von Sojadrink, zeigen in den meisten Umweltwirkungskategorien höhere Werte als ihre Referenzen.

In der Auswertung der verfügbaren Literatur zur sozialen Dimension der Nachhaltigkeit zeigt sich, dass es nicht einfach ist, diese Dimension in die Produktanalyse zu integrieren. Viele Aspekte der sozialen Dimension lassen sich nur schwer quantifizieren. Nichtsdestotrotz ist sie ein essenzieller Bestandteil einer nachhaltigen Entwicklung und sollte bei Analysen und Fallstudien mit beachtet werden, um Entscheidungen zu vermeiden, die der sozialen Dimension der Nachhaltigkeit entgegenstehen.

Auch für die ökonomische Dimension der Nachhaltigkeit gibt es viele Indikatoren, die sich nur schwer in eine Produktanalyse integrieren lassen. Allerdings gibt es durchaus auch Indikatoren, die dies erlauben. Die Produktpreise der in der Schweiz verfügbaren Alternativprodukte, zum Beispiel, wurden mit ihren Referenzen verglichen und es zeigte sich, dass die Alternativen im Durchschnitt und im Median teurer sind. Allerdings ist dieser Unterschied bei den Fleischalternativen weniger deutlich und es gibt eine Reihe an Produkten, die günstiger sind als die Referenzprodukte. Die Milchalternativen hingegen sind durchweg teurer als die Referenz.

5.3.5. Detailempfehlungen

Es ergeben sich mehrere Detailempfehlungen:

Empfehlung	Adressat
Für die Alternativprodukte sollten Rohstoffe genutzt werden, welche über nachhaltige Anbaumethoden produziert werden.	Verarbeitende Industrie
Bei Detailanalysen wurde beobachtet, dass viele der Umweltwirkungen der Alternativprodukte auf die landwirtschaftliche Produktion der Rohstoffe zurückzuführen sind. Durch Änderungen des Produktionssystems oder der Herkunft lassen sich die Umweltwirkungen massgeblich senken. Zusätzlich kann auch bei der Produktion und Verarbeitung der Alternativprodukte auf schonende Techniken im Bereich Wasserverbrauch und Eutrophierungspotenzial geachtet werden. Dies gilt insbesondere im Fall der Käsealternativen.	
Die Produktion von weniger umweltbelastenden Lebensmitteln sollte stärker unterstützt werden.	Politik und Verwaltung
Politik und Verwaltung haben verschiedene Möglichkeiten die Umweltwirkungen der Lebensmittelproduktion zu verringern und sollten diese so weit wie möglich nutzen. Dazu zählen Förderprogramme, Informationskampagnen für Konsumentinnen und Konsumenten, Produzenten und verarbeitende Industrie und eine zielgerichtete Gesetzgebung.	
Einheitliche Umweltbewertungsmethoden sollten unterstützt werden.	Politik und Verwaltung, Forschung, Produzenten und verarbeitende Industrie
Innerhalb einer Umweltbilanz müssen diverse methodische Entscheidungen getroffen werden, welche einen grossen Einfluss auf die Ergebnisse haben, wie etwa die Definition der Systemgrenzen und der funktionellen Einheit. Daher ist eine Vereinheitlichung des methodischen Vorgehens wichtig, um eine Vergleichbarkeit der Ergebnisse verschiedener Analysen zu erreichen. Solche Umweltbewertungsrichtlinien würden es Konsumentinnen und Konsumenten und anderen Interessengruppen ermöglichen, gezielt nachhaltige Produkte zu wählen und zu fördern.	
Mehr gezielte Forschung zur Quantifizierung der sozialen Dimension der Nachhaltigkeit auf Produktebene wird empfohlen.	Forschung
Wie im Unterkapitel zur sozialen Dimension der Nachhaltigkeit dargelegt wird, gibt es noch immer nur verhältnismässig wenig Forschung und Konsens zur sozialen Dimension der Nachhaltigkeit. Insbesondere die Quantifizierung der Wirkung und Zuordnung zu einer funktionellen Einheit stellen Hürden in der Anwendung dar.	

6. Nachhaltigkeit und Gesundheit der Ernährungsmuster

Zur Ermittlung der Folgen eines Ersatzes von Fleisch- und Milchprodukten in der Ernährung müssen die Alternativprodukte als Teil der Gesamternährung betrachtet werden. Dadurch wird es möglich die konsumierte Menge und somit die Gesamtheit der zugeführten Nährstoffe und verursachten Umweltbelastungen zu berechnen. Diverse Literatur existiert zu den ökologischen und gesundheitlichen Einflüssen verschiedener Ernährungsformen. Hierbei stehen insbesondere flexitarische, vegetarische und vegane Formen im Fokus. Es gibt aber auch Arbeiten, die sich mit bestimmten zielorientierten Ernährungsmustern für eine gesunde oder nachhaltige Ernährung auseinandersetzen (Dernini et al., 2017; Krznarić et al., 2021; Willett et al., 2019). Die unterschiedlichen Ernährungsmuster werden dann meist über Anpassungen der Konsummengen aller Nahrungsmittelgruppen dargestellt (z.B. wird verringerter Fleischkonsum mit erhöhtem Gemüsekonsum kombiniert). Für die gegenwärtige Studie haben sie daher nur bedingt Aussagekraft, da durch die vielfältigen Unterschiede zwischen den verschiedenen Ernährungsmustern nur begrenzt Schlussfolgerungen über einzelne Nahrungsmittel abgeleitet werden können. Da dies das Ziel der vorliegenden Studie ist, mussten eigene Referenzernährungsmuster definiert werden.

6.1. Auswahl der Ernährungsmuster

In 2014/2015 wurde in der Schweiz eine einjährige Ernährungsstudie unter dem Namen menuCH durchgeführt, in der über Fragebögen und 24h-Ernährungsprotokolle die Durchschnittsernährung der Schweizerinnen und Schweizer ermittelt wurde (BLV, 2014). Da die dort abgefragte Ernährung der realen Situation in der Schweiz annäherungsweise entspricht, wurde sie als erste Referenz übernommen. Der Trend zu Fleisch- und Milchproduktalternativen setzte in der Schweiz erst spät ein, weshalb während dieser Studie kaum Alternativprodukte konsumiert wurden. Als zweite Referenz wurde die Schweizer Lebensmittelpyramide der Schweizerischen Gesellschaft für Ernährung gewählt, welche Empfehlungen an die Schweizer Bevölkerung für eine gesunde Ernährung gibt (SGE, 2020). Somit konnte geprüft werden, wie weit sich Alternativprodukte in die vorhandenen Empfehlungen integrieren lassen. Es ergeben sich die ersten zwei Ernährungsmuster:

- Durchschnittsernährung in der Schweiz nach menuCH
- Empfohlene Ernährung nach der Schweizer Lebensmittelpyramide

Um den Vergleich zwischen einer Ernährung mit oder ohne Alternativprodukte konsequent zu erlauben, wurden in beiden Referenzernährungsmustern keine Alternativprodukte beachtet.

Die Integration der Alternativprodukte in die zwei Referenzernährungsmuster kann auf verschiedene Weisen geschehen. Zunächst wird hierfür der Ersatz von Fleisch betrachtet, der sowohl aus gesundheitlichem als auch ökologischem Blickwinkel erstrebenswert ist. Ein hoher Konsum von Fleisch hat negative gesundheitliche Folgen (Fadnes et al., 2022) und der Fleischkonsum allgemein steht mit hohen Umweltbelastungen in Verbindung (Poore & Nemecek, 2018). Alternativprodukte können Fleisch zu verschiedenen Anteilen ersetzen. Aus einem gesundheitlichen Blickwinkel ist die Reduktion des durchschnittlichen Fleischkonsums auf die empfohlene Menge erstrebenswert, weshalb das erste Alternativernährungsmuster einen Zwei-Drittel-Fleischersatz in der Durchschnittsernährung betrachtet. Aus rein ökologischen Gründen ist auch ein Komplettersatz sinnvoll, weshalb alternativ auch dieser für beide Referenzmuster betrachtet wird. Es ergeben sich die ersten drei alternativen Ernährungsmuster:

- Durchschnittsernährung mit Zwei-Drittel-Fleischersatz
- Durchschnittsernährung mit komplettem Fleischersatz
- Empfohlene Ernährung mit komplettem Fleischersatz

Beim Vergleich der empfohlenen Konsummengen für Milchprodukte zu den beobachteten Mengen in der Durchschnittsernährung ist festzustellen, dass gemäss den Empfehlungen tendenziell zu wenig Milchprodukte konsumiert werden[54]. Das heisst, es gibt nach heutigem Kenntnisstand keine gesundheitlichen Gründe den Konsum zu verringern. Dennoch ist auch bei Milchprodukten aus ökologischer Sicht ein Ersatz sinnvoll (Fesenfeld, Mann et al., 2023; Willett et al., 2019). Daher wird in den zwei letzten Ernährungsmustern analysiert, welche gesundheitlichen und ökologischen Folgen der Ersatz von sowohl Fleisch als auch Milchprodukten hätte.

---

[54] Nach der voraussichtlich 2024 veröffentlichten Überarbeitung der Ernährungsempfehlungen wird die konsumierte Menge den Empfehlungen entsprechen (die Empfehlungen werden von 3 Portionen auf 2–3 Portionen pro Tag gesenkt).

- Durchschnittsernährung mit komplettem Fleisch- und Milchproduktersatz
- Empfohlene Ernährung mit komplettem Fleisch- und Milchproduktersatz

Insgesamt werden in der Studie also zwei Referenz- und fünf Alternativernährungsmuster betrachtet. Die alternativen Ernährungsmuster beschränken sich auf den 1:1-Ersatz des Fleisches und der Milchprodukte, da so die Konsequenzen eines Ersatzes analysiert werden können. Allerdings ist es nicht unwahrscheinlich, dass Menschen, welche sich bewusst mit dem Thema Gesundheit und Nachhaltigkeit der Ernährung auseinandersetzen, auch andere Bestandteile der Ernährung anpassen. Sie konsumieren also z.B. auch mehr Gemüse, Hülsenfrüchte und Nüsse und weniger Süsses und Alkohol. Solche Umstellungen sind in den Modellierungen der Studie nicht beachtet, können sich aber ebenfalls auf die Gesundheit und Nachhaltigkeit der Ernährung auswirken.

6.2. Modellierung der Referenzernährungsmuster

Die veröffentlichten menuCH-Daten zu den Konsumdaten nach Produkten und Produktgruppen (BLV, 2014) bilden die Grundlage für die Berechnungen in der gegenwärtigen Studie. Die detaillierte Liste zu den Konsummengen der verschiedenen Produkte wurde gefiltert, um die Gesamtmenge an betrachteten Lebensmitteln zu begrenzen[55]. Ausnahmen bilden hierbei tierische Lebensmittel, welche unabhängig von der Konsummenge gezählt werden, da sie potenzielle Hotspots für Umweltauswirkungen darstellen. Die verbliebenen Lebensmittel wurden genutzt, um innerhalb der Lebensmitteluntergruppen die weniger häufig konsumierten Produkte als Proxy zu ersetzen. Das Verhältnis der Untergruppen zueinander und die gesamte Konsummenge der Lebensmittelgruppen wurde beibehalten.

Da die menuCH-Studie in den Jahren 2014 und 2015 durchgeführt wurde, ist davon auszugehen, dass die Daten teilweise veraltet sind. Um die daraus entstehende Unsicherheit zu verringern, wurden die Konsumdaten für Fleisch an-

---

[55] Der Cutoff wurde nach verschiedenen Tests bei 3% Anteil an der Untergruppe oder 5 g täglicher Konsummenge gewählt. Dies hatte das Ziel die Gesamtzahl der Produkte zu limitieren, ohne aber einzelne Untergruppen oder viel konsumierte Produkte auszuschliessen. Die Verbindung aus Gesamtmasse und Untergruppenanteil bot dafür einen guten Kompromiss. Durch die Limitation der Gesamtmenge an Produkten wurde zudem eine direkte Zuordnung der Umweltbilanz- und Nährwertdaten zu den einzelnen Produkten ermöglicht. (Nur für die geläufigsten Produkte liegen sowohl Umweltbilanz- als auch Nährwertdaten vor).

hand neuerer Marktdaten aktualisiert[56] (Proviande, 2021a). Hierbei wurden allerdings nur die Verhältnisse der verschiedenen Produkte zueinander angepasst, während die Gesamtmenge unverändert blieb. Dies liegt zum einen daran, dass Verkaufsdaten nicht geeignet sind, um Konsumdaten zu ersetzen, da der Nahrungsmittelverlust durch Transport, Lagerung und Verarbeitung nicht bedacht wird. Zum anderen wurde in den letzten 10 Jahren keine grössere Veränderung der Gesamtkonsummengen von Fleisch beobachtet, weshalb angenommen wurde, dass die Daten von 2014/15 in dieser Hinsicht noch immer aktuell sind (Proviande, 2021a).

Für die Modellierung des zweiten Referenzernährungsmusters wurden die Angaben aus der Schweizer Lebensmittelpyramide verwendet (SGE, 2020). Explizite Empfehlungen wurden hierfür in Nahrungsmittelmengen übertragen. Bei allgemeinen, gruppenbezogenen Angaben wurde das Verhältnis der einzelnen Lebensmittel zueinander aus der menuCH-Studie übernommen. Falls dies nicht möglich war, wurde nach dem Prinzip der ausgewogenen Ernährung gleichmässig zwischen den zu Verfügung stehenden Lebensmitteln aufgeteilt.

Die Nährwertdaten der Lebensmittel, welche für die Modellierung der Ernährung gebraucht wurden, wurden aus dem Schweizer Datensatz der EuroFIR-Datenbank übernommen (siehe Kapitel 4.3.1). Für die Produktinventare der Lebensmittel wurden Agroscope-interne Datenbanken für die Schweizer Lebensmittelproduktion genutzt sowie Daten aus den weiteren verfügbaren Datenbanken (Kapitel 4.3.2) in Einklang mit den Schweizer Importmengen von Nahrungsmitteln (SBV, 2023) zusammengestellt.

Zur Berechnung der Umweltwirkungen der Ernährungsmuster wurden auch die Lebensmittelabfälle mit beachtet (Beretta und Hellweg, 2019). Lebensmittelabfälle bedeuten, dass pro konsumierter Produktmasse mehr produziert werden muss, was zu höheren Umweltwirkungen führt. In den Umweltinventaren sind die Produktionsabfälle bereits berücksichtigt, daher beziehen sich die zusätzlich beachteten Lebensmittelabfälle auf Handel und Zubereitung. Je nach Lebensmittel kann die Menge an vermeidbaren und unvermeidbaren Lebensmittelab-

---

[56] Die Unterscheidung zwischen Frischfleisch und verarbeitetem Fleisch basiert auf Angaben zum Detailhandel, was sich nicht zwingend 1:1 auf die Gesamtmenge übertragen lässt, aber einen Näherungswert darstellt. Für die Milchprodukte wurde aufgrund des komplexeren Mengenvergleichs über Milchäquivalente keine Anpassung gemacht, da die Unsicherheit sehr gross gewesen wäre. Seit 2015 lässt sich eine leichte Abnahme des Konsums von Trinkmilch beobachten, während besonders in den letzten Jahren der Käsekonsum zugenommen hat (SBV, 2022).

fällen in diesem Fall zwischen 2% (Zucker) und über 30% (frisches Gemüse) liegen. Die Produktion der Lebensmittel im Vergleich zur konsumierten Menge muss also zwischen 2% und 45% höher sein.

6.3. Modellierung der Alternativernährungsmuster

Im letzten Schritt zur Modellierung der alternativen Ernährungsmuster, mussten Alternativprodukte ausgewählt werden, welche als Ersatz zu den Referenzprodukten dienen würden. Es wurde angenommen, dass sich nur marktreife Produkte eignen, da eine Integration nicht marktreifer Produkte in die Alternativernährungsmuster spekulativ wäre. Dies liegt zum einen daran, dass nur wenige Daten zu diesen Produkten zur Verfügung stehen, die sich ausserdem zumeist auf kleine Produktionsmengen beziehen. Zum anderen ist zu erwarten, dass bis zur Marktreife noch technologische Fortschritte gemacht werden (Risner et al., 2021; Sinke et al., 2023), die sich auf die Umweltbilanz und womöglich auch die Nährstoffqualität auswirken würden.

Es werden zwei Ansätze genutzt, um die Alternativprodukte in den alternativen Ernährungsmustern zusammenzustellen. Zunächst werden Durchschnittswerte für die Nährstoffgehalte und Umweltwirkungen der Produkte der Hauptkategorien ermittelt und in die Alternativernährungsmuster integriert. Im zweiten Ansatz werden die Produktgruppen (Kapitel 3.1.2) einzeln in den Alternativernährungsmustern eingesetzt und die Nährstoffgehalte und Umweltwirkungen berechnet, um der Tatsache Rechnung zu tragen, dass oft nach Vorlieben konsumiert wird und daher ein Durchschnittswert womöglich nicht dem tatsächlichen Konsum entspricht. Allerdings ist auch der Konsum nur einer einzigen Produktgruppe als Ersatz nicht notwendigerweise realistisch. Beide Ansätze bilden somit die Extreme der möglichen Alternativernährung und können genutzt werden, um die potenzielle Streuung der Resultate darzustellen.

6.4. Nährwerte der Ernährungsmuster

Die Auswertung verschiedener Kombinationen an Alternativprodukten als Bestandteil der Gesamternährung zeigte, dass die Ergebnisse für die meisten Produkte und Kombinationen nahe beieinanderliegen. Aus diesem Grund wird in der folgenden Tabelle jeweils der Maximal- und Minimalwert der Ergebnisse aus den oben erwähnten Ansätzen für jedes der alternativen Ernährungsmuster präsentiert. **Tab. 4** führt die Ergebnisse für eine Auswahl wichtiger Nährstoffe auf, welche in den vorherigen Kapiteln (siehe 5.2) als kritisch identifiziert wurden. Zudem wurden die Nährwertindices NRF10.3, NR10 und LIM3 auf der Ernährungsebene berechnet.

Tab. 4: Ergebnisse der Nährwertanalyse der verschiedenen Ernährungsmuster als tägliche Zufuhr. In Grün sind die Daten hervorgehoben, die den Referenzwerten der Nährstoffzufuhr entsprechen, in Gelb Daten, die ihnen teilweise entsprechen und in Rot die Daten, die ausserhalb der Referenzwerte liegen.

		Durchschnitt				Empfehlungen		
Nährstoffe	**Referenzwerte**	**Referenz**	**1/3 Fleisch**	**Kein Fleisch**	**Kein Fleisch, keine Milch**	**Referenz**	**Kein Fleisch**	**Kein Fleisch, keine Milch**
Energie [kcal]*[57]	2250	126%	124 – 127%	123 – 128%	118 – 124%	114%	113 – 115%	107 – 111%
Ballaststoffe [g]	30	82%	85 – 94%	86 – 100%	92 – 108%	135%	137 – 142%	146 – 155%
Protein [g]*	61	157%	137 – 156%	127 – 156%	107 – 142%	166%	154 – 165%	131 – 150%
Ca [mg]	1000	88%	91 – 102%	93 – 109%	52 – 71%	109%	110 – 117%	63 – 73%
Fe [mg]*	13,5	89%	92 – 100%	93 – 105%	102 – 117%	120%	122 – 126%	134 – 143%
J [µg]	150	79%	79 – 84%	79 – 87%	64 – 73%	75%	74 – 77%	53 – 57%
K [mg]	3500	97%	93 – 102%	91 – 105%	85 – 104%	126%	123 – 129%	115 – 127%
Mg [mg]	325	110%	112 – 127%	113 – 135%	116 – 146%	131%	132 – 140%	136 – 154%

[57] Zur Berechnung der Verhältnisse wurden die Empfehlungen als Einzelwerte angegeben, allerdings gibt es für viele Nährstoffe einen empfohlenen Bereich (entsprechende Nährstoffe sind mit * gekennzeichnet). In diesen Fällen wurden auch solche Felder gelb markiert, welche in den empfohlenen Bereich fallen würden (z.B.: 1860–2670 kcal/Tag).

		Durchschnitt				**Empfehlungen**		
Nährstoffe	**Referenzwerte**	**Referenz**	**1/3 Fleisch**	**Kein Fleisch**	**Kein Fleisch, keine Milch**	**Referenz**	**Kein Fleisch**	**Kein Fleisch, keine Milch**
Zn [mg]*	9	132%	117 – 127%	110 – 125%	94 – 114%	144%	136 – 142%	120 – 130%
Vit. A [RE]	700	158%	157 – 162%	157 – 164%	118 – 125%	202%	202 – 204%	153 – 157%
Vit. B5 [mg]	5	110%	100 – 117%	94 – 120%	80 – 107%	139%	133 – 143%	112 – 124%
Vit. B12 [µg]	4	112%	89 – 99%	77 – 93%	52 – 74%	78%	65 – 71%	33 – 48%
Vit. E [ATE]	12	115%	118 – 150%	119 – 167%	132 – 182%	159%	160 – 178%	177 – 198%
Folsäure [µg]	330	91%	93 – 108%	94 – 116%	96 – 129%	165%	166 – 175%	169 – 192%
Na [mg]*	2000	123%	109 – 122%	102 – 122%	105 – 125%	96%	90 – 98%	93 – 101%
Zucker[58] [g]	56	126%	126 – 127%	125 – 128%	134 – 140%	40%	39 – 40%	50 – 56%
Ges. Fettsäuren [g]*	25	170%	158 – 162%	151 – 158%	115 – 124%	134%	128 – 131%	84 – 88%
NRF10.3 (cap)[59]		815	839 – 874	851 – 891	823 – 869	940	944 – 948	915 – 929
NR10 (cap)		935	947 – 976	951 – 985	904 – 942	975	974 – 977	916 – 929
LIM3[60] (cap)		119	93 – 110	80 – 106	56 – 85	34	28 – 31	0 – 1

58 Hierbei handelt es sich um zugesetzten Zucker.

59 Für die Berechnung der Nährwertindices wird ein sogenanntes Capping angewendet (siehe Kapitel 4.1).

60 Im Falle des LIM3-Indexwertes sind im Gegensatz zu den anderen zwei Indices höhere Werte schlechter.

Die Ernährungsmuster basierend auf den Schweizer Empfehlungen zeigen im Vergleich zur Durchschnittsernährung deutlich bessere Werte für die meisten Nährstoffe. Ausnahmen sind hierbei Vitamin B12 und Jod sowie im Falle eines Komplettersatzes der Fleisch- und Milchprodukte Calcium. In diesem Zusammenhang sollte darauf hingewiesen werden, dass im vorliegenden Modell nur Rohprodukte betrachtet werden. Dies hat zur Folge, dass unter anderem die Salzzufuhr in den Berechnungen unterschätzt wird. Salz wird oft noch während der Zubereitung zugeführt, weshalb die modellierte Ernährung die Zufuhr von Natrium, Chlor und Jod unterschätzt. Nichtsdestotrotz ist auch aus anderen Studien bekannt, dass in der Schweizer Bevölkerung eine Tendenz zum Jodmangel vorliegt (BLV, 2021), weshalb davon auszugehen ist, dass trotz der Modelllimitierungen eine Jodunterversorgung möglich ist. Zudem verstärkt ein Ersatz der Milchprodukte den Jodmangel.

Vitamin B12 ist ebenfalls ein zu beachtender Nährstoff, da nur wenige Produkte natürlicherweise Vitamin B12 enthalten, darunter insbesondere Fleisch und Milchprodukte. Im gegenwärtigen Bericht werden für das Fleisch Durchschnittswerte genutzt, welche hauptsächlich auf Muskelfleisch beruhen. Innereien beinhalten aber teilweise deutlich mehr Vitamin B12 (Rinderleber 65 µg/100 g, Schweineleber 39 µg/100 g, Rindfleisch 2,85 µg/100 g – EuroFIR, 2023), weshalb, je nachdem welche Fleischprodukte konsumiert werden, eine ausreichende Versorgung auch bei geringen Konsummengen möglich ist. Der Vitamin-B12-Gehalt ist in sämtlichen alternativen Ernährungsmustern zu niedrig, da mit Fleisch und auch Käse die wichtigsten Vitamin-B12-Quellen in der Ernährung wegfallen. Einige der Alternativprodukte werden bereits mit Vitamin B12 angereichert, was allerdings den Berechnungen zufolge nicht ausreicht, um den Tagesbedarf eines Erwachsenen zu decken.

Weitere kritische Nährstoffe im Falle der alternativen Ernährungsmuster sind Vitamin B5, Calcium und Zink. Während Vitamin B5 und Calcium nur im Falle eines Ersatzes der Milchprodukte eine starke Reduktion zeigen, sinkt der Zinkgehalt sowohl bei einem Fleisch- als auch bei einem Milchproduktersatz. Im Falle von Calcium war in der Produktanalyse (Kapitel 5.2.1) zu beobachten, dass einige Milchproduktalternativen bereits mit Calcium angereichert werden, während andere kaum Calcium enthalten. Der Zinkgehalt ist im Falle der Fleischalternativen vor allem bei den autotrophen Produkten niedrig, während bei den Milchprodukten vor allem die Käsealternativen nur wenig Zink enthalten.

Der Gehalt an Eisen, Magnesium, Folsäure und Vitamin E in der Ernährung wird bei einem Ersatz von Fleisch und Milch erhöht. Hierbei sollte allerdings beachtet werden, dass die Bioverfügbarkeit von Mikronährstoffen, wie anhand des Beispiels Eisen in Kapitel 5.2.2 erläutert, zwischen den pflanzlichen Produkten stark variieren kann.

Alle Ernährungsmuster erreichen NR10-Indexwerte von über 900, es liegen also nur vereinzelt Nährstoffe unzureichend vor. Die LIM3-Indexwerte sind vor allem in der Durchschnittsernährung und in den darauf beruhenden Alternativernährungsmustern relativ hoch, weshalb die höchsten NRF10.3-Werte von über 900 durch die empfohlene Ernährung und darauf beruhende Alternativformen erreicht werden.

6.5. Umweltbilanzen der Ernährungsmuster

Die Ergebnisse für die verschiedenen Produktkombinationen zeigen auch für die Umweltwirkungen eine grosse Ähnlichkeit, weshalb jeweils der Maximal- und Minimalwert für jedes der Ernährungsmuster dargestellt wird. Die Umweltwirkungen der Durchschnittsernährung werden in **Tab. 5** gelistet und dienen als Referenz für die anderen Ernährungsmuster. Die Umweltwirkungen der Ernährungsmuster sind dann jeweils in Relation zur Referenz dargestellt[61].

Tab. 5: Ergebnisse der errechneten Umweltauswirkungen auf Ernährungsebene pro Tag. Umweltwirkungen unterhalb der Durchschnittsernährung sind in grün gehalten, wobei eine intensivere Farbe eine niedrigere Wirkung bedeutet. Höhere Werte sind in Rot gezeigt. Werte, die im Bereich der Umweltwirkungen der Durchschnittsernährung liegen, sind in Gelb markiert.

Umweltwirkungskategorien	Durchschnitt				Empfehlungen		
	Referenz	1/3 Fleisch	Kein Fleisch	Kein Fleisch, keine Milch	Referenz	Kein Fleisch	Kein Fleisch, keine Milch
Landnutzung	4,8 m^2a	82 – 85%	73 – 77%	59 – 64%	84%	74 – 75%	57 – 60%
Wasserknappheit	6,4 m^3	98 – 100%	96 – 100%	99 – 110%	87%	85 – 87%	90 – 100%

[61] Beispielrechnung: Die Wasserknappheit der empfohlenen Ernährung ergibt sich wie folgt: 87% * 6,4 m^3 ≈ 5,5 m^3

Umweltwirkungskategorien	Durchschnitt				Empfehlungen		
	Referenz	1/3 Fleisch	Kein Fleisch	Kein Fleisch, keine Milch	Referenz	Kein Fleisch	Kein Fleisch, keine Milch
Treibhaus-potenzial	3,7 kg CO_2-eq	82 – 86%	73 – 80%	56 – 63%	75%	65 – 68%	45 – 48%
Versauerungs-potenzial	0,038 kg SO_2-eq	77 – 81%	65 – 71%	46 – 52%	76%	63 – 65%	40 – 43%
Eutrophierungs-potenzial	0,93 g P-eq	91 – 92%	86 – 89%	98 – 101%	83%	78 – 79%	93 – 95%

Die Ergebnisse zeigen, dass sämtliche Ernährungsmuster geringere Umweltwirkungen verursachen als die Durchschnittsernährung, abgesehen von der Wasserknappheit im Falle der Durchschnittsernährung mit Komplettersatz von Fleisch- und Milchprodukten. Dafür sind insbesondere die Milch- und Käsealternativen ausschlaggebend (**Abb. 5**, Seite 97). Das Eutrophierungspotenzial und die Wasserknappheit der Milchproduktalternativen sind höher als die Referenzen, was dazu führt, dass die Ernährungsmuster mit Fleisch- und Milchproduktersatz für beide Umweltwirkungskategorien höhere Werte zeigen als die Ernährungsmuster, in denen nur Fleisch ersetzt wird.

Im Falle des Versauerungspotenzials, der Landnutzung und des Treibhauspotenzials zeigen alle Alternativprodukte niedrigere Wirkungen als ihre Referenzen, weshalb in allen drei Kategorien ein höherer Ersatz zu einer insgesamt niedrigeren Umweltwirkung führt. Da die Ernährung nach den Schweizer Ernährungsempfehlungen niedrigere Umweltwirkungen aufweist als die Durchschnittsernährung, wird das höchste Reduktionspotenzial für die empfohlene Ernährung mit Komplettersatz von Fleisch- und Milchprodukten erreicht.

Somit ergibt sich für dieses Ernährungsmuster und auch für den Komplettersatz in der Durchschnittsernährung ein Zielkonflikt zwischen den Umweltwirkungskategorien. Das heisst, aus Umweltsicht ist ein Ersatz von Fleisch durch Fleischalternativen erstrebenswert, während der Ersatz der Milchprodukte kritischer bewertet werden muss. In letzterem Fall sollten gezielt Alternativprodukte identifiziert werden, die in allen Kategorien niedrigere Umweltwirkungen zeigen als ihre Referenzen.

Detailanalysen haben gezeigt, dass der Lebensmittelabfall nach der Prozessierung, also während des Handels und der Zubereitung, die Umweltbilanzen der Ernährungsmuster um ca. 10% erhöht.

6.6. Synergien und Zielkonflikte zwischen der Nachhaltigkeit und Gesundheit

Zwischen den zwei Aspekten Nährwert und Umweltwirkungen zeigen sich verschiedene Zielkonflikte. Zu deren Darstellung wurde für jedes der Ernährungsmuster sowohl für den Gehalt der einzelnen Nährstoffe als auch für die einzelnen Umweltwirkungen jeweils ein Wert zwischen 1 und –1 zugeordnet. Für die Umweltwirkungen entsprach der Wert 1 der maximal beobachteten Abnahme und der Wert –1 der maximal beobachteten Zunahme im Vergleich zur empfohlenen Ernährung[62]. Im Falle des Nährstoffgehaltes entspricht ein Wert von 1 den Empfehlungen zur täglichen Nährstoffzufuhr[63], während ein Wert von –1 dem Gehalt entspricht, bei welchem 50% der Bevölkerung ausreichend versorgt sind (Health Canada, 2023)[64]. Für die disqualifizierenden Nährstoffe war die Berechnung umgekehrt, es wurden also Werte grösser als 125% der maximal empfohlenen Tageszufuhr als –1 bewertet. Der Wert für die Umweltwirkung und der für den Nährstoffgehalt wurden dann für jede Kombination aus Nährwert und Umweltwirkung für die einzelnen Ernährungsmuster summiert und tabellarisch dargestellt (**Tab. 6**). Die Interpretation der Ergebnisse muss mit Vorsicht geschehen, da ein unzureichender Gehalt an einzelnen Nährstoffen in der Ernährung nicht durch eine gute Umweltbilanz ausgeglichen werden kann. Allerdings hilft die Darstellung die Synergien und Zielkonflikte der verschiedenen Ernährungsmuster zu visualisieren.

---

[62] In diesem Fall wurde die empfohlene Ernährung als Referenz gewählt, um die Zielkonflikte besser darstellen zu können. Die maximal beobachtete Zunahme einer Umweltwirkung gegenüber der empfohlenen Ernährung lag bei +33%, die maximal beobachtete Abnahme bei –48%.

[63] Die empfohlene Nährstoffzufuhr entspricht der Menge an Nährstoff, die nötig ist, damit mehr als 95% der Bevölkerung ausreichend versorgt sind.

[64] Je nach Nährstoff liegt dieser Wert zwischen 60% und 80% der empfohlenen Tageszufuhr. Zur Abdeckung aller Nährstoffe wurde daher mit 80% der empfohlenen Tageszufuhr gerechnet.

Tab. 6 zeigt, dass eine Vielzahl an Zielkonflikten und Synergien existieren. Hohe Werte (Synergien) zeigen sich bei Kombinationen aus niedrigen Umweltwirkungen und einem hohen Nährstoffgehalt. Zu Zielkonflikten kommt es, wenn wenigstens einer der zwei Werte nicht vorteilhaft ist. Zum Beispiel ergibt sich für die durchschnittliche Ernährung mit Fleisch- und Milchproduktersatz (kein Fleisch, keine Milch) bei der Betrachtung des Zielkonflikts Ballaststoffe – Wasserknappheit (WK) ein Wert von 0,0. Der Gehalt an Ballaststoffen entspricht in vielen Fällen den Empfehlungen (0,6), während die Wasserknappheit im Vergleich zur empfohlenen Ernährung um rund 23% steigt (–0,6).

Für die empfohlene Ernährung mit Fleischersatz (kein Fleisch) ergibt sich für den Zielkonflikt Jod – Treibhauspotenzial (TP) ein Wert von –0,8. Während das Treibhauspotenzial um durchschnittlich 12% verringert wird (0,2), ist der Jodgehalt deutlich zu gering (–1,0).

Für die Milchalternativen sind sowohl die Zielkonflikte als auch die Synergien oft tiefgreifender, es werden höhere Werte erreicht, aber die Unterschiede innerhalb eines Ernährungsmusters sind oft ebenfalls grösser. Es bestätigt sich, dass insbesondere die Nährstoffe Calcium, Jod und Vitamin B12 in den alternativen Ernährungsmustern kritisch sind. Bei den disqualifizierenden Nährstoffen wiederum sind es hauptsächlich der zugesetzte Zucker und die gesättigten Fettsäuren, auf die geachtet werden sollte.

Tab. 6: Zielkonfliktanalyse zwischen dem Nährstoffgehalt der Ernährungsmuster und ihren Umweltwirkungen. Beide Aspekte wurden jeweils auf einer Skala von 1 (gut) bis –1 (schlecht) bewertet und die beiden Werte summiert. Zellen in Grün deuten auf Synergien und Zellen in Rot auf Zielkonflikte zwischen dem Gehalt in Nährstoffen (links) und den Umweltwirkungen (oben) hin. Nährstoffe, welche in den alternativen Ernährungsmustern ausreichend vorhanden sind, werden nicht gezeigt. LN – Landnutzung, WK – Wasserknappheit, TP – Treibhauspotenzial, VP – Versauerungspotenzial, EP – Eutrophierungspotenzial.

	Durchschnittliche Ernährung																			
	Referenz					1/3 Fleisch					kein Fleisch					kein Fleisch keine Milch				
	LN	WK	TP	VP	EP	LN	WK	TP	VP	EP	LN	WK	TP	VP	EP	LN	WK	TP	VP	EP
Energie	-1.6	-1.5	-2.0	-2.0	-1.6	-0.9	-1.4	-1.3	-1.1	-1.2	-0.7	-1.3	-1.0	-0.7	-1.0	-0.1	-1.3	-0.2	0.1	-1.3
Ballaststoffe	-1.4	-1.3	-1.8	-1.8	-1.4	-0.1	-0.5	-0.4	-0.2	-0.4	0.5	-0.1	0.3	0.5	0.2	1.2	0.0	1.1	1.4	0.0
Gesättigte Fettsäuren	-1.6	-1.5	-2.0	-2.0	-1.6	-1.0	-1.4	-1.4	-1.1	-1.3	-0.8	-1.4	-1.0	-0.8	-1.1	0.0	-1.2	-0.1	0.2	-1.2
Protein	0.4	0.5	0.0	0.0	0.4	1.0	0.6	0.6	0.9	0.7	1.2	0.6	1.0	1.2	0.9	1.6	0.4	1.5	1.7	0.4
zugesetzter Zucker	-1.6	-1.5	-2.0	-2.0	-1.6	-1.0	-1.4	-1.4	-1.1	-1.3	-0.8	-1.4	-1.0	-0.8	-1.1	-0.4	-1.6	-0.5	-0.3	-1.6
Calcium	-0.8	-0.6	-1.2	-1.2	-0.8	0.6	0.2	0.2	0.4	0.3	0.9	0.3	0.6	0.9	0.5	-0.4	-1.6	-0.5	-0.3	-1.6
Eisen	-0.7	-0.6	-1.1	-1.1	-0.7	0.6	0.2	0.2	0.4	0.3	0.9	0.3	0.6	0.9	0.5	1.6	0.4	1.5	1.7	0.4
Jod	-1.6	-1.5	-2.0	-2.0	-1.6	-0.8	-1.2	-1.1	-0.9	-1.1	-0.4	-1.1	-0.7	-0.5	-0.8	-0.4	-1.6	-0.5	-0.3	-1.6
Kalium	0.1	0.2	-0.3	-0.3	0.1	0.6	0.2	0.3	0.5	0.3	0.8	0.1	0.5	0.7	0.4	0.8	-0.4	0.7	1.0	-0.3
Magnesium	0.4	0.5	0.0	0.0	0.4	1.0	0.6	0.6	0.9	0.7	1.2	0.6	1.0	1.2	0.9	1.6	0.4	1.5	1.7	0.4
Natrium	-1.4	-1.3	-1.9	-1.8	-1.5	-0.2	-0.7	-0.6	-0.4	-0.5	0.3	-0.3	0.0	0.3	-0.1	0.4	-0.8	0.3	0.6	-0.8
Vitamin A	0.4	0.5	0.0	0.0	0.4	1.0	0.6	0.6	0.9	0.7	1.2	0.6	1.0	1.2	0.9	1.6	0.4	1.5	1.7	0.4
Vitamin B5	0.4	0.5	0.0	0.0	0.4	1.0	0.6	0.6	0.9	0.7	0.9	0.3	0.7	0.9	0.6	0.6	-0.6	0.5	0.7	-0.6
Vitamin B12	0.4	0.5	0.0	0.0	0.4	0.4	0.0	0.0	0.3	0.1	-0.1	-0.8	-0.4	-0.2	-0.5	-0.4	-1.6	-0.5	-0.3	-1.6
Vitamin C	0.4	0.5	0.0	0.0	0.4	1.0	0.6	0.6	0.9	0.7	1.2	0.6	1.0	1.2	0.9	1.6	0.4	1.5	1.7	0.4
Vitamin E	0.4	0.5	0.0	0.0	0.4	1.0	0.6	0.6	0.9	0.7	1.2	0.6	1.0	1.2	0.9	1.6	0.4	1.5	1.7	0.4

	Empfohlene Ernährung														
	Referenz					kein Fleisch					kein Fleisch keine Milch				
	LN	WK	TP	VP	EP	LN	WK	TP	VP	EP	LN	WK	TP	VP	EP
Energie	-0.1	-0.1	-0.1	-0.1	-0.1	0.1	-0.1	0.1	0.2	0.0	0.9	0.0	1.1	1.2	-0.1
Ballaststoffe	1.0	1.0	1.0	1.0	1.0	1.2	1.0	1.2	1.3	1.1	1.6	0.7	1.8	2.0	0.6
Gesättigte Fettsäuren	-1.0	-1.0	-1.0	-1.0	-1.0	-0.8	-1.0	-0.8	-0.7	-0.9	1.6	0.7	1.8	2.0	0.6
Protein	1.0	1.0	1.0	1.0	1.0	1.2	1.0	1.2	1.3	1.1	1.6	0.7	1.8	2.0	0.6
zugesetzter Zucker	1.0	1.0	1.0	1.0	1.0	1.2	1.0	1.2	1.3	1.1	1.6	0.7	1.8	2.0	0.6
Calcium	1.0	1.0	1.0	1.0	1.0	1.2	1.0	1.2	1.3	1.1	-0.4	-1.3	-0.2	0.0	-1.4
Eisen	1.0	1.0	1.0	1.0	1.0	1.2	1.0	1.2	1.3	1.1	1.6	0.7	1.8	2.0	0.6
Jod	-1.0	-1.0	-1.0	-1.0	-1.0	-0.8	-1.0	-0.8	-0.7	-0.9	-0.4	-1.3	-0.2	0.0	-1.4
Kalium	1.0	1.0	1.0	1.0	1.0	1.2	1.0	1.2	1.3	1.1	1.6	0.7	1.8	2.0	0.6
Magnesium	1.0	1.0	1.0	1.0	1.0	1.2	1.0	1.2	1.3	1.1	1.6	0.7	1.8	2.0	0.6
Natrium	1.0	1.0	1.0	1.0	1.0	1.2	1.0	1.2	1.3	1.1	1.6	0.7	1.8	1.9	0.6
Vitamin A	1.0	1.0	1.0	1.0	1.0	1.2	1.0	1.2	1.3	1.1	1.6	0.7	1.8	2.0	0.6
Vitamin B5	1.0	1.0	1.0	1.0	1.0	1.2	1.0	1.2	1.3	1.1	1.6	0.7	1.8	2.0	0.6
Vitamin B12	-1.0	-1.0	-1.0	-1.0	-1.0	-0.8	-1.0	-0.8	-0.7	-0.9	-0.4	-1.3	-0.2	0.0	-1.4
Vitamin C	1.0	1.0	1.0	1.0	1.0	1.2	1.0	1.2	1.3	1.1	1.6	0.7	1.8	2.0	0.6
Vitamin E	1.0	1.0	1.0	1.0	1.0	1.2	1.0	1.2	1.3	1.1	1.6	0.7	1.8	2.0	0.6

6.7. Fazit zur Nachhaltigkeit und Gesundheit der Ernährungsmuster

Nur wenige Nährstoffe sind für alle alternativen Ernährungsmuster kritisch, wobei diese in den meisten Fällen auch in den Referenzernährungsmustern nicht ausreichend vorhanden sind. Dies betrifft Calcium, Jod und Vitamin B12. Die Ernährungsmuster basierend auf der Durchschnittsernährung zeigen allgemein für eine grössere Zahl an Nährstoffen ein Mangelrisiko. Insbesondere bei diesen Ernährungsmustern zeigt sich zudem, dass die Wahl des Alternativproduktes einen Einfluss darauf haben kann, ob die Versorgung mit einzelnen Nährstoffen über oder unter den Empfehlungen liegt, etwa für die Ballaststoffe, Kalium, Zink und Vitamin B5.

Wie zuvor auf der Produktebene zeigt sich auch für die Ernährungsebene, dass für einzelne Nährstoffe eine grosse Spannweite des Gehaltes zu beobachten ist. Dies bestätigt, wie wichtig eine bewusste Auswahl geeigneter Produkte ist.

Die Umweltwirkungen der alternativen Ernährungsmuster liegen zumeist deutlich unter denen der Durchschnittsernährung. Ausnahmen sind hierbei die Wasserknappheit und das Eutrophierungspotenzial im Falle der Durchschnittsernährung mit Fleisch- und Milchproduktersatz.

Zielkonflikte zeigen sich in allen Ernährungsmustern. Bei Ernährungsmustern basierend auf der empfohlenen Ernährung überwiegen die Synergien allerdings deutlich. Bei den Ernährungsmustern basierend auf der Durchschnittsernährung ist die Verteilung ausgeglichener. In den Alternativernährungsmustern sind sowohl die Zielkonflikte als auch die Synergien bei einem Ersatz von Milchprodukten tendenziell stärker, als wenn nur Fleisch ersetzt wird.

6.8. Detailempfehlungen zur Nachhaltigkeit und Gesundheit der Ernährungsmuster

Es ergeben sich mehrere Detailempfehlungen.

Empfehlung	Adressat
Die Anreicherung von Salz mit Jod sollte weiterhin unterstützt werden. Alle modellierten Ernährungsmuster weisen einen Jodmangel auf. Daher ist es wichtig, dass Speisesalz weiterhin mit Jod angereichert wird und auch in der Lebensmittelproduktion jodiertes Salz Anwendung findet.	Politik und Verwaltung
Die Vermeidung von Lebensmittelabfall auf allen Stufen der Wertschöpfungskette sowie bei den Konsumentinnen und Konsumenten wird empfohlen. Für die Berechnung der Umweltbilanzen der Ernährungsmuster wurden die Lebensmittelabfälle während des Vertriebs und der Zubereitung beachtet. Dies hat je nach Lebensmittel zur Folge, dass die produktspezifischen Umweltwirkungen um 2% bis 45% grösser sind, als es ohne eine Beachtung der Abfälle der Fall wäre. Daraus ergibt sich ein nennenswerter Beitrag von Lebensmittelabfällen zur Gesamtbilanz der Ernährungsmuster.	Produzenten, verarbeitende Industrie, Konsumentinnen und Konsumenten
Die Zielkonflikte zwischen Nährwerten und Umweltwirkungen der alternativen Ernährungsmuster sollten im Fokus der Verbesserungen der Alternativprodukte stehen. Sowohl zwischen den einzelnen Nährstoffen und den Umweltwirkungskategorien als auch zwischen dem Nährwert und der Nachhaltigkeit existieren Zielkonflikte. Bei der Verbesserung der Alternativprodukte, wie sie in weiteren Detailempfehlungen in Kapitel 5.2.7 und 5.3.5 aufgelistet werden, sollten diese Zielkonflikte im Vordergrund stehen, um den Nutzen der Alternativprodukte zu maximieren. Dabei stehen verschiedene Möglichkeiten zur Verfügung, wie etwa die Auswahl der Rohprodukte und eine Anreicherung mit Nährstoffen.	Verarbeitende Industrie
Bei der Wahl der Alternativprodukte sollte der Gehalt an den kritischen Nährstoffen im Vordergrund stehen. Die Analysen haben gezeigt, dass insbesondere Vitamin B12, Vitamin B5, Calcium, Jod und Zink in den alternativen Ernährungsmustern zum Teil zu wenig vorhanden sind. Eine ausreichende Versorgung mit diesen Nährstoffen sollte daher sichergestellt werden. Der Gehalt an zugesetztem Zucker, Natrium und gesättigten Fettsäuren dagegen ist häufig über den Empfehlungen und sollte nach Möglichkeit gesenkt werden. Auch die durchschnittliche Ernährung zeigt verschiedene Nährstoffdefizite.	Konsumenten und Konsumentinnen, verarbeitende Industrie

6.9. Vergleich mit weiteren Ernährungsmustern und -formen

Der vorliegende Bericht fokussiert sich auf die Folgen, die eine Umstellung der Ernährung durch den Ersatz von Fleisch- und Milchprodukten mit derzeit erhältlichen Alternativprodukten auf den Nährwert und die Umweltwirkungen hat. Es werden viele Vorteile und einige Nachteile beobachtet. Inwieweit diese Ergebnisse mit der Literatur und den Ergebnissen anderer alternativer Ernährungsmuster übereinstimmen, wird im Folgenden erörtert.

Zu den Folgen einer Integration von Alternativprodukten in die Ernährung liegen nur wenige Studien vor. Tso & Forde (2021) stellen fest, dass es bei einem Ersatz von tierischen Produkten in der Ernährung durch pflanzliche Alternativprodukte zu einem Mangel an Calcium, Kalium, Magnesium, Zink und Vitamin B12 kommen kann. Sie stellen zudem einen Überschuss an Natrium, Zucker und gesättigten Fettsäuren in der alternativen Ernährung fest. Für eine traditionelle vegetarische Ernährung dagegen wurde kein Mangel und auch keine Zunahme der disqualifizierenden Nährstoffe beobachtet. Eine traditionelle vegane Ernährung hingegen führt ebenfalls zu einem Mangel an Calcium und Vitamin B12. Seves et al. (2017) machen ähnliche Beobachtungen für die Niederlande. Wenn Fleisch und Milchprodukte in der Ernährung zu 100% durch pflanzliche Alternativen ersetzt werden, enthält die Ernährung nicht mehr ausreichend Calcium. Zudem wird Eisen vor allem in schwer verdaulicher Form aufgenommen. Für Zink, Thiamin und Vitamin B12 ist die Zufuhr für 10–31% der Erwachsenen zu gering.

Für klassische vegetarische und vegane Ernährungsformen zeigen Schüpbach et al. (2017) anhand von Daten einer Stichprobe von Erwachsenen in der Schweiz, dass Vegetarier vor allem zu wenig Vitamin B6 und Niacin, Veganer zu wenig Calcium und Omnivore zu wenig Folsäure zu sich nehmen. Aufgrund der weiter verbreiteten Zufuhr von Vitamin-B12-Supplementen wurde für dieses Vitamin keine Mangelernährung beobachtet. Eine mangelhafte Zufuhr von Eisen trat in allen drei Gruppen auf. Von der WHO (2021) werden die Vor- und Nachteile von pflanzenbasierter Ernährung auf die Gesundheit aufgezeigt. Während pflanzenbasierte Ernährungsmuster dazu beitragen können, das Risiko von nicht übertragbaren Krankheiten zu senken, besteht insbesondere bei veganen Ernährungsformen ein Risiko für eine Mangelernährung mit Bezug auf Calcium, Jod, Selen, Zink, Vitamin B2 und B12.

Mazac et al. (2022) zeigen, dass eine nach den Umweltwirkungen optimierte Ernährung, welche neuartige Alternativprodukte anstatt Fleisch und Milchprodukten enthält, bis zu 80% niedrigere Umweltwirkungen erreichen kann als eine durchschnittliche Ernährung. Die ausreichende Versorgung mit Nährstoffen war dabei eine Voraussetzung der Optimierung.

Der Vorteil einer fleisch- und milchproduktarmen Ernährung für die Umweltbilanz wird in verschiedenen Studien bestätigt. Lehtonen & Rämö (2023) zeigen für Finnland, welches wie die Schweiz durch die tierische Lebensmittelproduktion geprägt ist, dass eine Reduktion des Fleischkonsums die Landnutzung und das Treibhauspotenzial deutlich verringern kann. Dadurch frei gewordene Flächen können dann für die Aufforstung und damit CO_2-Speicherung genutzt werden. Diese Beobachtungen werden von Kozicka et al. (2023) auf einem globalen Level bestätigt. Für alle drei Dimensionen der Nachhaltigkeit wird von Rust et al. (2020) gezeigt, wie eine Reduktion des Fleischkonsums positive Auswirkungen haben kann.

Das Umweltprogramm der Vereinten Nationen untersucht in einer Review-Studie (UNEP, 2023) die potenziellen Umweltwirkungen verschiedener neuartiger Alternativprodukte im Vergleich mit konventionellen tierischen Produkten. Dabei stellen sie für alle Produkte ein grosses Potenzial für die Reduktion der Landnutzung fest. Auch für das Treibhauspotenzial werden insbesondere im Vergleich zum Rindfleisch und bei einer Nutzung von erneuerbaren Energiequellen Vorteile festgestellt. Die Studie untersucht zudem die gesundheitlichen und sozioökonomischen Folgen einer Umstellung hin zu mehr neuartigen Alternativprodukten. Es wird festgestellt, dass trotz positiver Aussichten stärkere Umwälzungen des heutigen Landwirtschafts- und Ernährungssystems mit schwer abschätzbaren Folgen verbunden sind und noch immer viel Forschungsbedarf besteht.

Allgemein kann festgestellt werden, dass die Ergebnisse des vorliegenden Berichtes gut mit der Literatur übereinstimmen. Gemeinsamkeiten sind dabei sowohl für die Umweltwirkungen von Alternativprodukten und pflanzenbasierten Ernährungsmustern sowie für die Risiken einer Mangelernährung bei einem Verzicht oder Ersatz von tierischen Produkten in der Ernährung zu erkennen.

7. Beurteilung und Konsum von Alternativprodukten durch Konsumentinnen und Konsumenten

In den vorherigen Kapiteln wurden die Nachhaltigkeits- und Gesundheitsaspekte von Alternativprodukten anhand von Datenbankanalysen und Literaturstudien bewertet (vgl. Kapitel 5). In diesem Kapitel steht nun die Sicht der Konsumentinnen und Konsumenten im Vordergrund. Wie beurteilen sie die Nachhaltigkeits- und Gesundheitsaspekte von Alternativprodukten? Welche Faktoren tragen dazu bei, dass sie ihre Ernährung umstellen und vermehrt Alternativprodukte konsumieren, und welche Faktoren wirken als Barrieren? Diese Fragen werden anhand einer Literaturstudie (vgl. Kapitel 7.1), qualitativer Interviews (vgl. Kapitel 7.2) und einer quantitativen Umfrage (vgl. Kapitel 7.3) untersucht.

7.1. Literaturstudie

7.1.1. Theoretische Grundlage: Sozioökologisches Modell

Als theoretischer Rahmen für die Literaturstudie dient das sozioökologische Modell nach Sallis et al. (2015). Dieses unterscheidet verschiedene Ebenen von Einflussfaktoren, welche auf das Verhalten wirken können (vgl. **Abb. 8**). Bezüglich der Beurteilung und des Konsums von Alternativprodukten spielen Faktoren auf individueller Ebene (z.B. Wissen, Einstellungen), auf soziokultureller Ebene (z.B. soziales Umfeld), auf Ebene des Produktes (z.B. Geschmack, Aussehen), auf Ebene des Marktes (z.B. Preis, Angebote der Hersteller, Marketing) und schliesslich auf Ebene des Systems (z.B. Regulierungs- und Unterstützungsmechanismen der Politik) eine zentrale Rolle (Nguyen et al., 2022).

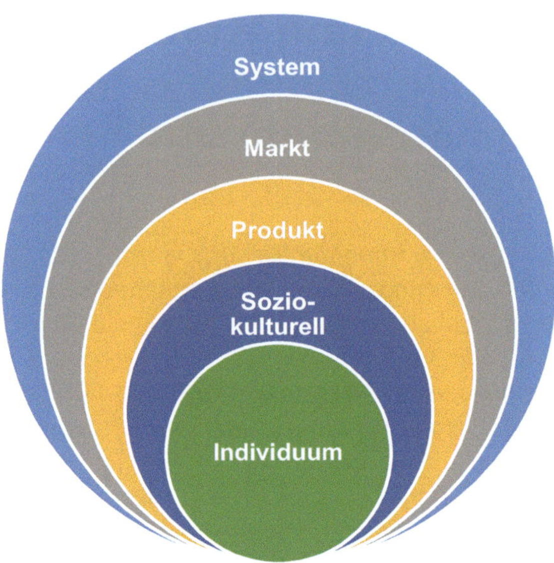

Abb. 8: Sozioökologisches Modell nach Sallis et al. (2015).

7.1.2. Literatursuche und -analyse

Mithilfe von Stichwortkombinationen wurde Literatur zu Einflussfaktoren auf die Beurteilung und den Konsum von Alternativprodukten in den Datenbanken Scopus, Web of Science und Google Scholar gesucht.

Die Analyse der Literatur erfolgte in einem zweistufigen Prozess. Zuerst wurden die identifizierten Faktoren anhand der Ebenen des sozioökologischen Modells (Sallis et al., 2015) von den Autorinnen eingeordnet. In einem zweiten Schritt wurden alle gesammelten Faktoren vertieft analysiert und zusammengefasst (Flick, 2022). Auf diese Faktoren wird im folgenden Kapitel eingegangen.

7.1.3. Einflussfaktoren auf die Beurteilung und den Konsum von Alternativprodukten

7.1.3.1. Individuelle Ebene

Die individuelle Ebene des sozioökologischen Modells bezieht sich auf persönliche Faktoren wie Wissen, Fähigkeiten, Einstellungen sowie Persönlichkeitsmerkmale.

Essgewohnheiten

Bestehende Essgewohnheiten können ein Grund sein, warum Alternativprodukte nicht konsumiert werden (Graça et al., 2019; Laila et al., 2021). Für viele Konsumentinnen und Konsumenten ist der Fleischkonsum eine Gewohnheit (McBey et al., 2019). Gewohnheiten sind einerseits hilfreich, da das entsprechende Verhalten, zum Beispiel die Menüwahl, effizient und ohne grossen Aufwand ausgeführt werden kann (Rees et al., 2018). Andererseits können sie aber auch hinderlich sein, wenn wir unser Verhalten ändern und beispielsweise weniger Fleisch und mehr Alternativprodukte konsumieren wollen. Gewisse Lebensmittel und Menüs sind uns sehr vertraut – teilweise seit Kinderjahren. Diese Vertrautheit löst positive Assoziationen aus und führt dazu, dass bestehende Gewohnheiten beibehalten werden (Laila et al., 2021).

Verbundenheit mit Fleisch

Eine positive und starke Verbundenheit mit Fleisch kann dem Konsum von Alternativprodukten entgegenwirken (Graça et al., 2015a). Die Verbundenheit mit Fleisch äussert sich in der Auffassung, dass Fleisch gesund, biologisch notwendig und für das Sättigungsgefühl erforderlich ist (Nguyen et al., 2022; Reipurth et al., 2019; Tachie et al., 2023). Fleischkonsum wird als sehr genussvoll sowie als natürliche und unbestrittene Ernährungsgewohnheit bei Menschen wahrgenommen. Eine Abneigung gegen die Fleischproduktion ist in diesem Fall nicht oder nur gering vorhanden (Graça et al., 2015b). Eine hohe Verbundenheit mit Fleisch fördert zudem die Wahrnehmung, dass der Ersatz von Fleisch durch Alternativprodukte zu gesundheitlichen Problemen führt – eine Überzeugung, die durch andere negative Assoziationen mit pflanzenbetonter Ernährung verstärkt wird (Hoek et al., 2017; Nguyen et al., 2022; Vainio et al., 2018).

Kochkenntnisse

Um Alternativprodukte in die Ernährung zu integrieren, braucht es Grundkenntnisse für deren Zubereitung sowie Kenntnisse von neuen oder angepassten Kochrezepten (Graça et al., 2019; Jahn et al., 2021; Nguyen et al., 2022; Schösler et al., 2012; Varela et al., 2022). Fehlende Kochkenntnisse werden als einer der Hauptfaktoren genannt, welche dem Konsum von Alternativprodukten entgegenstehen (Collier et al., 2021; Drolet-Labelle et al., 2023; Graça et al., 2019). Menschen, die Alternativprodukte in ihre Ernährung integrieren, sind mit atypischen Mahlzeiten oder Zubereitungsarten vertraut und sind bereit, nichttraditionelle Lebensmittel, Rezepte oder Zubereitungsmethoden auszuprobieren (Kemper, 2020; Schösler et al., 2012). Ausserdem konsumieren Menschen, welche Alternativprodukte als leicht zubereitbar wahrnehmen, weniger tierische Produkte als Menschen, welche die Zubereitung als schwierig wahrnehmen (Reipurth et al., 2019).

Vertrautheit und Neophobie

Je vertrauter Menschen mit Alternativprodukten sind, desto eher konsumieren sie diese (Adise et al., 2015; Carlsson et al., 2022; Nguyen et al., 2022). Dies zeigt sich auch in der Form, in welcher Alternativprodukte konsumiert werden: Sind Alternativprodukte Bestandteil eines bekannten, traditionellen Menüs wie z.B. Spaghetti Bolognese, können Konsumentinnen und Konsumenten empfänglicher sein für ihnen unbekannte Alternativprodukte (Elzerman et al., 2015; Lombardi et al., 2019; Nguyen et al., 2022; Tan et al., 2017). Die generelle Abneigung gegenüber unvertrauten, neuartigen Lebensmitteln wird Lebensmittelneophobie genannt und korreliert stark mit Ekel (Hoek et al., 2011; Jahn et al., 2021; Pliner & Salvy, 2006; Siegrist & Hartmann, 2020). Neophobie gilt also ebenfalls als Einflussfaktor, der dem Konsum von Alternativprodukten entgegenwirkt. Besonders ausgeprägt ist die Lebensmittelneophobie gegenüber Produkten auf Insektenbasis sowie *In-vitro*-Fleisch (Lammers et al., 2019; Vural et al., 2023). Die Lebensmittelneophobie kann sich auch auf das Herstellungsverfahren beziehen, wovon vor allem hoch verarbeitete Produkte betroffen sind (Krings et al., 2022). Dass Neophobie überwunden und Vertrautheit aufgebaut wird, bedingt persönliche Erfahrung mit Alternativprodukten. Haben Menschen bereits Erfahrungen mit Alternativprodukten gemacht, sind sie eher bereit, diese auch in Zukunft zu konsumieren (Carlsson et al., 2022; Fesenfeld, Maier et al., 2023; Hoek et al., 2011).

Neugier

Neugier kann ein Grund sein, Alternativprodukte zu probieren. Alternativprodukte dienen also nicht nur dem Ersatz von tierischen Produkten, sondern werden von Konsumentinnen und Konsumenten auch als Erweiterung betrachtet, um sowohl ein breiteres Geschmacksspektrum als auch weitere Nährstoffe zu erhalten (Adamczyk et al., 2022). Dabei suchen Konsumentinnen und Konsumenten nicht nach einem ähnlichen Geschmack wie bei tierischen Produkten, sondern nach etwas, das sie gerne essen (Tachie et al., 2023). Während Neuartigkeit allein ausreichen kann, um Alternativprodukte ein erstes Mal auszuprobieren, reicht sie nicht aus, um zum Wiederkauf zu motivieren (Tan et al., 2016).

Erwartete Konsequenzen: Gesundheit, Nachhaltigkeit und Tierethik

Drei Hauptmotive für die Kaufabsicht von Alternativprodukten sind Gesundheit, Nachhaltigkeit und Tierethik (Graça et al., 2019; Jahn et al., 2021; Nguyen et al., 2022; White et al., 2022). Im Vordergrund stehen dabei die Konsequenzen, welche die Konsumentinnen und Konsumenten durch das Reduzieren von tierischen Produkten und den Konsum von Alternativprodukten erwarten. Das erste (und häufig wichtigste) Motiv, Alternativprodukte zu essen, ist die Erwartung, dass dies zu einer besseren Gesundheit führt (Graça et al., 2019; Urbanovich & Bevan, 2020). Konsumentinnen und Konsumenten haben jedoch unterschiedliche Vorstellungen von den gesundheitlichen Eigenschaften von Lebensmitteln. Viele Konsumentinnen und Konsumenten assoziieren Alternativprodukte mit gesundheitlichen Vorteilen (Bocker & Silva, 2022; Moss et al., 2022). Für andere ist Fleisch jedoch ein wesentlicher Bestandteil einer gesunden Ernährung (Hagmann et al., 2019; Vanhonacker et al., 2013). Das zweite Motiv, Alternativprodukte zu konsumieren, sind Bedenken zur Nachhaltigkeit (Slade, 2018). Das Wissen zur Umweltauswirkung von tierischen Produkten ist aber limitiert (Jahn et al., 2021; McBey et al., 2019; Nguyen et al., 2022). Exemplarisch dafür ist, dass der ökologische Fussabdruck des Fleischkonsums tendenziell unterschätzt wird (Vanhonacker et al., 2013). Bei Milchprodukten stehen ökologische und ethische Bedenken verglichen mit Fleisch weniger im Vordergrund (Adamczyk et al., 2022). Konsumentinnen und Konsumenten glauben, dass der Konsum von Kuhmilch und Sojadrinks einen negativen Einfluss auf das Klima hat, der Konsum von Mandel-, Hafer- und Reisdrinks hingegen positiv auf das Klima wirkt (Ammann, Grande et al., 2023). Wenn man sich das berechnete globale Treibhauspotenzial anschaut (vgl. **Tab. 18**), zeigt sich jedoch, dass Sojadrinks keinen negativeren Einfluss auf das Klima haben als andere pflanzliche Drinks. Weiter gibt es das Motiv der Tierethik. Während gesundheitliche Bedenken der Grund für eine Reduktion von tierischen Produkten sein können, tragen, wie in Kapitel 9 näher erläutert, ethische Bedenken eher dazu bei, komplett auf tierische Produkte zu verzichten (Fresán et al., 2020; Janssen et al., 2016; Rosenfeld, 2018).

Zielkonflikte und Unsicherheit

Motive wie Gesundheit, Tierwohl oder Nachhaltigkeit alleine reichen nicht für eine Verhaltensänderung aus. Dies ist insbesondere der Fall, wenn sich eine Person mit Zielkonflikten konfrontiert sieht: Das Essen soll nachhaltig sein. Zudem soll es aber auch lecker, vertraut, gesund, nicht zu teuer oder einfach zuzubereiten sein (Jahn et al., 2021; Kopetz et al., 2012). Solche Zielkonflikte gelten als grösster psychologischer Einflussfaktor, der gegen eine klimafreundliche Lebensmittelwahl wirkt (Theron & Hagen, 2023). In der Literatur werden insbesondere drei Zielkonflikte genannt:

1. Genuss vs. Nachhaltigkeit und Gesundheit: Fleisch schmeckt vielen Konsumentinnen und Konsumenten sehr gut. So ist der Fleischkonsum häufig ein Mittel für das Ziel des Genusses. Im Gegensatz dazu ist der Verzehr von Alternativprodukten ein Mittel zum Erreichen des Ziels der Gesundheit oder Nachhaltigkeit, geht aber mit der Wahrnehmung einher, weniger genussvoll zu sein (Jahn et al., 2021; Röös et al., 2022). Dieser Zielkonflikt wurde auch bei Milchprodukten und deren Alternativprodukten festgestellt (Falkeisen et al., 2022).

2. Gesundheit vs. Unnatürlichkeit: Insbesondere die teilweise starke Verarbeitung von Alternativprodukten kann Bedenken hervorrufen, dass Alternativprodukte unnatürlich und möglicherweise ungesund sind (Lemken et al., 2019; Nguyen et al., 2022).

3. Gesundheit vs. Nachhaltigkeit. Die gesundheitlichen Bedenken durch starke Verarbeitung können dazu führen, dass Alternativprodukte eher als umweltfreundlich anstatt als gesund angesehen werden (Lazzarini et al., 2016; Nguyen et al., 2022).

Diese Zielkonflikte, fehlende Informationen und schwer einschätzbare Konsequenzen erzeugen Unsicherheit bei Konsumentinnen und Konsumenten. Diese Unsicherheit kann gegen den Konsum von Alternativprodukten wirken (Adamczyk et al., 2022; Collier et al., 2021).

7.1.3.2. Soziokulturelle Ebene

Die soziokulturelle Ebene bezieht sich auf soziale und kulturelle Kontexte. Soziokulturelle Einflüsse können formell oder informell (z.B. Normen und Standards) sein und bieten soziale Identität.

Soziale Identität

Eine spezifische Ernährungsgewohnheit, wie zum Beispiel vegan, vegetarisch oder flexitarisch, signalisiert die soziale Identität einer Person (Rosenfeld et al., 2020a, 2020b). Wichtig bei der sozialen Identität ist, dass sich ein bestimmtes Verhalten (z.B. Verzicht auf Fleisch) kongruent zu wichtigen Aspekten der eigenen Identität in diesem Kontext (z.B. Identifikation als Vegetarierin oder Vegetarier) anfühlt (Oyserman, 2009). Offen bleibt in diesem Thema die Frage, ob sich der Konsum von Alternativprodukten für Fleischesserinnen und -esser identitätskongruent anfühlen kann (de Boer et al., 2017). Identitätsbezogene Probleme zeigen sich darin, dass viele Männer dazu neigen, Fleisch als männlich zu empfinden, was zu einer geringeren Bereitschaft führen kann, Fleischalternativen in Betracht zu ziehen (Jahn et al., 2021; Nakagawa & Hart, 2019; Rothgerber, 2013).

Freunde und Familie

Gerade im Kindesalter hat das familiäre Umfeld einen grossen Einfluss auf die Ernährungsgewohnheiten (Bublitz et al., 2010; Jahn et al., 2021). Doch auch im Erwachsenenalter können Familienmitglieder wie die Partnerin oder der Partner oder Kinder den Konsum von Alternativprodukten beeinflussen (Jahn et al., 2021). Konsumentinnen und Konsumenten können es zum Beispiel schwierig finden, auf Fleisch zu verzichten, wenn die Familie und Freunde nicht bereit dazu sind, sich ebenfalls pflanzenbetont zu ernähren (Jahn et al., 2021; Kemper & White, 2021; Lea et al., 2006a, 2006b). Andererseits probieren manche Konsumentinnen und Konsumenten Pflanzendrinks unter dem Einfluss von ihnen nahestehenden Personen aus, die selbst solche Produkte konsumieren (Adamczyk et al., 2022).

Sozialer Einfluss

Menschen, die sich pflanzenbetont ernähren, berichten von gesellschaftlichen Vorurteilen (Graça et al., 2019; Hirschler, 2011). Dies kann damit zusammenhängen, dass Fleisch in westlichen Gesellschaften oftmals eine zentrale Rolle in der Ernährung zukommt (Graça, 2016; Graça et al., 2019; Hartmann & Siegrist, 2017). Gerade bei besonderen Ereignissen wie Feiertagen (z.B. Weihnachten) besteht eine starke kulturelle Verbindung zum Verzehr von Fleisch (Biermann & Rau, 2020; Collier et al., 2021; Jahn et al., 2021). Die Angemessenheit des Konsums von Alternativprodukten hängt deshalb stark von der jeweiligen sozialen Situation ab (Elzerman et al., 2022; Michel et al., 2021).

Kultur und Traditionen

Bei Ernährungsgewohnheiten spielen die Kultur und Traditionen eine wichtige Rolle (Nguyen et al., 2022). Historisch gesehen gelten Insekten beispielsweise in westlichen Kulturen nicht als Nahrungsquelle, während sie in einigen asiatischen Ländern eher konsumiert werden (Vanhonacker et al., 2013). Zudem sind Fleischalternativen vor allem für ältere Konsumentinnen und Konsumenten in westlichen Ländern mit der langjährigen Tradition des Komponentengerichts mit Fleisch/Fisch als Hauptkomponente, einer Stärkebeilage und einer Gemüsebeilage (Douglas, 1972, 1974) weniger attraktiv (Nguyen et al., 2022; Schösler et al., 2012).

7.1.3.3. Produktebene

Die Produktebene des sozioökologischen Modells bezieht sich auf alle Aspekte, die im Zusammenhang mit den materiellen Produkten bestehen, die auf dem Markt angeboten werden. Dazu gehören Produkteigenschaften, Verwendungsmöglichkeiten und Kommunikation.

Kommunikation der Vorteile

Die Vorteile von Alternativprodukten können kommuniziert werden, indem Vergleiche mit den Referenzprodukten gemacht werden (z.B. zur Lebensmittelsicherheit, zum Nährwert oder zur Nachhaltigkeit) (Gómez-Luciano et al., 2019; Nguyen et al., 2022; Sexton, 2018; Tucker, 2014; Van Loo et al., 2020). Obwohl viele Anbieter von Fleisch- und Milchproduktalternativen bereits mit Vorteilen betreffend Gesundheit, Umweltfreundlichkeit und Geschmack werben, bleiben die Konsumentinnen und Konsumenten skeptisch gegenüber diesen Vorteilen. Im Vergleich zu Fleisch werden Fleischalternativen beispielsweise nicht als gesünder und umweltfreundlicher beurteilt und sie werden als weniger natürlich angesehen (Hartmann et al., 2022).

Labels

Labels (oder sogenannte «Claims») können besondere Aspekte von Fleisch- und Milchproduktalternativen (wie z.B. «keine tierischen Inhaltsstoffe», «geringer Fettgehalt» oder «geringer Wasserverbrauch») hervorheben (Jahn et al., 2021). Bei Gerichten, die Fleischalternativen anstelle von klassischen Fleischprodukten enthalten, schneiden neutrale Labels (ohne explizite Angabe, dass das Gericht kein Fleisch enthält) gegenüber expliziten Labels (z.B. «vegetarisch», «vegan» oder «pflanzlich») besser ab. Ein möglicher Grund ist, dass explizite Labels von Fleischesserinnen und -essern als Ausschlusskriterium genutzt werden (Hielkema & Lund, 2022). Labels können auch dem Konsum entgegenstehende Faktoren ansprechen und diese reduzieren. Beispielsweise kann der Konsum von Fleischalternativen aufgrund von Bedenken gegenüber genetisch modifizierten Lebensmitteln und fehlender Rückverfolgbarkeit von Konsumentinnen und Konsumenten in Frage gestellt werden (Krings et al., 2022; Tachie et al., 2023; Zhou et al., 2022). Bei diesen Bedenken können Labels und Zertifizierungsinformationen Abhilfe schaffen (z.B. «Schweizer Rohstoffe» oder «ohne Gentechnik hergestellt»).

Informationen

Im Zusammenhang mit Fleisch- und Milchproduktalternativen werden oftmals die Umweltfreundlichkeit und gesundheitliche Aspekte kommuniziert (Nguyen et al., 2022). Jedoch darf der Effekt von Informationen nicht überschätzt werden. Obwohl gesundheitsbezogene Botschaften die Besorgnis über die Auswirkungen von Fleischkonsum verstärken können, muss dies nicht zu einer Änderung des Konsumverhaltens führen (Fesenfeld et al., 2021). Weiter zeigt sich, dass solche Informationen im Vergleich zu Faktoren wie Geschmack und Preis weniger wichtig sind (Segovia et al., 2023).

Convenience

Werden Alternativprodukte als Fertigprodukte (Convenience-Produkte) angeboten, kann dies ihre Attraktivität erhöhen (Nguyen et al., 2022). Fleischalternativen und eine pflanzenbetonte Ernährung werden oftmals als unbequem empfunden, da sie viel Zeit in Anspruch nehmen. Alternativprodukte erscheinen zum Beispiel als weniger einfach zubereitbar. Zudem sind die hoch verarbeiteten Endprodukte oftmals teurer als ihre Referenzprodukte (Macdiarmid, 2022; Röös et al., 2022; Schösler et al., 2012). Die Industrie reagiert auf diese Wahrnehmungen der Konsumentinnen und Konsumenten, indem vermehrt stark verarbeitete und billigere Convenience-Alternativprodukte angeboten werden (Macdiarmid, 2022). Vor allem jüngere Konsumentinnen und Konsumenten, die sich erst seit Kurzem vegetarisch ernähren, essen deutlich mehr hoch verarbeitete pflanzliche Lebensmittel (Gehring et al., 2020).

Produktzusammensetzung

Wie Alternativprodukte beurteilt werden, hängt ebenfalls davon ab, woraus das Produkt hergestellt wurde. Bei einer Degustation wurde Fleisch gegenüber Fleischalternativen aus Soja, Weizen und Kichererbsen bevorzugt (Cordelle et al., 2022). Eine Fleischalternative aus Mycoprotein schnitt jedoch besser ab als Fleisch. Auch bei Milchalternativen spielt es eine Rolle, woraus die Alternativprodukte bestehen. So sind pflanzliche Drinks, die aus Mandeln, Hafer oder Erbsen hergestellt werden, beliebter als jene aus Cashew, Soja oder Kokosnuss (Ammann, Grande et al., 2023; Moss et al., 2022).

Produktzubereitung und Mahlzeitenkontext

Die Beurteilung von Fleisch- und Milchproduktalternativen kann dadurch beeinflusst werden, wie das Produkt zubereitet wird (Nguyen et al., 2022). Wenn Fleischalternativen als Teil eines Gerichts oder als Zutat (z.B. in einer Sauce) verwendet werden, werden sie nicht direkt mit Fleisch verglichen (Hoek et al., 2011). Die Präferenz für Gerichte, die verschiedene Zutaten kombinieren, hängt somit mit einer grösseren Offenheit für Fleischalternativen zusammen. Die Präferenz für Komponentengerichte (Hauptkomponente Fleisch/Fisch, Stärkebeilage, Gemüsebeilage) macht hingegen Fleischalternativen weniger attraktiv (Schösler et al., 2012).

Sensorische Beurteilungen

Ob und wie häufig Alternativprodukte konsumiert werden, hängt stark mit der Beurteilung der sensorischen Eigenschaften wie Geschmack, Textur und Aussehen zusammen (Cordelle et al., 2022; Jaeger et al., 2023; Kerslake et al., 2022; Nguyen et al., 2022). Oft wird es als wichtig empfunden, dass Fleischalternativen den Geschmack und die Textur von Fleisch imitieren (Elzerman et al., 2015; Hagmann et al., 2019; Hoek et al., 2011). Dabei scheinen Konsumentinnen und Konsumenten, die selten Fleischalternativen konsumieren, Produkte mit fleischähnlichen sensorischen Eigenschaften zu bevorzugen (Carlsson et al., 2022; Hoek et al., 2011). Konsumentinnen und Konsumenten, die oft Fleischalternativen verwenden, bevorzugen im Gegensatz dazu jedoch Produkte, die in ihren sensorischen Eigenschaften nicht ähnlich wie Fleisch sind (Kerslake et al., 2022). Auch bei Milchproduktalternativen ist die Beurteilung der sensorischen Eigenschaften wichtig. Bei Pflanzendrinks erhöht die Wahrnehmung von süssen, cremigen, weichen, nussigen und weissen Attributen die Attraktivität, während die Wahrnehmung von Attributen wie Nachgeschmack, braun, bohnig und wässrig die Attraktivität verschlechtert (Moss et al., 2022). Bei veganen Alternativen zu Käse werden Produkte mit den Attributen butterartig, glatt und weich bevorzugt, während mundbeschichtende und gummiartige Alternativen abgelehnt werden (Falkeisen et al., 2022). Bei veganen Alternativen zu Joghurt gehören die wahrgenommene Säure, das klumpige Aussehen und die nicht-weisse Farbe zu den wichtigsten sensorischen Problemen, während eine cremige und glatte Textur als Hauptgrund für die Beliebtheit genannt wird (Jaeger et al., 2023).

Verarbeitungsgrad und Natürlichkeit

Die starke Verarbeitung bei der Herstellung mancher Fleisch- und Milchproduktalternativen kann dazu führen, dass die Bewertung dieser Produkte negativ ausfällt (Lemken et al., 2019; Nguyen et al., 2022). Die Beurteilung des Verarbeitungsgrades von Lebensmitteln durch Konsumentinnen und Konsumenten entspricht in etwa der NOVA-Klassifizierung (Hässig et al., 2023). Der wahrgenommene Verarbeitungsgrad kann wiederum die Beurteilung der Natürlichkeit (Hartmann et al., 2022) der Alternativprodukte negativ beeinflussen. Natürlichkeit und Gesundheit sind jedoch wichtige Faktoren für die positive Bewertung von Lebensmitteln (Román et al., 2017). Bei der Beurteilung von *In-vitro*-Fleisch etwa spielt die wahrgenommene Natürlichkeit eine wichtige Rolle. *In-vitro*-Fleisch wird von Konsumentinnen und Konsumenten oftmals als unnatürlich beschrieben, was zu einer negativen Bewertung führt (Bryant & Barnett, 2018, 2020; Tucker, 2014).

Attraktivität

Der Name und die visuelle Präsentation von Fleisch- und Milchproduktalternativen können die Attraktivität dieser Produkte beeinflussen. Bezüglich Fleischalternativen wird die Frage diskutiert, ob diese ähnliche Namen wie ihre Referenzprodukte tragen sollen (Elzerman et al., 2013; Elzerman et al., 2022; Lemken et al., 2019). Neben dem Namen ist auch das Aussehen des Produktes und der Verpackung wichtig für ihre Attraktivität. Bei der Studie von Kerslake et al. (2022) war es für die Teilnehmenden wichtig, dass auf der Verpackung ein Bild der Fleischalternative vorhanden ist.

7.1.3.4. Marktebene

Die Marktebene bezieht sich auf Elemente des Angebots wie die Produktverfügbarkeit sowie auf Merkmale von Konsumentinnen und Konsumenten, welche die Nachfrage beeinflussen können.

Konsumbereitschaft

Konsumentinnen und Konsumenten sind zwar bereit, neue Alternativprodukte wie Insekten auszuprobieren, aber deutlich weniger bereit, sie regelmässig zu konsumieren (Nguyen et al., 2022; Videbæk & Grunert, 2020). Dies ist auch dann der Fall, wenn die Alternativprodukte sensorisch ein gutes erstes Erlebnis bieten, was eine Grundlage für den Wiederkonsum darstellt (Mancini & Antonioli, 2019; Tan et al., 2017). Alternativprodukte zu Fleisch werden nicht nur aufgrund einer vegetarischen Ernährungsweise als Ersatz konsumiert, sondern auch als Erweiterung zur Ernährung mit Fleisch (Arnaudova et al., 2022). Zwischen Fleischkonsum und dem Konsum von Fleischalternativen wurde ein relativ schwacher negativer Zusammenhang gefunden (Siegrist & Hartmann, 2019).

Produktverfügbarkeit, Platzierung und Sichtbarkeit

Sind Alternativprodukte in Lebensmittelgeschäften oder Restaurants begrenzt verfügbar, wirkt dies dem Konsum entgegen (Jahn et al., 2021; McBey et al., 2019). Die Erhöhung des Anteils vegetarischer Gerichte andererseits hat sich zum Beispiel als verkaufssteigernd für vegetarische Gerichte in Kantinen erwiesen (Garnett et al., 2019). Die zunehmende Verfügbarkeit von Alternativprodukten in Supermärkten, Restaurants und Fast-Food-Ketten sollte eine grössere Nachfrage nach Alternativprodukten zur Folge haben (Fesenfeld, Maier et al., 2023). Sind Alternativprodukte in Lebensmittelgeschäften nicht einfach auffindbar, ist dies ein Einflussfaktor, der gegen den Konsum wirkt (Laila et al., 2021; McBey et al., 2019; Vandenbroele et al., 2021). Die Sichtbarkeit von Alternativprodukten kann durch Marketing-Massnahmen wie Probierstationen erhöht werden (Nguyen et al., 2022).

Preis

Konsumentinnen und Konsumenten nehmen Alternativprodukte zu Milch, Milchprodukten und Fleisch als teurer wahr als die Referenzprodukte, was dem Konsum von Alternativprodukten entgegenwirken kann (Kerslake et al., 2022; Laila et al., 2021; Moss et al., 2022; van den Berg et al., 2022). Für Konsumentinnen und Konsumenten, die regelmässig Alternativprodukte konsumieren, spielt der Preis eine untergeordnete Rolle (Slade, 2018; Vainio et al., 2016). Ein tieferer Preis könnte aber eine breitere gesellschaftliche Aufmerksamkeit gegenüber Alternativprodukten bewirken (Nguyen et al., 2022) (siehe auch Kapitel 5.3.3).

Konsumentinnen- und Konsumenten-Segmente

Die Einteilung des Marktes in Gruppen von ähnlichen Konsumentinnen und Konsumenten ermöglicht es Unternehmen, zielgruppenspezifische Massnahmen zu entwickeln. Diese sind im Allgemeinen erfolgreicher als Massnahmen für die breite Masse (Höchli & Messner, 2021). In der Schweiz zeichnen sich in Bezug auf den Konsum von Alternativprodukten folgende Segmente ab: Es gibt zwei «Pol-Segmente»: auf der einen Seite Konsumentinnen und Konsumenten, die nicht auf den Konsum von tierischen Produkten verzichten wollen und kaum Alternativprodukte konsumieren, auf der anderen Seite Konsumentinnen und Konsumenten, die tierische Produkte vermeiden und Alternativprodukte konsumieren. Die Mehrheit der Konsumentinnen und Konsumenten liegt aber zwischen diesen Pol-Segmenten (Arnaudova et al., 2022; Funk et al., 2021; Götze & Brunner, 2021). Das grösste Segment dazwischen besteht aus Konsumentinnen und Konsumenten, die in Bezug auf die Ernährung und damit verbundene Themen gleichgültig sind (Funk et al., 2021; Götze & Brunner, 2021).

Demografische und psychografische Faktoren

Alternativprodukte werden oft von jungen Frauen konsumiert. Zudem konsumieren Personen, die eine grosse Umweltauswirkung von Fleisch wahrnehmen, gesundheitsbewusst und wenig ekelempfindlich sind, wahrscheinlicher Fleischalternativen als Personen mit den gegenteiligen Merkmalen (Siegrist & Hartmann, 2019). Konsumentinnen und Konsumenten von Alternativprodukten wohnen ausserdem eher in urbanen Gegenden (Ammann, Grande et al., 2023; Hoek et al., 2004).

Übergänge im Lebensverlauf

Übergänge im Lebensverlauf können zur Unterbrechung von Gewohnheiten führen (Verplanken & Roy, 2016). Bei jungen Erwachsenen zum Beispiel führten verschiedene Veränderungen wie ein Stellenwechsel, ein Umzug sowie Elternteil zu werden häufiger dazu, dass sie weniger statt mehr Fleisch assen. In der Mehrheit der Fälle wurde der Fleischkonsum nach dem Übergang beibehalten (van den Berg et al., 2022). Je nach Lebensphase sind zudem andere Motive relevant in Bezug auf die Ernährung (Kemper, 2020).

7.1.3.5. Systemebene

Die Systemebene bezieht sich auf die Politik, Gesetze und Massenmedien, die gesellschaftliches Handeln beeinflussen.

Sensibilisierung, Befähigung und Motivation

Die Wirksamkeit von Informations- und Aufklärungskampagnen zur Ernährung mit Alternativprodukten oder tierischen Lebensmitteln ist umstritten (Apostolidis & McLeay, 2016). Über die Bereitstellung von Informationen hinaus gilt es als zentral, Konsumentinnen und Konsumenten zu nachhaltigeren Konsummustern zu befähigen und ihre Motivation dafür zu fördern (Apostolidis & McLeay, 2019; Lombardi et al., 2019). Eine Analyse der Berichterstattung in der Schweiz zeigt, dass der Diskurs zu Alternativprodukten über die letzten zehn Jahre zugenommen hat und ein klarer Fokus auf Fleischalternativen besteht, während Milchproduktalternativen eine Nebenrolle spielen (Runte et al., 2024).

Politische Massnahmen

Sensibilisierung, Befähigung und Motivation können von der Politik ausgehen oder unterstützt werden. Weitere mögliche politische Massnahmen sind Steuern und Subventionen sowie regulatorische Massnahmen (Ammann, Arbenz et al., 2023; Nguyen et al., 2022). Im Vergleich der verschiedenen Arten von politischen Massnahmen zeigen sich weniger einschneidende Massnahmen, beispielsweise informationsbasierte, als weiter verbreitet. Sie sind ausserdem von Konsumentinnen und Konsumenten besser akzeptiert als einschneidendere Massnahmen wie

Steuern und Gesetze, jedoch weniger wirksam (Ammann, Arbenz et al., 2023). Vertiefte Inhalte zum Thema Gesetze sind im Kapitel 8 zu finden.

7.1.4. Fazit und offene Fragen

In der Literaturstudie konnten verschiedene Einflussfaktoren auf die Beurteilung und den Konsum von Alternativprodukten auf allen Ebenen des sozioökologischen Modells identifiziert werden. Bei einigen Einflussfaktoren bestehen jedoch noch offene Fragen sowie Unklarheiten dazu, wie sich diese Faktoren auf die Beurteilung und den Konsum von Alternativprodukten in der Schweiz auswirken. In einer gemeinsamen Diskussion haben die Autorinnen und der Autor des Kapitels jene offenen Fragen und Unklarheiten identifiziert, die in den qualitativen Interviews und der quantitativen Umfrage vertieft untersucht werden sollen:

1. Wo und warum finden erste Erfahrungen mit Fleisch- und Milchproduktalternativen statt?

Die erste offene Frage bezieht sich darauf, wo und warum Schweizer Konsumentinnen und Konsumenten erste Erfahrungen mit Fleisch- und Milchproduktalternativen machen und weshalb sie solche Produkte erneut konsumieren oder nicht. Diese Frage betrifft somit sowohl die individuelle Ebene (z.B. die Rolle der Neugier), die Produktebene (z.B. sensorisches Erlebnis) und die Marktebene (z.B. Produktverfügbarkeit, Platzierung und Sichtbarkeit).

2. Welche Fleisch- und Milchproduktalternativen werden eher (weniger) ausprobiert oder (nicht) längerfristig konsumiert und warum?

Die zweite offene Frage bezieht sich darauf, welche Unterschiede es zwischen den verschiedenen Fleisch- und Milchproduktalternativen gibt. Es soll genauer untersucht werden, wie verschiedene Alternativprodukte durch Schweizer Konsumentinnen und Konsumenten beurteilt werden und weshalb einige Produkte eher konsumiert werden und andere weniger. Dabei liegt der Fokus auf der Produktebene und vor allem auf dem Einfluss der wahrgenommenen Verarbeitung, der Ähnlichkeit zum Referenzprodukt und auf Convenience-Produkten.

3. Welche Gründe sprechen für und welche gegen den Konsum von Alternativprodukten? Welche stehen in einem Zielkonflikt?

Die dritte offene Frage bezieht sich auf die Gründe, welche bei Schweizer Konsumentinnen und Konsumenten für oder gegen den Konsum von Alternativprodukten sprechen und welche Zielkonflikte dabei entstehen. Diese Frage betrifft somit die individuelle Ebene und beschäftigt sich mit Einflussfaktoren wie Gewohnheiten und Kochkenntnissen. Zudem soll untersucht werden, welches Gewicht den Motiven der Gesundheit, Nachhaltigkeit und Tierethik bei Konsumentscheidungen zukommt.

4. Inwiefern ist der Konsum von Alternativprodukten mit der eigenen Identität vereinbar (bzw. zusammenhängend)?

Die vierte offene Frage betrifft die soziokulturelle Ebene und beschäftigt sich vor allem mit der sozialen Identität. Es wird untersucht, inwiefern der Konsum von Alternativprodukten mit der eigenen Identität und den eigenen Einstellungen vereinbar ist.

7.2. Qualitative Interviews

7.2.1. Methode

Zur Untersuchung der offenen Fragen (vgl. Kapitel 7.1.4.) wurde in einem ersten Schritt ein qualitativer Forschungsansatz gewählt. Dieser ermöglicht, inhaltlich in die Tiefe zu gehen und komplexere Themen zu explorieren.

7.2.1.1. Teilnehmende

Um Konsumentinnen und Konsumenten für die Interviews zu finden, die bereits Alternativprodukte konsumiert hatten («Doer»), als auch solche, die noch keine oder nur wenig Alternativprodukte konsumiert hatten («Non-Doer»), wurde via Flyer eine Screening-Umfrage verbreitet. In der Umfrage wurden nebst der Konsumhäufigkeit von Alternativprodukten das Alter, das Geschlecht sowie der Wohnort erfasst. Bei der Auswahl der Interviewten wurde darauf geachtet, dass die Doer und Non-Doer etwa gleich häufig vertreten waren und die Gruppen nach Alter, Geschlecht und Wohnort durchmischt waren.

Insgesamt wurden 15 Personen interviewt. Darunter waren acht Doer und sieben Non-Doer. Es wurden vier Personen aus den Generationen «Silent Generation» (1928–1945) und «Babyboomer» (1946–1964), vier aus der «Generation X» (1965–1980), drei aus der «Generation Y» («Millennials», 1981–1996) und vier aus der «Generation Z» (1997–2012) interviewt ($M_{Alter} = 45.6$, $SD_{Alter} = 19.3$). Neun der interviewten Personen sind Männer, sechs Frauen. Fünf leben in einem städtischen Gebiet, sechs im intermediären Raum und vier auf dem Land. Nach Grossregionen der Schweiz wurden sieben Personen aus dem Espace Mittelland, vier aus Zürich, zwei aus der Nordwestschweiz, eine Person aus der Zentralschweiz sowie eine Person aus der Genfersee-Region interviewt. Der Anteil an Personen aus dem Espace Mittelland und aus Zürich überwiegt, da die Interviews nicht online, sondern in Person durchgeführt wurden. Jede interviewte Person erhielt als Entschädigung einen Einkaufsgutschein im Wert von 50 CHF.

7.2.1.2. Ablauf und Leitfaden

Zu Beginn der Interviews unterschrieben die Teilnehmerinnen und Teilnehmer eine Einverständniserklärung. Um die Interviews strukturiert durchführen zu können, wurde ein Leitfaden entworfen. Gemäss Leitfaden erfolgte nach dem Kennenlernen der interviewten Person als Einstieg in das Thema eine freie Assoziationsaufgabe zu den Begriffen «Fleischalternativen» und «Milchproduktalternativen». Um anschliessend über Erfahrungen mit Alternativprodukten zu sprechen, wurden zuerst die Bilder eines pflanzlichen Burgers und eines Haferdrinks gezeigt. Zur Strukturierung der Erhebung der Erfahrungen wurde die Customer Journey verwendet. Die Customer Journey unterscheidet verschiedene Phasen, welche Konsumentinnen und Konsumentinnen durchlaufen, wenn sie ein Produkt kaufen (vgl. **Abb. 9**).

Um herauszufinden, welche Alternativprodukte eher konsumiert werden und welche weniger sowie wie die Alternativprodukte beurteilt werden, wurde die Repertory-Grid-Technik angewendet (Fromm, 2010). Dabei wurde die interviewte Person darum gebeten, Bilder von 15 verschiedenen Alternativprodukten nacheinander auf fünf verschiedenen Skalen einzuordnen und dabei die Gründe für die Einordnung zu erläutern. Die 15 verwendeten Alternativprodukte wurden basierend auf den in **Tab. 1** (Kapitel 3.1.1.) aufgeführten Produkten ausgewählt (in **Tab. 9** im Kapitel 7.3.1. befindet sich eine Zusammenstellung der verwendeten Produkte). Es waren die folgenden Produkte: pflanzlicher Burger, Falafel, pflanzliche Chicken Chunks, Käsealternative, pflanzlicher Aufschnitt, Insektenbällchen, Alternative zu Joghurt auf Sojabasis, *In-vitro*-Fleisch, Haferdrink, Quorn-Geschnetzeltes, Alternative zu Rahm auf Sojabasis, pflanzliches Schnitzel, Seitan gehackt, Tofu und pflanzliche Bratwurst. Bis auf das *In-vitro*-Fleisch sind alle verwendeten Produkte in dieser Form im Schweizer Detailhandel erhältlich. Das Einordnen der Produkte erfolgte auf den Skalen von «Nicht konsumieren» bis «Konsumieren», «Ekel» bis «Genuss», «Unnatürlich» bis «Natürlich», «Ungesund» bis «Gesund» sowie «Nicht nachhaltig» bis «Nachhaltig».

Im Anschluss an die Einordnungsaufgaben wurden die Motive für oder gegen den Konsum von Alternativprodukten, welche die interviewte Person während des Interviews erwähnt hatte, präsentiert. In einem nächsten Schritt sortierte die interviewte Person die Motive auf einer Skala von «Contra» bis «Pro» ein und zeichnete Zielkonflikte zwischen den verschiedenen Motiven ein. Zum Abschluss des Interviews folgte ein Block mit Fragen zur Identität der interviewten Person. Dafür wurden projektive Verfahren gewählt, die es durch eine indirekte Befragung zulassen, nicht direkt zugängliche Einstellungen einer Person zu einem Untersuchungsgegenstand zu erfassen (eine Frage war z.B.: «Wie würden Sie typische Konsumentinnen und Konsumenten von Alternativprodukten zu Fleisch beschreiben?»). Ein Interview dauerte im Durchschnitt ca. 75 Minuten. Alle Interviews wurden durch zwei Personen durchgeführt, sodass eine Person die Fragen stellen konnte und die andere Person gegebenenfalls nachfragen und sich Notizen zu den Motiven der interviewten Person machen konnte.

7.2.1.3. Auswertung

Die Interviews wurden in der Software MAXQDA transkribiert, codiert und ausgewertet. Die Codierung und Auswertung der Transkripte erfolgten in Anlehnung an die thematische Analyse (Braun & Clarke, 2006). Die Transkripte wurden durch die drei Autorinnen des Kapitels codiert, die auch an der Durchführung der Interviews beteiligt waren. Dafür wurde basierend auf den Forschungsfragen (vgl. Kapitel 7.1.4) und dem Interviewleitfaden ein Codesystem erstellt (deduktives Vorgehen). Basierend auf diesem Codesystem codierten alle drei Codiererinnen das gleiche Interview. Anschliessend wurde das Codesystem gemeinsam besprochen und mit weiteren Codes ergänzt (induktives Vorgehen). Daraufhin wurde jedes Transkript von einer der Codiererinnen erstgelesen bzw. -codiert und danach von einer zweiten Codiererin zweitgelesen. Basierend auf den codierten Textstellen und Notizen erstellte jede Codiererin in MAXQDA ein Arbeitsblatt mit den wichtigsten Erkenntnissen pro Thema. Mithilfe dieses Datenmaterials definierten die Codiererinnen die wichtigsten Themen.

7.2.2. Themen

7.2.2.1. Nachhaltigkeit und Gesundheit sind ein Gefühl

Während Nährwerte und Umweltbilanzen für jedes Produkt berechnet werden können (vgl. Kapitel 4), bleiben Gesundheit und Nachhaltigkeit aus Sicht der Konsumentinnen und Konsumenten häufig ein Gefühl. Warum nehmen Sie dieses oder jenes Produkt als gesund oder nachhaltig war? Ein Konsument formulierte: «Bauchgefühl, muss ich sagen. Das, was für mich immer klar war ‹Das ist gesund›.» Die Beschreibung, dass Gesundheit und Nachhaltigkeit ein Gefühl sind, resultiert daraus, dass es viele Faktoren gibt, welche die Beurteilung beeinflussen. Der Grad der Verarbeitung, die Rohstoffe und deren Herkunft, die Länge der Zutatenliste, die Verpackung und die Ähnlichkeit zum Referenzprodukt sind alles Faktoren, welche zum Gesamteindruck – oder eben Gefühl – beitragen.

Um einen Überblick zu gewinnen und eine Aussage über die Gesundheit und Nachhaltigkeit von Produkten machen zu können, wenden Konsumentinnen und Konsumenten häufig Daumenregeln an, wie beispielsweise «je verarbeiteter, desto weniger gesund». **Tab. 7** gibt einen Überblick über verschiedene Daumenregeln, die im Rahmen der Interviews genannt wurden.

Für Konsumentinnen und Konsumenten ist es trotz Daumenregeln teilweise schwierig, den Überblick zu gewinnen. In solchen Fällen schliessen Konsumentinnen und Konsumenten auch aufgrund vom Marketing und Influencern auf die Gesundheit und Nachhaltigkeit eines Produktes. Ein Konsument antwortet auf die Frage, warum er ein Produkt als gesund beurteilt:

> «Ich weiss auch nicht. Blöd gesagt, von Instagram oder Influencern, die sagen, sie haben ihr Tofu-Schnitzel oder Ähnliches gegessen. Und die haben sehr gesund oder sportlich ausgesehen.»

Die Herausforderung, einen Überblick zu gewinnen, spiegelt sich auch im Wunsch nach mehr Orientierungshilfen seitens Hersteller und Detailhändler. Eine Konsumentin wünscht sich:

> «Es [Alternativprodukt] wird ja so beworben, dass es nachhaltiger ist. Dann müsste ja vorne auf der Packung ein Label drauf sein, das mir das sagt. Wie gross ist der CO_2-Abdruck, wie der Wasserverbrauch ist, wie viele Bienen gestorben sind usw. Ein Label, wo ich sehen kann, ob das Produkt jetzt nachhaltiger ist als der Burger, der aus dem Rindfleisch vom Hof im Emmental gemacht worden ist. Das, finde ich, fehlt noch. Die Information für den Verbraucher, um es selbst beurteilen zu können.»

Tab. 7: Beispiele Daumenregeln zur Beurteilung von Gesundheit und Nachhaltigkeit.

<table>
<tr><th>Effekt</th><th>Beschreibung</th><th>Zitate</th></tr>
<tr><td rowspan="2">Je weniger verarbeitet und je weniger Inhaltsstoffe, desto besser</td><td>Ein Grossteil der interviewten Konsumentinnen und Konsumenten berichtete, dass ein Produkt, das nicht stark verarbeitet ist, als gesünder, nachhaltiger und natürlicher wahrgenommen wird.</td><td>Gesünder: «Je unverarbeiteter, desto gesünder [...].»

Nachhaltiger: «Ich habe den Eindruck, dass alle industriell verarbeiteten und vorbereiteten Produkte nicht wirklich nachhaltig sind.»

Natürlicher: «Natürlich würde ich als ‹möglichst wenig weiterverarbeitet› definieren. Im Sinne von ‹gepflückt und gegessen›.»</td></tr>
<tr><td>Zudem: Wenige Inhaltsstoffe gelten als Anhaltspunkt für Gesundheit, Natürlichkeit und Nachhaltigkeit.</td><td>«Weil, eine lange Zutatenliste enthält oft auch Zusatzstoffe oder Konservierungsstoffe. Und ich habe manchmal den Eindruck, dass ich Mini-Medikamenten-Dosen esse, die nicht gut für meine Gesundheit sind, wenn ich zu viele verarbeitete Produkte esse. Also, es kommt auch auf die Länge der Zutatenliste an.»</td></tr>
<tr><td>Was ich häufig esse, ist natürlich, und was ich als natürlich wahrnehme, ist auch gesund</td><td colspan="2">Oft wurden diejenigen Produkte als natürlicher und entsprechend als gesünder und nachhaltiger beurteilt, welche die Konsumentinnen und Konsumenten häufig konsumieren. Dies kann damit erklärt werden, dass in Bezug auf das Essen ein positives Gefühl angestrebt wird. Dazu gehört auch, die eigene Ernährung so zu begründen, dass sie insgesamt ein sinnvolles Gesamtbild abgibt und den Konsumentinnen und Konsumenten ein positives Selbstbild erlaubt. Sich einzugestehen, dass diejenigen Produkte, welche man gerne und häufig isst, nicht natürlich, ungesund oder wenig nachhaltig sind, kann zu Unbehagen führen (auch kognitive Dissonanz). Anstatt den Widerspruch zu überprüfen und das Verhalten gegebenenfalls anzupassen, ist es einfacher, gewisse Informationen zu verdrängen oder anders zu interpretieren; siehe auch «Motivated Reasoning» (Kunda, 1990).</td></tr>
</table>

Effekt	Beschreibung	Zitate
	In den Interviews liess sich dementsprechend teilweise beobachten, dass diejenigen Produkte, auf welche eine Person nicht verzichten möchte, als natürlich angesehen werden.	«Das hat vielleicht auch etwas damit zu tun, weil ich zu Beginn gesagt habe, auf Milch möchte ich nicht und werde ich nicht verzichten. Vielleicht ist es auch rein deshalb, dass es für mich dann eher links [bei natürlich] kommt.»
	Natürlichkeit wurde dementsprechend auch als Annäherung an Gesundheit und Nachhaltigkeit erwähnt.	«[Natürlichkeit] ist schon relevant. Weil, es ist ein einfaches Mass dafür, was ich als gesünder und ungesünder einordne für meine Ernährung. Für mich sind die natürlicheren tendenziell gesünder als die anderen.»
Familiarity Bias	Je vertrauter (engl. «familiar») Konsumentinnen und Konsumenten mit Produkten sind, desto eher konsumieren sie diese und als desto natürlicher, gesünder und nachhaltiger nehmen sie diese wahr. Diese Vertrautheit kann über verschiedene Wege entstehen:	
	Kann ich von Auge erkennen, aus welchen Inhaltsstoffen ein Produkt besteht?	«[Natürlich wirkt es], wenn ich beispielsweise bei einem Gemüseplätzli noch Gemüsestücke erkennen kann, wie sie in der Natur auch vorkommen. […] Ich kann […] nicht durch reines Anschauen des Burgers herausfinden, was die Inhaltsstoffe sind.»
	Kann ich nachvollziehen, wie ein Produkt hergestellt wird?	«Bei diesen Produkten wieder, von denen ich weiss, wie sie hergestellt werden. Dort kann ich sagen, dass es nachhaltiger ist.»
	Steht das Produkt im Kochbuch?	«[Natürlich ist], dass es eine Zutat in einem Kochbuch ist. Tofu steht jeweils im Kochbuch, dass man es braucht, oder Falafel oder Quorn. […] Und Milch und Rahm können auch Zutaten in einem Kochbuch sein, woraus man etwas kocht. Das andere […] wäre dann halt ein Chicken, das wirklich eine echte Zutat ist, und nicht das Planted.»

Effekt	Beschreibung	Zitate
	Gibt es das Produkt schon lange?	«Und deshalb hat man das halt schon immer gemacht aus dem, was ein Garten hergibt. Traditionell und natürlich habe ich jetzt gerade mal frech parallelisiert.»
Die Verpackung steht für den Inhalt: grün und Karton = gut	Bei Unsicherheit über Gesundheit und Nachhaltigkeit wird z.T. auch die Verpackung beachtet.	
	Plastik = schlecht, Karton = gut	«Verpackung, wenn es viel Karton und wenig Plastik hat, entscheide ich mich eher dafür.»
	Grüne Verpackung = gesund und nachhaltig	«Zusätzlich ist es etwas blöd, aber sie nutzen grüne Farben und das gibt mir die Assoziation mit der Natur und ich würde es deswegen eher kaufen.»
Referenz-Halo-Effekt	Wenn Konsumentinnen und Konsumenten die Gesundheit und Nachhaltigkeit von Alternativprodukten beurteilen, nehmen sie teilweise Eindrücke, welche sie von den jeweiligen Referenzprodukten haben, und übertragen diese auf die Alternativprodukte.	
	Gesundheit	
	Ist das Referenzprodukt stark fetthaltig, wird dies auch dem Alternativprodukt zugeschrieben.	«Wenn es ein Original ersetzen soll, zum Beispiel hier den Aufschnitt, dann ist es auch recht fettig.»
	Milchprodukte sind gesund, also sind auch Milchproduktalternativen gesund.	«Ich habe einfach das Gefühl, dass alles, was so mit Käse, Milch, Butter, Rahm oder so, diese Sachen sind von mir aus gesehen gesund. Obwohl ich gesagt habe, das würde ich nicht nehmen, kann ich mir vorstellen, dass es gesund ist, weil es Käse ist, auch wenn es ein Ersatz ist.»

Effekt	Beschreibung	Zitate
	Nachhaltigkeit	
	Das Referenzprodukt wird als wenig transparent und wenig nachhaltig wahrgenommen. Dies überträgt sich auf das Alternativprodukt.	«[Den Aufschnitt nehme ich als weniger nachhaltig wahr als den Burger]. Weil hier [beim Burger] weiss ich, was sonst noch so drin ist. [...] Auch im normalen Aufschnitt hat es so viel Zeug drin – obschon ich es auch esse.»
	Geschmack	
	Wenn das Referenzprodukt nicht schmeckt, schmeckt auch die Alternative nicht.	«Das assoziiere ich mit dem tierischen Original. Dort habe ich auch keine Lust auf Aufschnitt [...].»
	Wenn das Referenzprodukt schmeckt, schmeckt auch die Alternative.	«Am liebsten esse ich Fleischkäse und der schaut für mich ähnlich aus, daher kann ich mir vorstellen, dass der sehr gut schmeckt.»
Je ähnlicher zum Referenzprodukt, desto weniger Fokus auf Gesundheit und Nachhaltigkeit	Mit zunehmender Anzahl an Zielen, die mit einem Produkt erreicht werden möchten, nimmt die Instrumentalität dieses Produkts in Bezug auf die einzelnen Ziele ab; siehe auch «Dilution Model» (Zhang et al., 2007). Diese Ansicht wurde auch gegenüber Alternativprodukten geäussert. Ein Alternativprodukt verfolgt mehrere Ziele: Es soll aussehen wie das Referenzprodukt. Zusätzlich soll es nachhaltig, gesund und lecker sein. Für das Ziel, dem Referenzprodukt möglichst nahezukommen, wird bereits viel Energie aufgewendet. Die weiteren Ziele wie Gesundheit, Nachhaltigkeit und Geschmack werden dann als sekundär wahrgenommen.	«[...] weil ich hier vermute, dass es eine hohe Verarbeitung braucht, dass man mehr Energie aufwendet, dass es aussieht, wie etwas anderes, wo man 17 Tricks braucht. Hier noch ein, was weiss ich, irgendein Verdickungs- oder Geliermittel oder einen Farbstoff. Ich kann mir vorstellen, dass der Preis, dass es aussieht wie etwas, ist, dass es dann eben nicht gesünder ist.»

Effekt	Beschreibung	Zitate
Ambiguitätseffekt	Wir mögen keine Ungewissheit und neigen daher eher dazu, eine Option zu wählen, bei der die Wahrscheinlichkeit für ein günstiges Ergebnis bekannt ist (Frisch & Baron, 1988).	
	Die Unsicherheit, ein leckeres Essen zu erhalten, wird bei Alternativprodukten als grösser angesehen. Bei Fleisch ist die Wahrscheinlichkeit für ein günstiges Ergebnis bekannt.	«Fleisch schmeckt überall gleich. Manchmal gibt es Alternativen, welche superlecker sind, andere sind nicht so gut. Gerade, wenn ich sie nicht kenne oder in den Ferien bin, wäre ich mir nicht sicher, was mich erwartet. Rindsburger sind recht ähnlich in allen Ländern in den Läden. Aber der Geschmack der pflanzlichen Alternativen variiert recht stark je nach Produzent, Region, allgemein allem.»
	Bei Alternativprodukten sind die langfristigen Auswirkungen noch unklar und lösen so eine Unsicherheit aus.	«Gerade bei ganz neuen Sachen weiss man ja nicht, wie sich das längerfristig auf die Gesundheit auswirkt. Kurzfristig muss man sicher keine Angst haben, dass es krank macht. Aber es kann ja sein, gerade bei fest verarbeiteten Produkten, dass man erst nach 20, 30, 50 Jahren merkt, dass es nicht so gesund ist.»

7.2.2.2. Es gibt unterschiedliche Gründe für das Ausprobieren vs. den wiederholten Konsum sowie Zielkonflikte

Abb. 9 fasst zusammen, weshalb die interviewten Konsumentinnen und Konsumenten auf Fleisch- und Milchproduktalternativen aufmerksam wurden, erwogen sie auszuprobieren und sie ausprobierten sowie welche Gründe für oder gegen den wiederholten Konsum von Alternativprodukten sprechen.

Für den wiederholten Konsum scheint es wichtig zu sein, dass eine positive Erfahrung mit einem Alternativprodukt gemacht wurde. Dabei steht der Geschmack im Zentrum. Eine Konsumentin sagte: «Es muss mir als Erstes schmecken. Wenn es mir nicht schmeckt, kaufe ich es sicher nicht nochmals.» Bei der Zufriedenheit mit dem Geschmack spielen Erwartungen eine Rolle. Oft erwarten Konsumentinnen und Konsumenten bei Alternativprodukten einen ähnlichen Geschmack wie bei den Referenzen, was zu einer negativen Beurteilung führen kann. Ein Konsument formulierte:

> «Wenn es aussieht wie Fleisch, dann erwarte ich auch, dass es wie Fleisch schmeckt, wenn ich es esse. Und dass es die Konsistenz hat wie Fleisch. Wenn ich reinbeisse und die Konsistenz anders ist, bin ich vielleicht enttäuscht und sage: ‹Jetzt habe ich gemeint, ich esse eine Bratwurst. Und es ist zwar nicht schlecht. Aber es ist einfach keine Bratwurst.›»

Eine negative Erfahrung kann Konsumentinnen und Konsumenten im Weg stehen, ein Alternativprodukt nach wenigen Jahren erneut zu konsumieren, obwohl es in der Zwischenzeit Veränderungen gab. Einige interviewte Personen beschrieben eine positive Entwicklung von Alternativprodukten über die Zeit hinweg. Das Angebot sei stark gewachsen und vielfältiger geworden. Hierbei wurde aber ein starker Stadt-Land-Unterschied erwähnt. Ein Konsument meinte:

> «[...] in den Sportstadien [...] gibt es mittlerweile wirklich pflanzliche Burger. [...] in den Städten ist das eigentlich wie eine Selbstverständlichkeit. Also den Land-Stadt-Gegensatz empfinde ich als sehr, sehr stark. Oder dass es [...] in ländlichen Migros weniger solche Produkte gibt als in den städtischen Migros.»

Eine negative Erfahrung führt aber nicht bei allen Personen zur Abkehr von Alternativprodukten. Insbesondere unter vegetarisch oder vegan lebenden Personen gibt es die Strategie «Durchtesten», bis ein Produkt gefunden wird, das gut schmeckt.

Bezüglich Motiven, die für den Konsum von Alternativprodukten sprechen, wurden Gesundheit und Nachhaltigkeit häufig genannt. Jedoch wurde insbesondere bei der Nachhaltigkeit erwähnt, dass diese meist nicht ausschlaggebend bei der Lebensmittelwahl sei:

> «Also, in der idealen Welt ist [Nachhaltigkeit] sehr entscheidend. Und in der realen Welt höre ich zu wenig darauf. Es ist wieder das. Also, ich finde, es sollte sehr entscheidend sein. Also, neben Tierwohl und Gesundheit. Aber ich bin ein Opfer von meinen Konsumgewohnheiten und greife immer wieder daneben.»

Das Tierwohl wurde in den Interviews ebenfalls als Grund genannt, Alternativen zu tierischen Produkten zu konsumieren. Dabei spielt der Gedanke der «Gleichwertigkeit» eine Rolle. Das Alternativprodukt muss als vollwertiger Ersatz wahrgenommen werden, ansonsten werden andere Möglichkeiten gesucht, um dem Tierwohl möglichst gerecht zu werden, zum Beispiel regionales Bio-Fleisch.

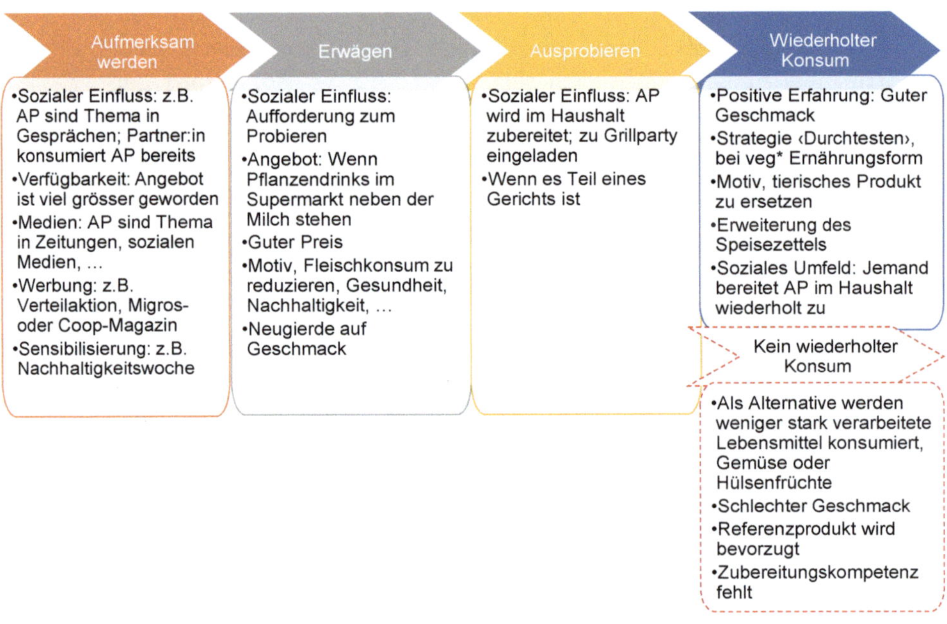

Abb. 9: Customer Journey mit Gründen für das Ausprobieren sowie für und gegen den wiederholten Konsum von Alternativprodukten (AP).

Der Preis spielt ebenfalls eine wesentliche Rolle. Als Anstoss oder Motivation, um Alternativprodukte zu Hause zu probieren, wurden Aktionen im Detailhandel genannt. Alternativprodukte werden als teuer wahrgenommen. Es wurde die Meinung geäussert, dass Alternativprodukte oder vegetarische Gerichte billiger sein sollten als Fleisch. Eine Konsumentin sagte:

> «Fleisch kann man sehr billig kaufen und die Alternativprodukte sind viel teurer. Wenn jemand kein Geld hat, kann er zwar sagen: ‹ich möchte mehr fürs Tierwohl tun, aber kann mir das Alternativprodukt nicht leisten.› Das finde ich ein recht grosses Problem. Es ist eigentlich ein Luxusprodukt. Es ist schon teuer – wie ein gutes, regionales Bio-Fleisch.»

Bestehende Gewohnheiten wurden auch als Einflussfaktor auf den Konsum von Alternativprodukten genannt. Gewohnheiten können sowohl für als auch gegen den Konsum von Alternativprodukten sprechen. Weiter wurde in einigen Interviews über Kindheitserinnerungen gesprochen, die sich auf den heutigen Konsum von Alternativprodukten auswirken. Zum Beispiel wird pflanzlicher Aufschnitt konsumiert, weil man als Kind positive Erfahrungen mit Aufschnitt gemacht hat. Eine starke Gewohnheit ist es, Milchprodukte aus Kuhmilch zu konsumieren. Diese Gewohnheit wurde oft als Grund gegen den Konsum von Milchproduktalternativen genannt.

Zwischen diesen und weiteren Motiven nehmen Konsumentinnen und Konsumenten Zielkonflikte wahr. Folgende Zielkonflikte wurden in den Interviews identifiziert (vgl. **Abb. 10** und **Tab. 8**).

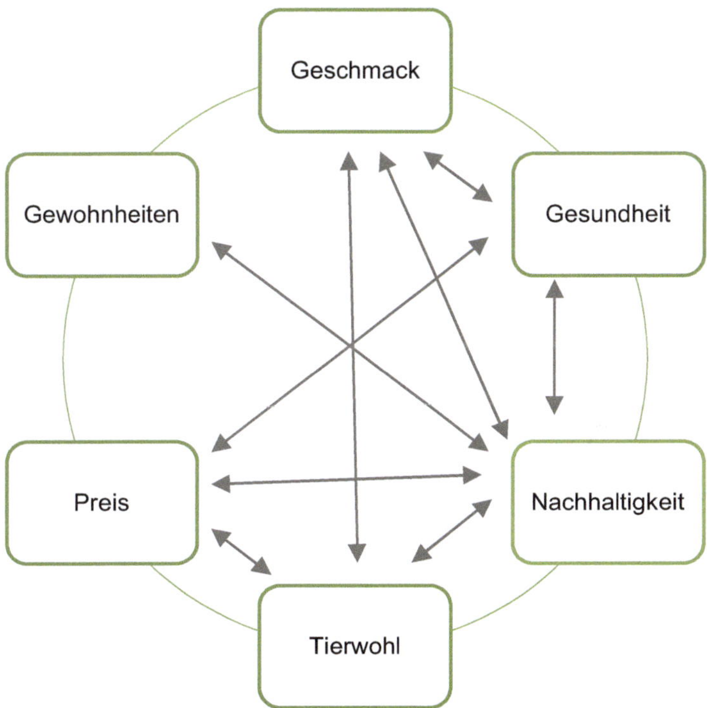

Abb. 10: Motive und Zielkonflikte in Bezug auf den Konsum von Alternativprodukten.

Tab. 8: Zielkonflikte zwischen den wichtigsten Motiven.

Zielkonflikt	Beschreibung
Geschmack vs. Gesundheit, Nachhaltigkeit und Tierwohl	Wenn ein Produkt als ungesund, nicht nachhaltig oder schlecht für das Tierwohl wahrgenommen wird, aber gut schmeckt, entsteht ein Zielkonflikt.
Gesundheit vs. Nachhaltigkeit und Preis	Wenn sich Konsumentinnen und Konsumenten nachhaltig ernähren möchten, aber nicht wissen, welche gesundheitlichen Auswirkungen Alternativprodukte haben, entsteht ein Zielkonflikt. Zudem entsteht ein Zielkonflikt dadurch, dass als gesund wahrgenommene (Alternativ-)Produkte oftmals als teuer wahrgenommen werden.
Nachhaltigkeit vs. Tierwohl, Preis und Gewohnheiten	Obwohl Alternativprodukte oft als gut für das Tierwohl wahrgenommen werden, werden sie nicht auch automatisch als nachhaltig wahrgenommen (v.a. aufgrund des Transportes und Unsicherheit bezüglich Herkunft der Inhaltsstoffe). Nachhaltige Produkte werden zudem oft als teuer wahrgenommen und ihr Konsum hat sich bei vielen noch nicht als Gewohnheit etabliert.
Tierwohl vs. Preis	Produkte, die als gut für das Tierwohl wahrgenommen werden, werden oft auch als eher teuer wahrgenommen.

7.2.2.3. Die Präferenz für die Ähnlichkeit zum Referenzprodukt hängt von der Zielgruppe ab

Wie ähnlich sollen die Alternativprodukte zu ihren Referenzprodukten sein? Über diese Frage wurde in den Interviews viel diskutiert. Ob eine Ähnlichkeit zwischen Referenz- und Alternativprodukt gewünscht wird, unterscheidet sich zwischen den Konsumentinnen und Konsumenten stark. Auf Basis der Interviews und der folgenden Fragen wurden vier Typen festgestellt (vgl. **Abb. 11**).

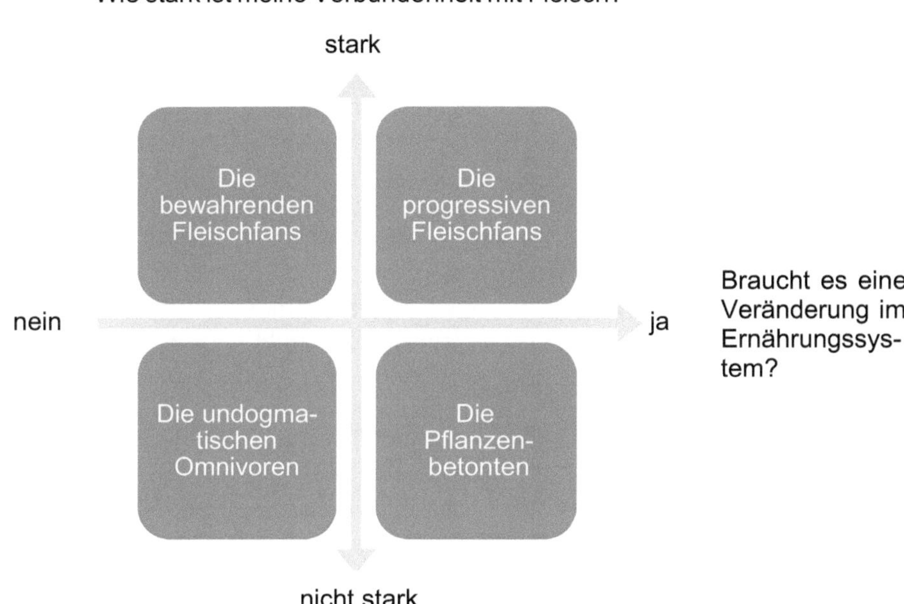

Abb. 11: Vier Typen mit unterschiedlichen Bedürfnissen im Hinblick auf die Ähnlichkeit von Alternativ- und ihren Referenzprodukten.

1. *Braucht es eine Veränderung in unserem Ernährungssystem?* Essgewohnheiten sind sehr individuell und auch kulturell geprägt. Unsere Ernährung ist aber auch mit negativen sozialen, gesundheitlichen und ökologischen Auswirkungen verbunden. Sehe ich einen Grund, mein Verhalten anzupassen?

2. *Wie stark ist meine Verbundenheit mit Fleisch?* Die Verbundenheit mit Fleisch, engl. «meat attachment» (Graça et al., 2015b), ist ein Grund, warum Fleisch konsumiert wird und welcher dem Konsum von Alternativprodukten im Weg steht.

Die bewahrenden Fleischfans

Die bewahrenden Fleischfans haben eine starke Verbundenheit mit Fleisch und sehen wenig oder keinen Bedarf für eine Veränderung im Ernährungssystem. Der Fokus bei den bewahrenden Fleischfans liegt stark auf dem Genuss von Fleisch und sie sehen keinen Grund, etwas zu ersetzen, was ihnen so gut schmeckt: «Es ist einfach ein Ersatz für etwas, was ich gar nicht ersetzt haben möchte.» Sie orientieren sich stark an bestehenden Gewohnheiten, und erachten ihre herkömmlichen Ernährungsgewohnheiten als natürlich und normal, während Alternativprodukte als künstlich, nicht normal oder gar als «falsch» beurteilt werden: «Und das hier mit Insekten [...] gehört für mich nicht in die menschliche Ernährung. Weil, wir sind keine Insekten-essenden Kreaturen.»

Alternativen, welche herkömmlichem Fleisch sehr ähnlich sind, stossen mitunter sogar auf starke Ablehnung. Eine Imitation des aus ihrer Sicht originalen Produkts entspricht nicht der gewohnten Kategorisierung: «Für mich ist es einfach etwas, was nicht so aussehen darf, wie es eigentlich müsste, wenn es das Original ist.» Dies geht so weit, dass das Alternativprodukt als nicht zulässig angesehen wird:

> «Und eben die Bratwurst (seufzt), da müsste ich vermutlich den Metzger fragen, wo er seine Fähigkeitsprüfung gemacht hat [...] was er für einen Experten hatte, weil, so etwas würde ich jetzt nicht durchgehen lassen, oder?»

Teilweise kommt durch eine starke Ähnlichkeit zwischen Alternativ- und Referenzprodukt sogar ein Gefühl des Betrugs auf:

> «Ich bin mir nicht sicher, ob ich mich fast etwas, wie soll ich sagen, nicht betrogen fühle, aber ich finde, das ist zu viel.»

Wenn die bewahrenden Fleischfans ihren Fleischkonsum reduzieren würden, dann nicht mit Alternativprodukten, sondern beispielsweise mit mehr Gemüse.

Die progressiven Fleischfans

Die progressiven Fleischfans mögen Fleisch ebenfalls sehr und eine Umstellung ihrer Ernährungsgewohnheiten fällt ihnen schwer. Geschmack und Genuss sind für sie ebenfalls zentral. Sie sehen jedoch gleichzeitig auch einen Veränderungsbedarf im Ernährungssystem. Als mögliche Lösung sehen sie technologische Innovationen und sind innovativen Produkten (z.B. *In-vitro*-Fleisch) gegenüber sehr offen und neugierig. Je ähnlicher Alternativprodukte an den Geschmack und die Sensorik der Referenzprodukte herankommen, desto besser. Je weniger die eigenen Gewohnheiten angepasst werden müssen, desto einfacher. Alternativprodukte, welche die Referenzprodukte möglichst genau imitieren, erlauben so eine Reduktion des Fleischkonsums ohne zu grossen Verzicht und Änderungen. Oder wie es ein Konsument ausdrückte:

> «Ich finde das eigentlich noch gerissen, dass es da solche Produkte gibt, wo man eigentlich seine Fleischeslust ethisch sauber befriedigen kann.»

Die undogmatischen Omnivoren

Die undogmatischen Omnivoren sehen keinen grossen Veränderungsbedarf im Kontext des Ernährungssystems, haben aber auch nicht eine so starke Verbundenheit mit Fleisch wie die ersten beiden Gruppen. Geschmack und Genuss stehen wie bei den obigen Gruppen bei der Auswahl von Lebensmitteln an oberster Stelle, der Preis ist ebenfalls wichtig. Je nach Situation wählt die Person dann ein Menü mit Fleisch oder mit einem Alternativprodukt. Dies zeigt, dass der Konsum von Alternativprodukten häufig durch äussere Umstände initiiert wird, beispielsweise durch das Angebot in der Kantine.

> «[Ich würde eine Fleischalternative probieren.] Zum einen, um es mal auszuprobieren, wie es ist. Und dann eben zum anderen einfach, weil das das beste Menü ist, zum Beispiel wegen den Beilagen oder dem Gemüse.»

Ob Alternativprodukte erneut konsumiert werden, hängt vom Geschmack, der Verfügbarkeit und dem Preis ab: Überzeugt alles, so steht dem Wiederkonsum nichts im Weg. Ob das Alternativprodukt ähnlich zum Referenzprodukt ist, ist zweitrangig. Die undogmatischen Omnivoren hegen keine besonderen Emotionen gegenüber Fleisch und auch nicht gegenüber Alternativprodukten.

Die Pflanzenbetonten

Die Pflanzenbetonten haben keine starke Verbundenheit mit Fleisch und sehen klar einen Veränderungsbedarf im Ernährungssystem. Häufig sind dies vegetarisch oder vegan lebende Personen. Eine zu starke Ähnlichkeit zu herkömmlichen Fleischprodukten löst schnell Ekel aus.

Alternativprodukte, welche nicht direkt ein Referenzprodukt imitieren, wie Tofu oder Gemüseplätzchen, werden bevorzugt. Auch bezüglich Namen werden Produkte bevorzugt, welche nicht zu stark an Fleisch erinnern:

> «Hier sehe ich ein Stängeli, welches mit Bratwurst angeschrieben ist. Man sagt, es sei eine pflanzliche Bratwurst. Ich finde, das braucht es nicht. Es muss doch nicht heissen und aussehen wie ein Fleischprodukt.»

Alternativprodukte, welche dem Referenzprodukt stark ähneln, werden höchstens in sozialen Settings konsumiert:

> «Den Burger habe ich wahrscheinlich gekauft, weil ich zu einer Grillparty eingeladen worden bin und alle Fleisch dabeihatten. Dann habe ich mir auch etwas ‹Fleischähnliches› gekauft.»

Während Alternativprodukte mit zu grosser Ähnlichkeit zum Referenzprodukt auf Ablehnung stossen und teilweise als nicht notwendig angesehen werden, sieht die Gruppe der Pflanzenbetonten die wachsende Anzahl an Alternativprodukten aber auch als Chance auf eine Erweiterung ihres Speisezettels. Zudem werden Alternativen auch gerne als Proteinlieferant genutzt und spezifisch danach ausgesucht.

7.2.2.4. Milchproduktalternativen als «kleine Schwester» der Fleischalternativen

Während Fleischalternativen bei den interviewten Personen teilweise Skepsis auslösten, standen Milchproduktalternativen weniger im Fokus der Gespräche. Im Gegensatz zu Fleischalternativen, bei denen die Ähnlichkeit zum Referenzprodukt in den Interviews oftmals als negativ beurteilt wurde, wurde die Ähnlichkeit von Milchproduktalternativen zu ihrem jeweiligen Referenzprodukt als eher positiv beurteilt. Von Milchproduktalternativen werden ein ähnliches Aussehen und ähnliche Eigenschaften erwartet, sodass diese als Zutat gleich verwendet werden können wie ihre Referenzprodukte. Ein Konsument erklärte:

> «Wenn man mit dem [pflanzlichen] Rahm jetzt irgendwie etwas kochen würde, dann könnte man das schon mehr oder weniger als Eins-zu-eins-Ersatz nehmen. Also, klar schmeckt es vielleicht etwas anders. Aber vom Gebrauch finde ich es jetzt schon gleich.»

Die hohe visuelle Ähnlichkeit von Milchproduktalternativen zu den Referenzprodukten stösst oftmals auch auf weniger Reaktanz, da der Begriff «Milch» für die interviewten Personen nicht so stark durch ein tierisches Produkt «besetzt ist» wie beispielsweise «Wurst»:

> «Beim Fleisch habe ich das Gefühl, man probiert irgendeine Imitation. Und bei der Milch, man sagt ja vielen Sachen Milch. [...] Milch ist von der Definition her ja einfach etwas Weisses, Flüssiges.»

Durch die hohe Ähnlichkeit schlossen die interviewten Personen bei Milchproduktalternativen oftmals auf einen ähnlichen Herstellungsprozess wie bei den Referenzprodukten und nahmen die Milchproduktalternativen deshalb als weniger verarbeitet und natürlicher wahr als die Fleischalternativen. Dies spiegelt sich in Aussagen wie:

> «Eine Milch ist einfach eine weisse Flüssigkeit. [...] Irgendwas wurde gequetscht, in dem Fall, und dann ist Milch herausgekommen. Das ist für mich nur eine kleine Umwandlung von einem original natürlichen Produkt. Hingegen beim Aufschnitt, bis der so aussieht, muss noch Farbe rein und weiss ich nicht was.»

Eine Ausnahme innerhalb der Milchproduktalternativen stellt die Käsealternative dar. Für die interviewten Personen war es oftmals unklar, wie ein pflanzlicher Käse hergestellt wird. Der Verzicht auf Käse wird teilweise als zu grosse Einschränkung wahrgenommen und Käse gilt für einige als eine Art «geschützter Schweizer Wert».

Im Vergleich zu Fleischalternativen wurden Milchproduktalternativen von den interviewten Personen oftmals als gesünder beurteilt. Die Motive der Nachhaltigkeit und des Tierwohls stehen bei Milchproduktalternativen weniger im Fokus als bei Fleischalternativen. Beim Stichwort «Tierwohl» dachten die befragten Konsumentinnen und Konsumenten oftmals eher an Tiere, die zum Verzehr geschlachtet werden, als an Tiere, die zur Produktion von Milch gehalten werden. Beim Zusammenhang zwischen Nachhaltigkeit und Milchproduktalternativen wurde oftmals die Regionalität von Lebensmitteln thematisiert. Zum einen wird die Schweiz von vielen als Grasland angesehen, in welchem es viele Kühe hat und die Milch deshalb aus der Nähe kommt und nachhaltiger ist. Andererseits werden Milchproduktalternativen oftmals mit Soja und der Abholzung von Regenwäldern in Brasilien in Verbindung gebracht.

Im Gegensatz zu Fleischalternativen werden Milchproduktalternativen eher mit der veganen Ernährungsweise und einem gewissen Lebensstil in Verbindung gebracht. Ein Konsument beschrieb Sojadrink als «Kulturmarker»:

> «Bei Milchalternativen ist meine Assoziation irgendwie jede WG in Berlin, wo man am Morgen Milch sucht und dann findet man im Kühlschrank nur Sojamilch. [...] Das sind so Kulturmarker [...].»

7.2.3. Fazit und offene Fragen

In den qualitativen Interviews konnten die im Kapitel 7.1.4. formulierten offenen Fragen in der Tiefe mit Schweizer Konsumentinnen und Konsumenten besprochen werden. Als Erkenntnisse ergaben sich daraus, dass 1) die Nachhaltigkeit und die Gesundheit von Alternativprodukten für Konsumentinnen und Konsumenten schwierig zu beurteilen sind und daher als Gefühl beschrieben werden können, 2) sich die Gründe für das Ausprobieren und den wiederholten Konsum von Alternativprodukten unterscheiden und Zielkonflikte zwischen Motiven in Bezug auf den Konsum von Alternativprodukten bestehen, 3) die Präferenz für die Ähnlichkeit von Alternativprodukten zu ihren Referenzprodukten von der Zielgruppe abhängt und 4) Milchproduktalternativen weniger im Fokus von Konsumentinnen und Konsumenten stehen als Fleischalternativen.

Um diese Erkenntnisse breiter abstützen zu können, wurde eine Online-Umfrage mit einer für die Schweiz repräsentativen Stichprobe durchgeführt. Eine solche quantitative Umfrage ermöglicht es zudem, bisherige Erkenntnisse aus dem Bericht zu erweitern und in Zusammenhang zu setzen: Entsprechen die intuitiven Nachhaltigkeits- und Gesundheitsbeurteilungen von Konsumentinnen und Konsumenten den Berechnungen zur Nachhaltigkeit und Gesundheit aus Kapitel 5? D.h., können Konsumentinnen und Konsumenten die Nachhaltigkeit und Gesundheit von Alternativprodukten richtig beurteilen? Und konsumieren Konsumentinnen und Konsumenten Alternativprodukte, welche sie als nachhaltig oder gesund beurteilen, auch tatsächlich eher? Dazu wurden die folgenden weiterführenden Forschungsfragen formuliert:

1. Wie hängt die durch Konsumentinnen und Konsumenten beurteilte Gesundheit von Alternativprodukten mit einem berechneten Gesundheitswert zusammen?
2. Wie hängt die durch Konsumentinnen und Konsumenten beurteilte Nachhaltigkeit von Alternativprodukten mit einem berechneten Nachhaltigkeitswert zusammen?
3. Wie hängt die durch Konsumentinnen und Konsumenten beurteilte Gesundheit und Nachhaltigkeit von Alternativprodukten mit der Konsumbereitschaft zusammen?

7.3. Quantitative Umfrage

Um die ersten Erkenntnisse aus den qualitativen Interviews breiter abzustützen und die weiterführenden Forschungsfragen zu untersuchen, wurde eine quantitative Online-Umfrage mit einer für die Schweiz repräsentativen Stichprobe durchgeführt.

7.3.1. Methode

Teilnehmende

Die Teilnehmenden wurden über das Online-Panel von Bilendi rekrutiert, wobei Bilendi auch für die Entschädigung der Teilnehmenden verantwortlich war. Es wurden Quoten festgelegt, um eine repräsentative Stichprobe der Schweizer Bevölkerung in Bezug auf Alter, Geschlecht und Sprachregion (deutsch vs. französisch) zu erhalten. Von den 1088 Teilnehmenden, welche die Umfrage vollständig beantwortet hatten, wurden alle Teilnehmenden ausgeschlossen, welche die Umfrage in weniger als der Hälfte der medianen Zeit ausgefüllt hatten (n = 54). Die finale Stichprobe bestand somit aus 1034 Teilnehmenden (50,8% Frauen, 74,2% deutschsprachig). Das Alter der Teilnehmenden reichte von 18 bis 74 Jahre, wobei der Mittelwert bei 45,9 Jahren lag (SD = 15,1).

Ablauf

Nach dem Beantworten der Quotenfragen wurden die Teilnehmenden gebeten, 15 Fleisch- und Milchproduktalternativen (gleiche Produkte, wie bei den Interviews verwendet wurden, vgl. **Tab. 9**) auf drei Dimensionen einzuordnen:

- Konsumbereitschaft von 0 («nicht konsumieren») bis 100 («konsumieren»)
- Gesundheit von 0 («nicht gesund») bis 100 («gesund»)
- Nachhaltigkeit von 0 («nicht nachhaltig») bis 100 («nachhaltig»)

Die Begriffe «gesund» und «nachhaltig» wurden dabei nicht weiter spezifiziert, damit untersucht werden konnte, wie gut die intuitiven Beurteilungen von Konsumentinnen und Konsumenten mit objektiven Berechnungen korrelieren. Dieses Vorgehen widerspiegelt reale Kaufsituationen, in denen Konsumentinnen und Konsumenten Produkte intuitiv unter der Anwendung von Daumenregeln (vgl. **Tab. 7**) beurteilen. Der Startpunkt war auf jeder Dimension und bei allen Produkten immer bei 50 festgelegt, sodass Teilnehmende, die einen Extrempunkt (0 oder 100) anwählen wollten, aktiv diesen Extrempunkt anwählen mussten. Die Reihenfolge der Produkte wurde den Teilnehmenden pro Aufgabe randomisiert angezeigt. Im Anschluss an die Beurteilungsaufgaben beantworteten die Teilnehmenden allgemeine Fragen zu Alternativprodukten (Erfahrungen, Häufigkeit Konsum, Einstellung zur Ähnlichkeit), Fragen zu individuellen Charakteristiken (Ernährungsweise, Veränderungsbereitschaft) und zu weiteren demografischen Merkmalen.

Material

Nährwertdichte: Um die Gesundheitsbeurteilungen der Teilnehmenden mit einem berechneten Gesundheitswert zu vergleichen, wurde die Nährwertdichte als Annäherung verwendet. Es wurde für jedes Produkt ein NRF10.3-Wert (pro 100g) benutzt (vgl. Kapitel 4 und 5, sowie **Tab. 11** im Annex).

Globales Treibhauspotenzial: Wie in Kapitel 4.2.1. dargestellt, gibt es verschiedene Umweltwirkungskategorien, die für die Berechnung von Umweltbilanzen verwendet werden. Um die Nachhaltigkeitsbeurteilungen der Teilnehmenden mit einem berechneten Nachhaltigkeitswert zu vergleichen, wurde als Annäherung das globale Treibhauspotenzial (kg CO_2-Äquivalente pro kg Produkt) verwendet, da dies die am häufigsten berichtete Umweltwirkung ist (vgl. Kapitel 4 und 5 sowie **Tab. 12** im Annex).

7.3.2. Resultate

7.3.2.1. Eigenschaften der Stichprobe

Ernährungsweise

Der grösste Teil der Befragten (70,7%) verfolgt keine besondere Ernährungsgewohnheit. Ein Fünftel (21,2%) beschreibt sich als flexitarisch, d.h., diese befragten Personen reduzieren den Verzehr von (tierischen) Fleischerzeugnissen aktiv, streichen sie aber nicht vollständig aus ihrer Ernährung. 4,9% ernähren sich vegetarisch und 1,3% ernähren sich vegan. 2% gaben an, eine andere Ernährungsweise zu verfolgen.

Tab. 9: 15 Fleisch- und Milchproduktalternativen.

Pflanzlicher Aufschnitt	Seitan gehackt	Pflanzlicher Burger	Pflanzliche Chicken Chunks
Pflanzliche Bratwurst	Pflanzliches Schnitzel	Quorn-Geschnetzeltes	Insektenbällchen
Tofu	Pflanzliche Alternative zu Joghurt auf Sojabasis	Kultiviertes Fleisch	Falafel
Haferdrink	Käsealternative	Alternative zu Rahm auf Sojabasis	

Bisherige Erfahrungen mit Fleisch- und Milchalternativen

Mit 87% hat ein Grossteil der Befragten bereits mindestens einmal eine Alternative zu Fleisch und/oder zu einem Milchprodukt ausprobiert. Dies bedeutet aber nicht automatisch, dass die Produkte danach auch regelmässig konsumiert werden. Ein substanzieller Teil der Befragten, die mindestens einmal eine Alternative ausprobiert haben, konsumieren Alternativprodukte selten oder nie (41,8% bei Fleischalternativen und 46,4% bei Milchproduktalternativen). Etwas weniger als ein Drittel konsumiert sowohl Fleisch- (28%) als auch Milchproduktalternativen (30,4%) mit mindestens einmal pro Woche regelmässig, während ein weiteres knappes Drittel sporadisch mit ein- bis dreimal pro Monat zu Alternativprodukten greift (30,2% bei Fleisch-, 23,3% bei Milchproduktalternativen).

Ähnlichkeit zwischen Alternativ- und Referenzprodukten

Die Befragten bewerteten, wie negativ oder positiv sie die Ähnlichkeit eines Alternativproduktes zu herkömmlichen Fleisch- und Milchprodukten wahrnehmen. Die Resultate unterstützen die Erkenntnis aus den Interviews, dass die Präferenz für die Ähnlichkeit zum Referenzprodukt nicht eindeutig ist und von der Zielgruppe abhängt (vgl. 7.2.2.3.). Jedoch zeigt sich auch hier die Tendenz, dass Milchproduktalternativen als «kleine Schwester» der Fleischalternativen wahrgenommen werden (vgl. 7.2.2.4.): Die Ähnlichkeit bei Fleischalternativen stösst bei mehr Befragten auf Ablehnung als bei Milchproduktalternativen. Umgekehrt wird die Ähnlichkeit bei Milchproduktalternativen von mehr Befragten als positiv bewertet als bei Fleischalternativen (vgl. **Abb. 12**).

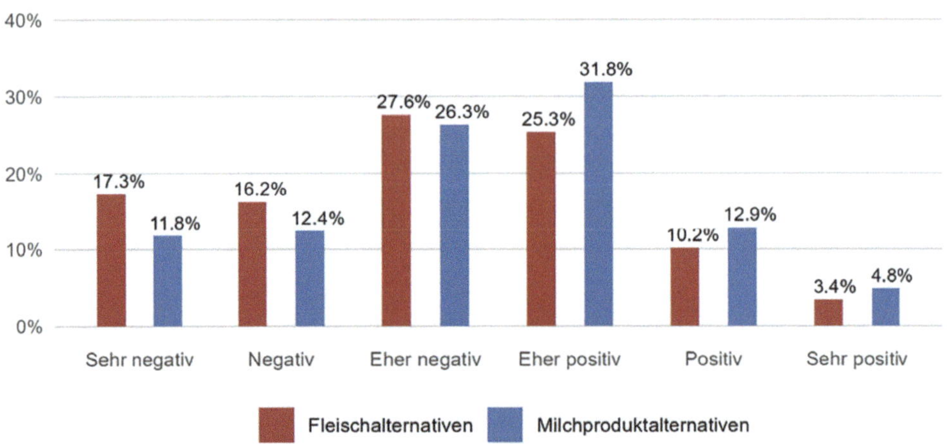

Abb. 12: Antworten auf die Frage «Als wie negativ oder positiv nehmen Sie die Ähnlichkeit eines Alternativproduktes zu herkömmlichen Fleischprodukten (Milchprodukten) wahr?», *N* = 1034 pro Frage. Die Ähnlichkeit wird bei Fleischalternativen negativer wahrgenommen als bei Milchproduktalternativen (t = 9,43, p < 0,001).

Veränderungsbereitschaft

Die Befragten beurteilten ihre Veränderungsbereitschaft bezüglich ihres Fleisch- und Milchproduktkonsums. Dabei konnten sie dasjenige Stadium einer möglichen Verhaltensänderung wählen, welches ihre aktuelle Situation am besten beschreibt. Im ersten Stadium sehen Personen keine Notwendigkeit, ihr Verhalten zu ändern. Im nächsten Stadium machen sich Personen erste Gedanken, es folgen vage Pläne, bis am Schluss eine Verhaltensänderung erfolgt (siehe auch «Stages of Change», z.B. Prochaska & Velicer, 1997). Auch hier lässt sich die Tendenz, dass Milchproduktalternativen als «kleine Schwester» der Fleischalternativen wahrgenommen werden (vgl. 7.2.2.4.), beobachten. Während über die Hälfte der Befragten keine Notwendigkeit sieht, den Konsum von Milchprodukten zu reduzieren, ist dies beim Fleischkonsum weniger als ein Drittel. Umgekehrt haben 37,7% ihren Fleischkonsum bereits reduziert, während dies bei Milchprodukten nur 20% sind (vgl. **Abb. 13**).

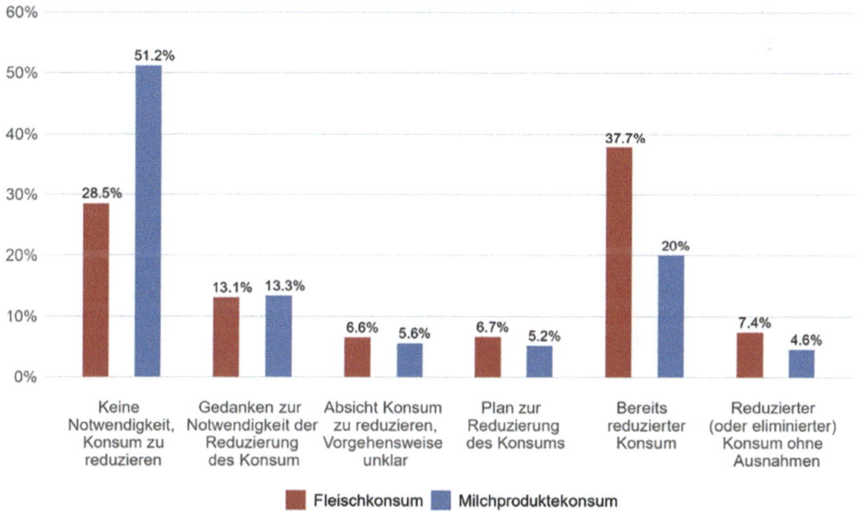

Abb. 13: Antworten auf die Aufforderung «Folgend finden Sie sechs Aussagen zur Reduktion Ihres Fleischkonsums (Milchproduktkonsums). Bitte wählen Sie diejenige Aussage aus, die am ehesten auf Sie zutrifft.», N = 1034 pro Frage.

7.3.2.2. Bewertung der 15 Alternativprodukte

Die 15 Alternativprodukte (vgl. **Tab. 9**) wurden von den Teilnehmenden zuerst danach eingeordnet, wie gerne sie ein einzelnes Produkt konsumieren möchten. Bei allen 15 Produkten gibt es keine eindeutige Antwort und es ist von sehr negativen bis sehr positiven Beurteilungen alles dabei (vgl. **Abb. 14**). Der hohe Anteil an Teilnehmenden, welche die Produkte mit einem der beiden Extrempunkte (0 oder 100) beurteilt haben, verdeutlicht, wie ambivalent die Beurteilung von Alternativprodukten durch Konsumentinnen und Konsumenten ist. Auffällig ist, dass es bei allen Produkten einen deutlichen Anteil an Befragten gibt, welche das Produkt eindeutig nicht konsumieren würden. Dieser ablehnende Anteil ist bei gewissen Produkten, welche auch in den qualitativen Interviews stark emotional diskutiert wurden, wie dem pflanzlichen Aufschnitt, den Insektenbällchen, der pflanzlichen Bratwurst oder der Käsealternative, deutlich grösser als bei weniger diskutierten Produkten wie Falafel, Tofu oder Haferdrink.

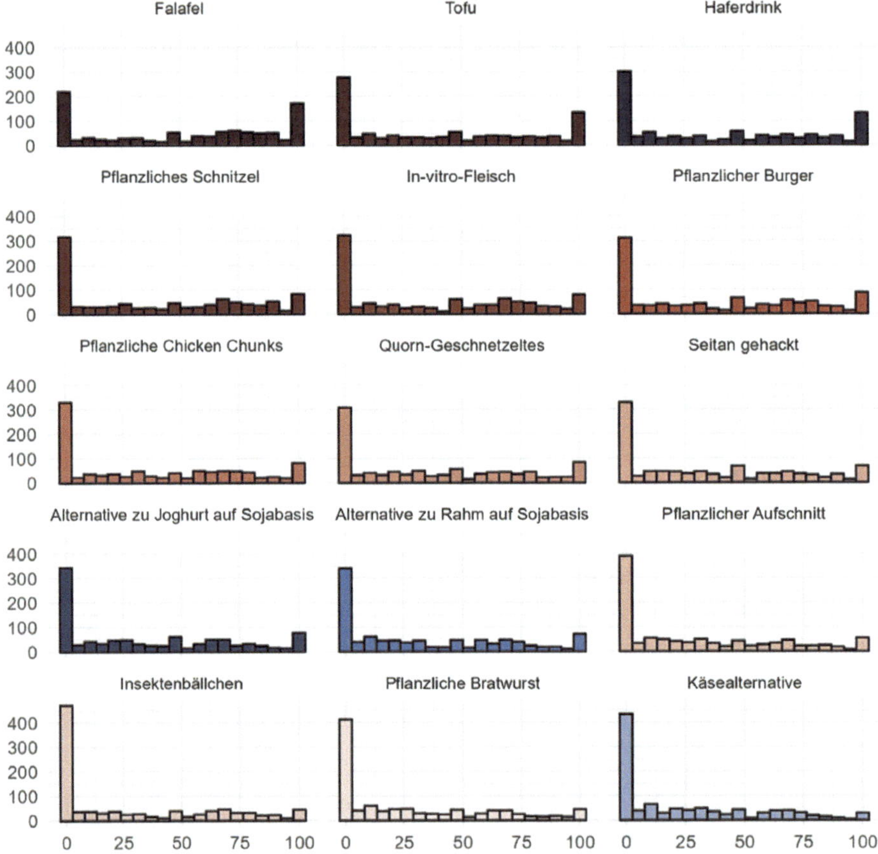

Abb. 14: Histogramme für die Einordnung der einzelnen Produkte auf der Skala «nicht konsumieren» (0) bis «konsumieren» (100). Auf der y-Achse ist die Anzahl der Nennungen abgebildet, auf der x-Achse die Skala von 0–100.

Die 15 Produkte wurden auch danach beurteilt, als wie gesund und als wie nachhaltig sie wahrgenommen werden. Im Vergleich zur Konsumbereitschaft fällt hier auf, dass viele Befragte eine Beurteilung in der Mitte abgegeben haben – also weder gesund/nachhaltig noch nicht gesund/nicht nachhaltig (vgl. **Abb. 15** und **Abb. 16**).

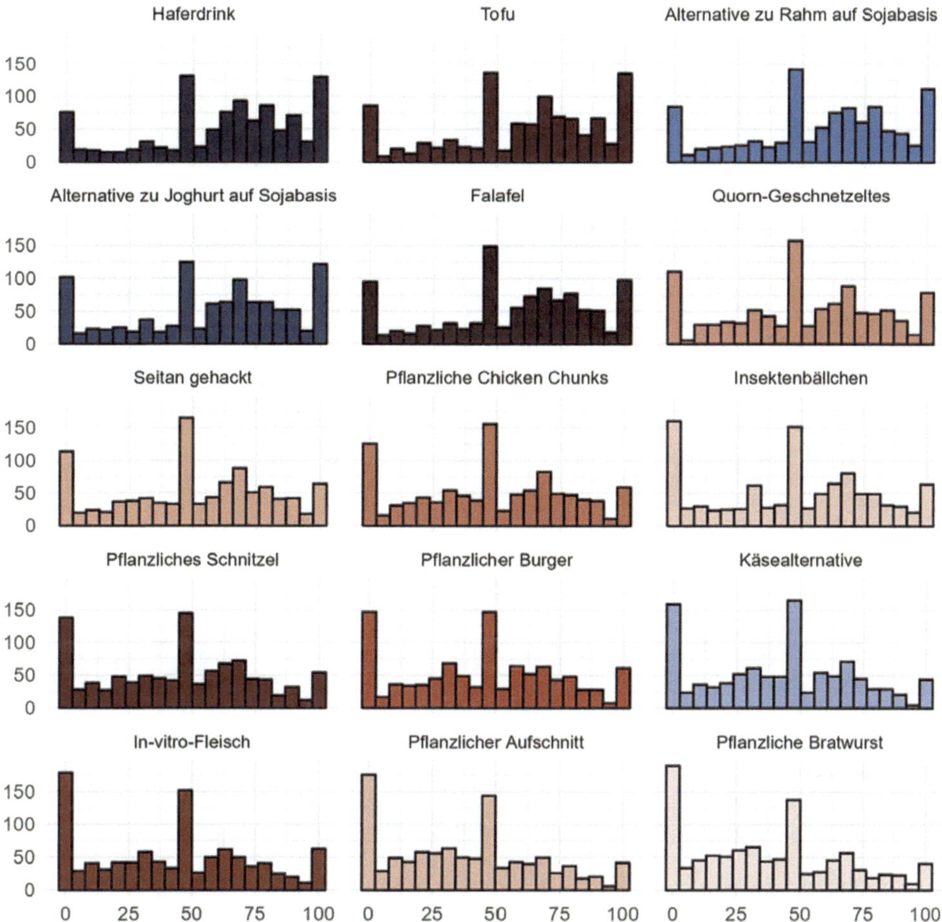

Abb. 15: Histogramme für die Einordnung der einzelnen Produkte auf der Skala «nicht gesund» (0) bis «gesund» (100). Auf der y-Achse ist die Anzahl der Nennungen abgebildet, auf der x-Achse die Skala von 0–100.

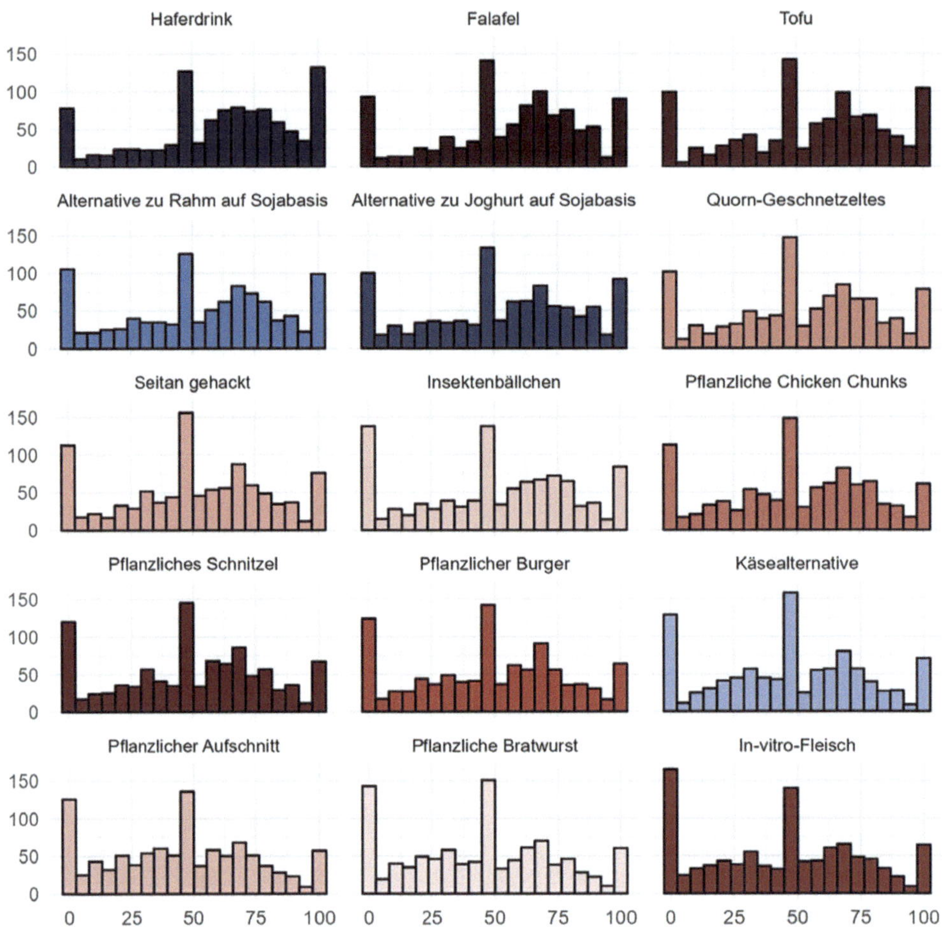

Abb. 16: Histogramme für die Einordnung der einzelnen Produkte auf der Skala «nicht nachhaltig» (0) bis «nachhaltig» (100). Auf der y-Achse ist die Anzahl der Nennungen abgebildet, auf der x-Achse die Skala von 0–100.

Dies könnte darauf hindeuten, dass bezüglich Gesundheit und Nachhaltigkeit noch viel Unklarheit vorherrscht und die Konsumierenden keine eindeutige Meinung äussern können. Ähnlich wie bei der Konsumbereitschaft gibt ein stetiger Teil der Befragten eine klar negative Beurteilung ab. Bei der Gesundheit gibt bei den Milchproduktalternativen (mit Ausnahme von der Käsealternative) und Tofu aber auch ein grosser Teil eine eindeutig positive Beurteilung ab, Ähnliches gilt für die Beurteilung der Nachhaltigkeit. Der Teil, welcher eine eindeutig negative Beurteilung abgibt, ist bei Gesundheit und Nachhaltigkeit im Vergleich zur Konsumbereitschaft geringer.

7.3.2.3. Intuitive Beurteilung der Konsumentinnen und Konsumenten entspricht nicht der berechneten Gesundheit und Nachhaltigkeit

Da jede Person die Gesundheit aller 15 Produkte beurteilte, kann für jede Person eine Korrelation zwischen der beurteilten Gesundheit und der berechneten Nährwertdichte (NRF10.3) berechnet werden. Wenn alle Produkte berücksichtigt werden, zeigt sich ein geringer negativer Zusammenhang zwischen der beurteilten Gesundheit und der berechneten Nährwertdichte: Je höher die Nährwertdichte eines Produktes, desto weniger gesund wird es beurteilt (r_z = –0,13, 95% CI [–0,15, –0,11]). Dies zeigt auf, dass die Art, wie die Nährwertdichte der Produkte wissenschaftlich berechnet wird, zu einem anderen Ergebnis führt als die Art, wie Konsumentinnen und Konsumenten die Gesundheit intuitiv beurteilen.

Da zudem jede Person ebenfalls die Nachhaltigkeit aller 15 Produkte beurteilte, kann für jede Person eine Korrelation zwischen der beurteilten Nachhaltigkeit und dem berechneten globalen Treibhauspotenzial (kg CO_2-Äquivalente pro kg Produkt) berechnet werden (siehe auch Kapitel 5.3.1). Auch diese Korrelationen zeigen, dass sich Personen schwertun, die Nachhaltigkeit eines Produktes zu beurteilen. Wenn alle Produkte berücksichtigt werden, zeigt sich ein geringer negativer Zusammenhang zwischen der beurteilten Nachhaltigkeit und dem berechneten globalen Treibhauspotenzial: Je höher das globale Treibhauspotenzial eines Produktes ist, desto weniger nachhaltig wurde es beurteilt (r_z = –0,15, 95% CI [–0,18, –0,11])[65]. Da auch hier die Korrelation nur schwach ist, weist dies ebenfalls darauf hin, dass die Art, wie das globale Treibhauspotenzial der Produkte wissenschaftlich berechnet wird, nicht dieselbe Art ist, wie Konsumentinnen und Konsumenten die Nachhaltigkeit intuitiv beurteilen. Bei dieser Aussage ist zu beachten, dass angenommen wurde, dass die Nachhaltigkeit eines Produktes durch dessen Treibhauspotenzial genügend angenähert werden kann. Wie in diesem Bericht ausführlich besprochen (Kapitel 4.2.1 und 5.3.1), ist dies allerdings nicht unbedingt der Fall.

---

65 *In-vitro*-Fleisch hat ein vergleichsweise hohes globales Treibhauspotenzial. Doch auch ohne diesen extremen Wert bleibt der Zusammenhang schwach und leicht negativ (rz = –0,10, 95% CI [–0,12, –0,09]).

7.3.2.4. Zusammenhang zwischen beurteilter Gesundheit und Nachhaltigkeit mit der Konsumbereitschaft

Um zu testen, wie die beurteilte Gesundheit und Nachhaltigkeit mit der Konsumbereitschaft zusammenhängen, wurde eine Regression über alle Produkte und Teilnehmenden hinweg berechnet, bei der die Konsumbereitschaft als abhängige Variable und die beurteilte Gesundheit und Nachhaltigkeit als feste Faktoren dienten. Der komplette Output des Regressionsmodells befindet sich im Annex (**Tab. 13**, Seite 240).

Die beurteilte Gesundheit hängt positiv mit der Konsumbereitschaft zusammen (β = 0,46, 95% CI [0,44, 0,48]). Je gesünder ein Produkt beurteilt wird, desto grösser ist die Bereitschaft, das Produkt zu konsumieren.

Auch die beurteilte Nachhaltigkeit hat einen positiven, jedoch kleineren, Effekt auf die Konsumbereitschaft (β = 0,18, 95% CI [0,16, 0,20]). Je nachhaltiger ein Produkt beurteilt wird, desto grösser ist die Bereitschaft, das Produkt zu konsumieren.

7.4. Fazit

Die Beurteilung und der Konsum von Fleisch- und Milchproduktalternativen werden von vielen verschiedenen Faktoren beeinflusst – auf individueller Ebene (z.B. Verbundenheit mit Fleisch), auf soziokultureller Ebene (z.B. sozialer Einfluss), auf Produktebene (z.B. sensorische Beurteilungen), auf Marktebene (z.B. Produktverfügbarkeit) und auf Ebene des Systems (z.B. politische Massnahmen). Zu den einzelnen Faktoren gibt es bereits einige Studien, jedoch bestehen auch noch viele Unklarheiten, vor allem zur Situation in der Schweiz. Diese wurden im Rahmen von qualitativen Interviews mit Konsumentinnen und Konsumenten untersucht und vier Themen abgeleitet. Eine quantitative Umfrage mit einer repräsentativen Stichprobe der Schweizer Bevölkerung (N = 1034) stützt die ersten Erkenntnisse aus den Interviews und erweitert sie.

Das erste aus den Interviews abgeleitete Thema bezieht sich darauf, wie Konsumentinnen und Konsumenten die Gesundheit und Nachhaltigkeit von Alternativprodukten beurteilen. Während Nährwerte und Umweltbilanzen für jedes Produkt berechnet werden können, wird aus den Interviews deutlich, dass es für Konsumentinnen und Konsumenten schwierig ist, die Gesundheit und Nachhaltigkeit von Alternativprodukten zu beurteilen. Sie wenden zwar Daumenregeln an, häufig bleiben Gesundheit und Nachhaltigkeit aber ein Gefühl. Die Resultate aus der quantitativen Umfrage unterstreichen diese Erkenntnis: Weder zwischen der beurteilten Gesundheit und der berechneten Nährwertdichte noch zwischen der beurteilten Nachhaltigkeit und dem berechneten globalen Treibhauspotenzial besteht ein bedeutsamer Zusammenhang.

Das zweite Thema beleuchtet die unterschiedlichen Gründe für das Ausprobieren und den wiederholten Konsum von Alternativprodukten. Aus den Interviews wird ersichtlich, dass es für den wiederholten Konsum insbesondere wichtig zu sein scheint, dass eine positive Erfahrung mit einem Alternativprodukt gemacht wurde. Dabei steht der Geschmack im Zentrum. Die Resultate der quantitativen Umfrage zeigen, dass zwar ein Grossteil (87%) der Befragten bereits einmal eine Fleisch- oder Milchproduktalternative probiert hat, jedoch nur ca. ein Drittel sie auch regelmässig konsumiert. Zudem zeigt die Umfrage, dass sowohl die von den Konsumentinnen und Konsumenten beurteilte Gesundheit als auch die von Konsumentinnen und Konsumenten beurteilte Nachhaltigkeit mit der Konsumbereitschaft von Alternativprodukten zusammenhängen, wobei der Zusammenhang bei der Nachhaltigkeit kleiner ist.

Das dritte Thema beschreibt, dass die Präferenz für die Ähnlichkeit von Alternativprodukten zu ihrem Referenzprodukt von der Zielgruppe abhängt. Durch die qualitativen Interviews wurden vier Zielgruppen identifiziert, anhand der beiden Leitfragen «Braucht es eine Änderung in unserem Ernährungssystem?» und «Wie stark ist meine Verbundenheit mit Fleisch?» Die Resultate der quantitativen Umfrage zeigen, dass bei der Frage, als wie negativ oder positiv die Befragten die Ähnlichkeit eines Alternativproduktes zu herkömmlichen Fleisch- und Milchprodukten wahrnehmen, sich die Antworten von sehr negativ bis sehr positiv verteilen.

Das vierte Thema beschreibt Milchproduktalternativen als «kleine Schwester» der Fleischalternativen: Während Fleischalternativen bei den interviewten Personen teilweise Skepsis auslösten, standen Milchproduktalternativen weniger im Fokus der Gespräche. Auch die Motive der Nachhaltigkeit und des Tierwohls standen bei Milchproduktalternativen weniger im Fokus als bei Fleischalternativen. Die quantitative Umfrage unterstreicht diese Erkenntnis. Die Ähnlichkeit zum Referenzprodukt wurde bei Fleischalternativen negativer bewertet als bei Milchproduktalternativen. Zudem sahen über die Hälfte der Befragten keine Notwendigkeit, den Konsum von Milchprodukten zu reduzieren, während es beim Fleischkonsum weniger als ein Drittel ist. Dies ist insofern beachtenswert, als dass aufgrund der Quantifizierung der Nährwertdichte und Umweltbilanzen der gezielte Ersatz von Fleischprodukten unter Beachtung des Nährstoffgehaltes zu empfehlen ist, während dies bei Milchprodukten nur eingeschränkt der Fall ist.

7.5. Detailempfehlungen

Es ergeben sich mehrere Detailempfehlungen.

Empfehlung	Adressat
Die Konsumentinnen und Konsumenten sollen besser über die Gesundheits- und Nachhaltigkeitsaspekte von Alternativprodukten informiert werden, damit sie die Gesundheit und Nachhaltigkeit dieser Produkte besser beurteilen können. Die Intuition der Konsumentinnen und Konsumenten zur Gesundheit und Nachhaltigkeit von Alternativprodukten entspricht nicht den wissenschaftlichen Berechnungen. Dies gilt es bei der Bildung und Empfehlungen zur Ernährung zu berücksichtigen.	Verteiler, Politik und Verwaltung, Fachgesellschaften
Die Konsumentinnen und Konsumenten sollen darüber informiert werden, womit Alternativprodukte kombiniert werden können, um eine möglichst gesunde und nachhaltige Ernährungsweise zu ermöglichen. Informationen zu Gesundheits- und Nachhaltigkeitsaspekten eines einzelnen Produktes helfen vor allem bei der Beurteilung dieses einzelnen Produktes, jedoch nicht bei der Beurteilung einer gesamten Mahlzeit oder Ernährungsweise. Dafür benötigen Konsumentinnen und Konsumenten weitergehende Informationen.	Verteiler, Politik und Verwaltung, Fachgesellschaften
Es soll nicht nur Alternativprodukte geben, die den Referenzprodukten sensorisch möglichst ähnlich sind, sondern auch solche, die weniger auf die Imitation und zum Beispiel mehr auf den Ersatz der Nährstoffe ausgerichtet sind. Die Präferenz für die Ähnlichkeit von Alternativprodukten zu ihren Referenzprodukten ist zielgruppenabhängig. Um die Bedürfnisse der verschiedenen Zielgruppen zu berücksichtigen, sollten die Alternativprodukte für unterschiedliche Zielgruppen unterschiedlich ausgestaltet werden.	Verarbeitende Industrie, Verteiler

Empfehlung	Adressat
Die Konsumentinnen und Konsumenten benötigen vor allem umfassendere Informationen zu Gesundheits- und Nachhaltigkeitsaspekten von Milchprodukten und deren Alternativen.	Verteiler, Politik und Verwaltung, Fachgesellschaften
Während beim Fleischkonsum viele Konsumentinnen und Konsumenten eine Notwendigkeit zur Reduktion des Konsums sehen, ist diese Haltung bei Milchprodukten weniger verbreitet. Auf der anderen Seite lösen Milchproduktalternativen weniger Skepsis aus bei Konsumentinnen und Konsumenten als Fleischalternativen. Dies ist besonders interessant im Hinblick darauf, dass die wissenschaftlichen Berechnungen der Nachhaltigkeit und Gesundheit von Milchproduktalternativen ein weniger klares Bild ergeben als bei den Fleischalternativen. Hierzu benötigt es eine umfassende Information der Konsumentinnen und Konsumenten, damit sie sich ein Bild der gesundheitlichen und nachhaltigkeitsbezogenen Auswirkungen des Konsums von Milchproduktalternativen machen können.	

8. Rechtliche Rahmenbedingungen für Alternativprodukte in der Schweiz

Die Entwicklung, Produktion und der Konsum von Fleisch- und Milchersatzprodukten werden durch die Gesetzgebung und Politik in ihren Möglichkeiten und Grenzen beeinflusst. Im Folgenden wird der rechtliche Kontext von Fleisch- und Milchersatzprodukten in der Schweiz ausgearbeitet. Da die Forschungsliteratur sehr begrenzt ist, basiert die Ausarbeitung primär auf Interviews mit Schweizer Experten und Expertinnen. Hier sind nach intensiver Suche und Kontaktaufnahme mit potenziellen Experten und Expertinnen nur drei Personen zu Interviews bereit gewesen, wobei eines mit zwei Personen gleichzeitig stattfand. Die Auswertung der Forschungsliteratur und der Interviews ergab, dass es bei den rechtlichen Aspekten von Fleisch- und Milchersatzprodukten im Wesentlichen um die Lebensmittelsicherheit und die Verhinderung von Konsumententäuschung geht. Die Analyse der Interviews ergab, dass diese zwei Rechtsbereiche in der Schweiz ausreichend geregelt zu sein scheinen. Es gibt jedoch Detailfragen und Dynamiken, die für die Evaluierung und die weitere Entwicklung von Fleisch- und Milchersatzprodukten in der Schweiz von Bedeutung sind. Dies wird im Weiteren dargestellt und beurteilt.

8.1. Wissenschaftliche Literatur

In der wissenschaftlichen Literatur zu rechtlichen Fragen von Fleisch- und Milchersatzprodukten werden vorwiegend Fragen der Auswirkungen gesetzlicher Regelungen auf Innovation sowie der Täuschungsschutz diskutiert. Deutschsprachige Fachpublikationen zu rechtlichen Fragestellungen in Bezug auf Fleisch- und Milchersatzprodukte gibt es kaum. Auch die internationale Fachliteratur ist sehr begrenzt. Die Lebensmittelgesetzgebung der Europäischen Union muss nach einem deutschen Übersichtsartikel grundsätzlich die Sicherheit von Lebensmitteln und Konsumentenrechte garantieren und den Prinzipien der Nichtdiskriminierung und Proportionalität (Verhältnismässigkeit) folgen (Hartwig et al., 2022). Eine Analyse der Auswirkungen des Nahrungsmittelrechts der Europäischen Union auf alternative Proteine bewertet die Gesetzeslage insgesamt als hinderlich für eine schnelle Verbreitung von Lebensmittelinnovationen mit derartigen Proteinen (Lähteenmäki-Uutela et al., 2021). Vor allem die Zulassung über die Novel-Food-Verordnung (258/97 EC) ist aufwendig. Sie betrifft Lebensmittel und Lebensmittelzutaten, die vor 1997 nicht in signifikantem Umfang in der EU konsumiert wurden. Die Regulierung von genetisch modifizierten Pflanzen, Algen, Mikroben, *In-vitro*-Fleisch und Insekten als Lebensmittel ist aufgrund der Prozeduren und wissenschaftlichen Erfordernisse in der Europäischen Union ein noch stärkeres Hindernis für entsprechende Innovationen (Lähteenmäki-Uutela et al., 2021).

Regeln zur Namensgebung und Etikettierung von pflanzenbasierten Fleisch- und Milchersatzprodukten haben Kontroversen ausgelöst (Lähteenmäki-Uutela et al., 2021). Auch wenn es zwischen Ländern Unterschiede in der Etikettierung von Fleisch- und Milchersatzprodukten gibt, können sie gewöhnlich Konfusion oder falsche Information nicht verhindern (Lee et al., 2023; Siddiqui et al., 2023) (siehe auch Kapitel 7). Rechtlich und gesellschaftlich ist die Kategorie Fleischersatz noch nicht fest etabliert, was auch wiederholte Gerichtsverfahren unterlegen, die meist die Fleischindustrie initiiert, mit dem Ziel, die Verwendung von Begriffen zu unterbinden, die schwer von Namen oder Marken traditioneller Fleischprodukte zu unterscheiden sind (Hoogstraaten et al., 2023). Eine zunehmende Popularität von Fleischersatzprodukten dürfte in Europa Vertreter der Fleischindustrie zu Forderungen nach rechtlichen Restriktionen in der Etikettierung von Fleischersatzprodukten veranlasst haben (Tziva et al., 2020). Die Möglichkeit der Konfusion und Täuschung von Konsumenten bei Fleischersatzprodukten hat in den USA zu Gesetzesinitiativen geführt, die die Etikettierung der Ersatzprodukte als Fleisch einschränken sollen, obwohl der Begriff «Fleisch» in den USA im Gegensatz zur Europäischen Gesetzgebung (Regulation 853/2004) und dem internationalen Codex Alimentarius (CAC/RCP 58-2005) nicht spezifisch definiert ist (DeMuth et al., 2023). Ein französisches Gesetz aus dem Jahr 2018 geht noch weiter, indem es die Nutzung von Begriffen, die mit Fleisch assoziiert werden, wie etwa «Speck» oder «Filet», bei der Etikettierung von Produkten, die vorwiegend aus Pflanzen bestehen, verbietet (Assemblée Nationale, 2018). Allerdings legt ein Discrete-Choice-Experiment in den USA nahe, dass Eingrenzungen der Etikettierung als «Fleisch» die Konfusion der Konsumenten bei Fleischersatzprodukten kaum eindämmen dürften (DeMuth et al., 2023). Aus den hier durchgeführten Konsumentenbefragungen hat sich auch ergeben, dass einige Konsumentinnen sogar eher skeptisch gegenüber Produkten sind, welche «zu ähnlich» zu Fleischprodukten sind (Kapitel 7.2). Rechtlich ist die Frage, ob *In-vitro*-Fleisch Fleisch ist, bedeutend, da diese bestimmt, welche Instanz die Produktion und Kontrolle von *In-vitro*-Fleisch übernimmt und ob Produktionsabfälle als tierische Nebenprodukte zu regulieren sind (Santo et al., 2020).

Die Lage ist bei Milchersatzprodukten ähnlich, auch wenn es teilweise eindeutigere Rechtsprechung in Europa für Gesundheits- und Umweltwirkungen gibt (Hoogstraaten et al., 2023; Leialohilani & de Boer, 2020; Siddiqui et al., 2023). Schon 1949 ist die Milchindustrie in den USA rechtlich gegen Soja«milch» vorgegangen. In Europa ist die schwedische Milchlobby in 2015 rechtlich gegen den Haferdrinkhersteller Oatly vorgegangen, weil sie fand, dass das Marketing von Oatly Kuhmilch als ungesünder darstellte (Morris et al., 2019). Innovationen von Milchersatzprodukten in der Europäischen Union werden von der Gesetzgebung sowohl positiv als auch negativ beeinflusst (Leialohilani & de Boer, 2020). Positiv wirken sich rechtliche Klarheit, ein hoher Grad an Konsumentenschutz und Lebensmittelsicherheit aus. Aus teilweise gleicher Gesetzgebung resultieren die negativen Wirkungen auf Innovation. Sie umfassen die unterschiedlichen Interpretationen der Agrarmarktverordnung der EU (1308/2013 EC), Unterschiede des Konsumentenschutzes zwischen Sektoren, das Fehlen einer gesetzlichen Definition von veganen Lebensmitteln und die enge Definition von Milch und Milchprodukten in der Agrarmarktverordnung. Der Europäische Gerichtshof hat 2017 die Liste von Milchprodukten in der Agrarmarktverordnung eng zu Ungunsten der Milchersatzprodukte definiert (Morris et al., 2019; Siddiqui et al., 2023), woraus auch abgeleitet wurde, dass eine unklare Abgrenzung von Milchersatzprodukten gegen das Wettbewerbsrecht verstösst (Leialohilani & de Boer, 2020). Hier könnten entweder angepasste Definitionen von Milch und Milchprodukten oder eine Erweiterung der Liste von Ausnahmen Innovationsbarrieren verringern (Leialohilani & de Boer, 2020).

Aus Perspektive der Unternehmen ist der Prozess zur Rechtfertigung von Aussagen zu Gesundheitsauswirkungen ähnlich herausfordernd wie die Zulassung von Novel Foods (Lähteenmäki-Uutela et al., 2021). Umweltfreundlichkeit von alternativen Proteinen kann in der EU aber bei einer Zertifizierung als biologische Erzeugnisse nach der EU-Öko-Verordnung (2018/848 EC) direkt ins Branding übernommen werden und eine Kategorie «vorläufige Evidenz» könnte die Nutzung von Gesundheitsaussagen («health claims») erleichtern (Lähteenmäki-Uutela et al., 2021). Pflanzenbasierte Proteine sowie die für die Haferdrinks wichtigen Sonnenblumensamen und Hafer könnten im Vergleich zu anderen Milch- und Fleischalternativen zukünftig besonders viel genutzt werden, da sie weniger stark von Handelsschranken und rechtlichen Zulassungen betroffen sind (Banach et al., 2023). *In-vitro*-Fleisch («cultured meat») muss in der EU über die Novel-Food-Verordnung (258/97 EC) zugelassen werden. Darüber hinaus sind in jedem Produktionsschritt Risiken in der Lebensmittelsicherheit zu begegnen. Zusätzlich müssen, wenn sie genutzt werden, Rinderserum und Materialien der Gerüststruktur sowie Technologien der Gentechnik zugelassen werden (Banach et al., 2023). Bei Fleisch- und Milchersatzprodukten, die Bakterien oder Pilze, zum Beispiel im Zuge von Fermentation, involvieren, sind Risiken der Mycotoxinbildung und Entstehung von Rhizoxinen und anderer Toxine zu regulieren (Banach et al., 2023). Mit Antibiotika können bakterielle Pathogene im Herstellungsverfahren eingedämmt werden. Über den Umfang ihrer Nutzung ist allerdings wenig bekannt, selbst wenn der Einsatz von Antibiotika gemeinhin reguliert wird (Santo et al., 2020). Grundsätzlich sollten schnelle und zugängliche Zulassungsprozesse, ein klarer rechtlicher Status der einzelnen Produkte und die Erlaubnis traditionelle Namen zu nutzen (wie «Burger») die Entwicklung und Ausbreitung von alternativen Proteinen fördern (Lähteenmäki-Uutela et al., 2021).

8.2. Interviews mit Expertinnen und Experten

Mögliche Expertinnen und Experten wurden für die Seite der Produzenten, der Konsumenten und der mit Fleisch- und Milchersatzprodukten betrauten Behörden gesucht, um Belange und Unterschiede in der Schweiz vorhandener Expertise gut abzubilden. Intensive Online-Recherche war für die Seite der Konsumenten nötig, da es hier keine bekannten Expertinnen oder Experten und auch keine explizit auf Fleisch- und Milchersatzprodukte abzielende Interessenvertretungen gab. Nach Kontaktaufnahme mit den Konsumentenorganisationen haben diese intern nach möglichen Interviewpartnerinnen gesucht, auf die schon rekrutierten Expertinnen und Experten der Produzenten und Behörden verwiesen oder Interviews direkt abgelehnt, weil sie die eigene Expertise als ungenügend einschätzten. Letztlich ist daher kein Interview mit Vertreterinnen oder Vertretern der Konsumentenseite zustande gekommen.

Die Expertin der Produzentenseite, Karola Krell, verfügte als im Lebensmittelrecht spezialisierte Juristin auch über Expertise, die über die Produzentenseite hinausging (Krell, 2023; Annex, **Tab. 22**, Seite 255). Das leitfadengestützte Interview mit ihr im November 2023 via Skype wurde online aufgezeichnet und anschliessend anonymisiert in einen Text für die inhaltsanalytische Auswertung transkribiert. Es hat einen Gesprächsumfang von 71 Minuten. Im Dezember wurden eine Expertin und ein Experte der Schweizer Behördenseite mit gleichem Verfahren zusammen face-to-face an ihrem Arbeitsort über 87 Minuten interviewt (A. Interview, B. Interview; Annex, **Tab. 22**, Seite 255). Die Interviews wurden vom Verfasser dieses Teilkapitels arrangiert, durchgeführt und analysiert. Der einheitliche Interviewleitfaden stellte das gezielte Ansprechen der Grundlagen, Umsetzung, Auswirkungen, Entwicklungen und gewünschten Veränderungen des Rechts im Bereich von Fleisch- und Milchersatzprodukten sicher. In beiden Interviews wird die Konsumentenseite rechtlicher Fragen von Fleisch- und Milchersatzprodukten angesprochen. Die Interviewtranskripte wurden mithilfe der Software MAXQDA zunächst strukturell in Bezug auf die Themen der Interviews codiert und dann in Anlehnung an die qualitative Inhaltsanalyse (Mayring, 2022) für die nähere Auswertung codiert. Alle interviewten Expertinnen und Experten haben den kompletten Entwurf dieses Kapitels überprüft und nötige Korrekturen wurden vom Autor entsprechend eingearbeitet.

8.3. Ergebnisse der Interviewauswertung

Produktion, Verteilung und Konsum von Fleisch- und Milchersatzprodukten werden in der Schweiz im Wesentlichen über das Lebensmittelrecht geregelt, wobei das schweizerische Lebensmittelgesetz die zentrale Basis darstellt. Darüber hinaus sind rechtliche Grundsätze, die sich aus der Verfassung ableiten, und benachbarte Gesetze, wie etwa aus dem Agrarrecht oder dem Wettbewerbsrecht, und die Rechtslage der Europäischen Union zu beachten. Letztere spielt eine zentrale Rolle in der Entwicklung der Schweizer Gesetze und Verordnungen, die auch Fleisch- und Milchersatzprodukte betreffen, da diese zum Grossteil aus der Europäischen Union übernommen werden, wie beispielsweise die Novel-Food-Verordnung.

Das Lebensmittelgesetz

Das Schweizer Bundesgesetz über Lebensmittel und Gebrauchsgegenstände (LMG) bildet die zentrale rechtliche Grundlage für Fleisch- und Milchersatzprodukte. In Artikel 1 festgeschriebene Ziele sind die Lebensmittelsicherheit, der Täuschungsschutz, die Hygiene und die Information über Lebensmittel. Es dürfen damit nur Fleisch- und Milchersatzprodukte auf den Schweizer Markt gelangen, die sicher sind, unter Einhaltung der Hygienestandards produziert, verteilt und verkauft werden, mit den korrekten Informationen und Etiketten gehandelt und an Konsumenten verkauft werden, wobei die Konsumenten nicht getäuscht werden dürfen. Unter dem Lebensmittelgesetz werden in über 30 Verordnungen Detailfragen und Umsetzungsverfahren geregelt. Grundsätzlich werden keine Unterschiede zwischen Ersatzprodukten für Fleisch oder Milch gemacht. Das Lebensmittelgesetz ist allerdings nicht anwendbar auf Lebensmittel, die für den privaten häuslichen Gebrauch im Ausland eingekauft werden.

Fleisch- und Milchersatzprodukte sind nicht spezifisch in den lebensmittelrechtlichen Verordnungen umschrieben. Seit dem Lebensmittelgesetz von 2017 können Fleisch- und Milchersatzprodukte als nicht umschriebene Lebensmittel grundsätzlich in den Verkehr gebracht werden, wenn sie alle anderen lebensmittelrechtlichen Anforderungen erfüllen. Anforderungen an verwendete Pflanzen ergeben sich zum Beispiel aus der Verordnung über Lebensmittel pflanzlicher Herkunft (VLpH). Mit dem Lebensmittelgesetz werden Anbieter von Lebensmitteln verpflichtet, sich selbst zu kontrollieren, Informationen an ihre Abnehmer zu geben, die Behörden über Nonkonformität zu informieren, die Rückverfolgbarkeit sicherzustellen und gesundheitsschädigende Produkte zurückzurufen. Fleisch- und Milchersatzprodukte müssen nach Artikel 19 des Lebensmittelgesetzes so gekennzeichnet und beworben werden, dass es den Konsumentinnen und Konsumenten möglich ist, die tatsächliche Art der Lebensmittel zu erkennen und Lebensmittel von Erzeugnissen, mit denen sie verwechselt werden könnten (in diesem Fall in der Regel tierische Lebensmittel), zu unterscheiden. Mithilfe weiterer Verordnungen (LGV, LIV) werden die obligatorischen Angaben für Lebensmittel spezifiziert, wie eine Sachbezeichnung (die im Lebensmittelrecht für das betreffende Produkt vorgesehene Bezeichnung, meistens angegeben oberhalb des Zutatenverzeichnisses auf der Etikette) und ein Zutatenverzeichnis auszusehen hat. Die Nährwertdeklaration ist eine Pflichtangabe. Weitere freiwillige Informationen dürfen nicht täuschend sein.

Der Täuschungsschutz ist bei Fleisch- und Milchersatzprodukten wichtig, weil es sich um Imitatprodukte handelt und die Konsumenten getäuscht werden könnten, indem sie denken, sie kaufen zum Beispiel Fleisch, Milch oder Käse. Daher müssen sich nach Artikel 19 des Lebensmittelgesetzes die Substitutions- und Imitatprodukte ausreichend klar mit Information von den ersetzenden Produkten abgrenzen. Eine Reihe von tierischen Produkten, wie Butter oder Mayonnaise, ist gesetzlich umschrieben. Fleisch- und Milchersatzprodukte dürfen darum so nicht genannt werden. Diesbezüglich ist die Rechtsprechung zum Täuschungsschutz immer eine Einzelfallentscheidung unter Berücksichtigung der Gesamtaufmachung des Lebensmittels.

Wichtig für die Inverkehrbringung eines Fleisch- und Milchersatzproduktes ist es, ob es als neuartiges Lebensmittel (Novel Food) einzustufen ist und damit bewilligungspflichtig ist. Dies hängt von den eingesetzten Technologien und Inhaltstoffen ab, wie beispielsweise Technologien, um die Proteinquellen zu konzentrieren, oder Stoffe, die zur Formgebung genutzt werden. Die meisten Fleisch- und Milchersatzprodukte werden aber nicht als neuartig eingestuft.

Die Novel-Food-Verordnung

In der Schweiz ist die Verordnung über neuartige Lebensmittel im Wesentlichen von der Novel-Food-Verordnung der Europäischen Union übernommen worden. So wird die Zulassung von neuartigen Lebensmitteln nach gleichen Standards wie in der EU geregelt. Ein dynamischer Übernahmemechanismus im Schweizer Recht sorgt dafür, dass in der EU als Novel Foods zugelassene Lebensmittel auch in der Schweiz verkehrsfähig sind und somit kein weiteres Bewilligungsverfahren mit zusätzlichen Studien nötig wird. Ohne Bewilligung ist ein Novel Food verboten.

Gesuchsteller von Novel Foods haben eine Mitwirkungspflicht im Bewilligungsverfahren und müssen die Sicherheit von ihrem Lebensmittel über Informationen und Studien belegen. Während die Beweisführung komplex, aber klar geregelt ist, ist es oft schwieriger zu bestimmen, ob ein Fleisch- oder Milchersatzprodukt ein Novel Food ist. Alles, was nach dem 15. Mai 1997 neu entwickelt oder als Lebensmittel eingeführt wurde, gilt als neuartiges Lebensmittel, wenn es vorher noch nicht in signifikantem Umfang in Europa konsumiert wurde und somit noch keine Vorgeschichte der Sicherheit hat. Ein Sonderfall sind traditionelle neuartige Lebensmittel, die vor 1997 nicht in signifikantem Umfang konsumiert, in Drittstaaten aber traditionell verwendet werden. Sie werden nach einem vereinfachten Verfahren und mit offengelegten Daten öffentlich bewilligt. Bewilligungen von Novel Foods hingegen sind für fünf Jahre geschützt, bevor die Zulassungsdaten offengelegt werden.

Weitere Gesetzgebung

Bei einigen neuartigen Fleisch- und Milchersatzprodukten, wie etwa bei *In-vitro*-Fleisch, können auch gentechnologische Zellzüchtungsverfahren eingesetzt werden, die dann nach den Gentechnikgesetzen bewilligt werden müssen. Das Lebensmittelrecht hat Schnittstellen zum Agrarrecht, in welchem beispielsweise die Bioverordnung verankert ist. Die Förderung der Lebensmittelproduktion ist ein Schwerpunkt des Agrarrechts und somit auch die Förderung von Fleisch- und Milchprodukten sowie deren Substitute, wenn dies agrarpolitisch gewollt ist. Auch Handelsbeschränkungen, Marktregulierungen und Subventionen können durch das Agrarrecht beeinflusst werden und somit die Preise für landwirtschaftliche Inhaltsstoffe von Fleisch- und Milchersatzprodukten in der Schweiz.

Auswirkungen

Wer Lebensmittel herstellt und in den Verkehr bringt, ist zuständig für die Sicherheit der Lebensmittel (Selbstkontrollpflicht). Die Behörden bewilligen und kontrollieren nur. Die Kontrollen der Produkte auf dem Markt durch die kantonalen Behörden erfolgen risikobasiert und dürften in der Schweiz genügend sein. Es wird geprüft, ob die Selbstkontrollpflicht wahrgenommen wird und ob die weiteren Anforderungen des Lebensmittelrechts eingehalten werden. Ob Fleisch- und Milchersatzprodukte sicher sind, ist eine naturwissenschaftliche Frage, die nicht immer einfach zu klären ist. Besteht ein begründeter Verdacht, dass ein Lebensmittel unsicher ist, kann es vom Markt genommen werden, wobei die Beweislast bei der Behörde ist.

Typischerweise ist es schwer zu bestimmen, ob ein Fleisch- oder Milchproduktersatz als neuartig einzustufen ist. Der Nachweis, dass ein neuartiges Lebensmittel vor 1997 konsumiert wurde, ist sehr schwierig. Es ist für die Gesuchstellenden unsicher, ob beispielsweise das Produkt in einer Form irgendwo mal in der Schweiz gegessen wurde oder ob angegeben werden muss, in welchem Umfang eine signifikante Menge gegessen wurde. Darüber hinaus ist es schwierig zu bestimmen, in welche Kategorie ein Produkt fällt, unter anderem, weil passende Beispiele im existierenden Katalog von Kategorien fehlen. Grundsätzlich geht es bei Novel Foods um Herstellungstechnologien, die vor 1997 noch nicht verwendet wurden, oder darum, ob die Herstellung zu einer wesentlichen Veränderung der verwendeten Pflanzen führt und so ihre physiologische Verfügbarkeit beeinflusst. Das aufwendigere und datenintensive Bewilligungsverfahren für Novel Foods wird als innovationshemmend eingeschätzt (A. Interview 2023; B. Interview 2023; Krell, 2023). Die Kategorisierung ist in der Schweiz streng gestaltet, wie es im Informationsschreiben des BLV zum Ausdruck kommt (BLV, 2021). So erklärt sich auch die Vorsicht der Hersteller mit der potenziellen Klassifizierung von Fleisch- oder Milchersatzprodukten als Novel Food (Krell, 2023).

Da eine Bewilligung als Novel Food aufwendig ist, sollten Hersteller potenzieller neuartiger Lebensmittel sich früh über das Bewilligungsverfahren und seine Bedingungen informieren, damit sie vermeiden können, unnötige Investitionen in die Produktentwicklung zu machen. Vorteil der Übernahme der EU-Regelungen ist ein verständliches Bewilligungsverfahren für Novel Foods mit gleichartigen Dokumenten und somit gleichen Sicherheitsstandards und gleichwertigen Innovationshemmnissen. Innerhalb dieses Rahmens könnten Potenziale für einen geringeren Bewilligungsaufwand realisiert werden, die die Schweiz als Teststandort interessanter machen könnten. Die EU erkennt schweizerische Bewilligungen von Novel Foods allerdings nicht an.

Wann eine Etikettierung oder auch Platzierung in der Verkaufstheke von einem Fleisch- oder Milchersatzprodukt als täuschend anzusehen ist, unterliegt einem Interpretationsspielraum. Massstab dabei ist der durchschnittlich informierte Konsument, der sich über die Zeit aber mit dem Markt und der gesellschaftlichen Auseinandersetzung mit Fleisch- und Milchersatzprodukten wandelt. Im Marketing von Fleisch- und Milchersatzprodukten dürfte der Anreiz gross sein, die rechtlichen Grenzen auszunutzen, um die Konsumenten aufzuklären, um was für Produkte es sich handelt, und sie von einem Ersatz von tierischen Produkten zu überzeugen. Durch eine entsprechende Produktbezeichnung und Etikettierung möchten die Anbieter die Aufmerksamkeit der Konsumenten bekommen. Da halten die Anbieter von tierischen Lebensmitteln gegen und beklagen mögliche Konkurrenz. Allerding spiegeln die grossen derzeitigen Diskussionen über Täuschung bei Fleisch- und Milchersatzprodukten (z.B. Haferdrink versus Milch) möglicherweise nur die Ängste von Herstellern der substituierbaren traditionellen Lebensmittel wider (Krell, 2023). In der Schweiz versucht das Bundesamt für Lebensmittelsicherheit und Veterinärwesen mit einem rechtlich unverbindlichen Informationsschreiben für alle kantonalen Vollzugsbehörden einheitlich zu definieren, was bei Fleisch- und Milchersatzprodukten als täuschend einzustufen ist, um den Vollzug des Täuschungsschutzes zu erleichtern (BLV, 2021) und mögliche Unterschiede der Interpretation zwischen Kantonen zu verringern (Krell, 2023). Das Informationsschreiben interpretiert das Recht so, dass eine Nennung einer Tierart auf einem Milch- oder Fleischprodukt nicht erlaubt ist.

Der Täuschungsschutz könnte Innovation hemmen, wenn er impliziert, dass Fleisch- und Milchersatzprodukte nicht mit Milch- und Fleischprodukten verglichen werden dürfen. Das BLV geht nicht davon aus, dass seine Interpretationen des Täuschungsschutzes in Bezug auf tierische Bezeichnungen in seinem Informationsschreiben Innovationen hemmen würden (B. Interview 2023) (BLV, 2021). Allerdings schützt der Täuschungsschutz auch tierische Fleisch- und Milchprodukte und ist damit ein Hebel ihre Stellung im Markt zu halten, was durchaus ein agrarpolitisches Interesse sein kann. Die derzeit strenge Auslegung der Gesetze zum Täuschungsschutz, insbesondere in Bezug auf umschriebene Sachbezeichnungen, wie z.B. «Milch», erlaubt es nicht einen Haferdrink als Hafermilch anzubieten, obwohl die Konsumenten gewöhnlich Hafermilch sagen. Bei den Produktbezeichnungen (Name, der vorne gross auf der Verpackung steht) gibt es mehr Spielraum, obwohl auch diese nicht täuschen dürfen. Konkurrenten im Bereich der Fleisch- und Milchersatzprodukte dürften daher genau beobachten, wie sie mit ihren Produktinformationen in Bezug auf den Täuschungsschutz umgehen und vielversprechende Ideen nachahmen. Rechtlich können sie auch ihre eigenen Markennamen schützen, wie etwa «planted», um ihre Fleisch- und Milchersatzprodukte besser gegenüber der Konkurrenz zu vermarkten.

Das Lebensmittelrecht fokussiert nur auf die Sicherheit, Täuschung, Hygiene und Informationsbereitstellung bei Fleisch- und Milchersatzprodukten. Damit können diese Produkte nur begrenzt über das Lebensmittelrecht gefördert werden. Andere Rechtsbereiche, wie das Agrarrecht, können hingegen einen Beitrag zur Förderung oder Hemmung von Fleisch- und Milchersatzprodukte leisten, beispielsweise durch die Förderung der Produktion verwendeter pflanzlicher Inhaltsstoffe.

Entwicklungen

Da Fleisch- und Milchersatzprodukte populärer werden, entsprechende Lebensmittelinnovationen Einzug halten und im Wettbewerb mit tierischen Produkten stehen, stellen sich in diesem Bereich nun häufiger rechtliche Fragen.

Bei rechtlichen Entwicklungen im Novel-Food-Bereich folgt die Schweiz tendenziell der EU und aktualisiert ihre Gesetzgebung entsprechend regelmässig. Es gibt in der EU Bestrebungen, allein Technologien zu bewilligen und nicht mehr jedes Herstellungsverfahren eines Produkts einzeln, was die Zulassung von neuartigen Lebensmitteln zukünftig erleichtern könnte (A. Interview 2023). In Zukunft könnten auch die Umweltclaims, die beim Marketing von Fleisch- und Milchersatzprodukten gemacht werden, noch genauer geregelt werden, wie es zurzeit in der EU diskutiert wird (Krell, 2023). In der Schweiz werden zurzeit Kriterien für die Transparenz der Bewilligungsverfahren geklärt (Krell, 2023). Da es möglich sein soll, zukünftig ein Lebensmittelabkommen und einen vereinfachten Warenverkehr mit der EU zu realisieren, wird darauf geachtet, dass die rechtlichen Grundsätze und Standards nicht von der EU abweichen.

Ähnlich wie in den Niederlanden (Lorenzo, 2023; Tweede Kamer der Staten-Generaal, 2023) soll es in der Schweiz bei Novel Foods zukünftig erlaubt sein, schon vor der Bewilligung sensorische Tests zu machen. Der Vorteil ist, dass das Produkt schon vor der Bewilligung in Textur und Geschmack optimiert werden kann. Da dann aber der Hersteller das Lebensmittel an einen kleinen Kreis für sensorische Teste abgibt und im Rahmen einer Selbstkontrolle die Lebensmittelsicherheit prüft und gewährleistet, wird in diesem Bereich das Schutzniveau gesenkt. Dementsprechend gestaltet sich die Gesetzesanpassung schwierig (A. Interview 2023; B. Interview 2023).

Der Wettbewerb von Fleisch- und Milchersatzprodukten mit tierischen Produkten ist ein zentraler Konfliktpunkt, der rechtliche Entwicklungen insbesondere in Bezug auf den Täuschungsschutz und die Novel-Food-Frage, aber auch die

Agrarpolitik, angetrieben hat. Mittlerweile steigen immer mehr Hersteller tierischer Lebensmittel in die Produktion oder Vermarktung von Fleisch- und Milchersatzprodukten ein. Beim Täuschungsschutz kann von einer laufenden Veränderung bei Fleisch- und Milchersatzprodukten ausgegangen werden, da er nie scharf bestimmbar ist und vom (sich wandelnden) Verständnis der durchschnittlich gebildeten und interessierten Konsumenten abhängt. In der Schweiz ist der Rechtsfall «planted chicken» zwischen dem Hersteller Planted, der im Kanton Zürich ansässig ist, und dem Kantonalen Labor in Zürich bedeutsam. Das Kantonale Labor in Zürich, das für die Lebensmittelsicherheit im Kanton Zürich zuständig ist, hatte Planted aufgefordert, auf Namen wie «planted chicken» oder «Güggeli» zu verzichten, um den Täuschungsschutz sicherzustellen. Das Zürcher Verwaltungsgericht hat dann allerdings im November 2022, nach einem Begehren von Planted, zugunsten der Nutzung des Begriffs «planted chicken» entschieden, worauf das Eidgenössische Departement des Innern, das sich auch mit Gesundheitsfragen befasst, Berufung einlegte und der Fall vor das Bundesgericht kam. Die noch ausstehende Rechtsprechung des Bundesgerichts zum Rechtsfall «planted chicken» könnte die Anforderungen an den Täuschungsschutz schärfen und für die Schweiz vereinheitlichen. Es ist aber möglich, dass sich die Rechtsprechung des Bundesgerichts auf den Einzelfall von «planted chicken» beschränkt, da jedes Produkt eine individuelle Produktbezeichnung mit einer zusätzlichen Sachbezeichnung hat. Die Rechtsprechung zum Einzelfall kann sich dann dennoch auf die rechtliche Einordnung und Etikettierung anderer Fleisch- und Milchersatzprodukte auswirken. Insbesondere die Argumentation des Bundesgerichts könnte hierfür genutzt werden. Wenn der Entscheid sich noch lange hinauszögert, dürfte sich die Verkehrsauffassung allerdings so stark geändert haben, dass nicht mehr von einer Täuschung ausgegangen wird. Genauso ist davon auszugehen, dass die Interpretationen im Informationsschreiben des BLV zu Fleisch- und Milchersatzprodukten (BLV, 2021) in Zukunft revidiert werden müssen, um neue Rechtsprechung und geändertes Verständnis unter den Konsumenten aufzugreifen.

Rechtliche Regelungen, die auf die Gesundheit von Fleisch- und Milchersatzprodukten abzielen, könnten entstehen, wenn es bessere Daten gibt. Beispielsweise werden bei Fleisch- und Milchersatzprodukten Fragen der Allergene und der Verfügbarkeit der speziellen Eiweisse sowie bestimmter Mikronährstoffe aufgeworfen. Zusätzliche Information zu den Nährwertangaben könnte eine Angabe zur Bioverfügbarkeit umfassen, wobei diese rechtlich korrekt sein müsste. Es ist auch vorstellbar, dass bestimmte Ernährungsgrundsätze über Regeln zum Marketing und zur Etikettierung vorgegeben werden. Sollten Fleisch- und Milchersatzprodukte einen wesentlichen Anteil der menschlichen Ernährung ausmachen und es sich abzeichnen, dass so bestimmte Nährstoffe ungenügend aufgenommen werden, könnte ein minimales Nährwertprofil von Ersatzprodukten rechtlich bestimmt werden.

Der Onlinekauf von Fleisch- und Milchersatzprodukten aus dem Ausland könnte zunehmen. Hier richten sich die Anforderungen an die Lebensmittelsicherheit nach dem Recht des betreffenden Landes, da die Selbstverantwortung für den privaten Gebrauch zum Tragen kommt. Es ist aber nicht sichergestellt, dass die im Ausland aus Onlineshops bezogenen Lebensmittel tatsächlich dem Recht des Landes entsprechen. Eine entsprechende Änderung des Schweizer Lebensmittelgesetzes wäre notwendig, wenn der private Kauf von Lebensmitteln zum Eigenkonsum in ausländischen Onlineshops der Schweizer Gesetzgebung unterstellt werden soll (B. Interview 2023).

Wünschenswertes

Die interviewten Expertinnen und Experten sehen keinen Bedarf an weiterer Gesetzgebung zu Fleisch- und Milchersatzprodukten, wenn auch einige Details verbessert werden könnten. Um die Innovationsfähigkeit der Schweiz bei Fleisch- und Milchersatzprodukten zu erhöhen, ist es hilfreich Verfahren zu beschleunigen. Hier kann unter anderem das Personal und Fachwissen in den Behörden gestärkt werden. Die Anwendungsfreundlichkeit der Novel-Food-Verordnung kann für Gesuchstellende durch mehr Planungssicherheit erhöht werden, indem unter anderem ein Zeitplan bis zur Bewilligungsentscheidung definiert wird (Krell, 2023). Für die Behörden wäre es hilfreich, wenn die Täuschungsschutzfragen bei Fleisch- und Milchersatzprodukten rechtlich geklärt werden, egal in welche Richtung (B. Interview 2023). Es wäre gut, wenn die Konsumenten in der Schweiz wissen und verstehen, was gute Ernährung ist, und dies nicht über Verbote bei Lebensmitteln erreicht werden muss (Krell, 2023). Auch wenn sich die Ziele der Lebensmittelgesetzgebung in Zukunft ändern können, sollten sie nicht mit Zielen aus anderen Gesetzesbereichen vermischt werden (A. Interview 2023). Gesetzliche Änderungen, die durch das Parlament gehen, sollten vermieden werden, da sie zu lange dauern.

8.4. Fazit

Die Analyse der wissenschaftlichen Literatur und der Experteninterviews kommt zu eindeutigen Ergebnissen. Das Recht regelt die Beziehungen und damit auch die Interessenskonflikte zwischen den wichtigsten Akteuren im Bereich der Fleisch- und Milchersatzprodukte in der Schweiz: den Produzenten und den Konsumenten der Produkte, der Landwirtschaft und der milch- und fleischverarbeitenden Industrie und den mit dem Vollzug beauftragten Behörden. Im Fokus stehen hier primär Fragen der Sicherheit der Lebensmittel, der Täuschung von Konsumenten und der Bereitstellung von Information in der Versorgungskette. Diese rechtlichen Fragen betreffen neben dem Konsumentenschutz auch die Innovation von Milch- und Fleischersatzprodukten sowie deren Verbreitung und den Wettbewerb mit tierischen Konkurrenzprodukten. Die Förderung der Rohstoffversorgung für Fleisch- und Milchersatzprodukte ist in der Schweiz allerdings eine agrarrechtliche Frage. Für die Schweiz sehen die Expertinnen und Experten in Bezug auf Fleisch- und Milchersatzprodukte keinen grossen Änderungsbedarf beim Lebensmittelrecht. Im Einklang mit der internationalen Fachliteratur identifizieren sie aber Möglichkeiten das Recht an spezifischen Stellen so anzupassen, dass Innovationshemmnisse verringert werden. Insbesondere könnten Bewilligungsverfahren gestrafft, Fristen garantiert, öffentliche Ressourcen gestärkt und Ausnahmen eindeutiger definiert werden.

8.5. Detailempfehlungen

Es ergeben sich zwei Detailempfehlungen.

Empfehlung	Adressat
Es empfiehlt sich ein Abbau von Innovationshemmnissen. Die Beschleunigung, Vereinfachung und Planungssicherheit von Zulassungsverfahren von Fleisch- und Milchersatzprodukten sollte angestrebt werden und Ausnahmen erleichtert werden. Hier könnten die Stärkung des Fachwissens und des Personals von Behörden hilfreich sein. Klarere Definitionen von Zeitplänen und Fristen im Bewilligungsverfahren würden insbesondere die Anwendungsfreundlichkeit der Verordnung zu neuartigen Lebensmitteln verbessern. Ausnahmetatbestände könnten eindeutiger definiert werden.	Politik und Verwaltung
Information ist Verboten vorzuziehen. Generell ist es besser, wenn die Konsumentinnen und Konsumenten über Information erfahren, was eine gute Ernährung ist, als das bestimmte Lebensmittel verboten werden. So werden auch schwierige und konfliktreiche Gesetzgebungsverfahren vermieden.	Politik und Verwaltung

9. Alternativprodukte aus ethischer Perspektive

Die Aufgabe der Ethik ist die reflektierte Bewertung menschlichen Handelns: Ist dieses Handeln moralisch gut oder schlecht und sind die Beweggründe, die Ziele, die Entscheidungen und die Auswirkungen zu rechtfertigen? Um auf diese Fragen Antworten zu geben, ist die Ethik auf normative Bezüge angewiesen. Sie beschreibt nicht nur Handlungsoptionen, sondern bewertet sie auch und braucht dafür Kriterien: Werte oder Güter und daraus abgeleitete Handlungsanweisungen oder Handlungsempfehlungen («Normen» – die Begrifflichkeit ist nicht immer gleich).

Das Besondere an der ethischen Perspektive im Rahmen einer Technikfolgenabschätzung ist demnach, dass sie *Orientierungswissen* erarbeitet und vermittelt. Das unterscheidet das Kapitel «Ethik» von allen anderen Kapiteln. Die sozialwissenschaftliche Analyse von Meinungen und Verhaltensweisen kann zwar auch ethische Aspekte abbilden, begründet und differenziert aber nicht, ob und inwiefern sie verbindlich sind. Orientierung für das Handeln bietet zunächst die Moral als Teil jeder menschlichen Sozialisierung: Wir haben gelernt und verinnerlicht, worin gutes und verantwortliches Handeln besteht. Um sich aber über Moral verständigen zu können, sie kritisch zu reflektieren und komplexe gesellschaftliche Fragen in dieser Hinsicht prüfen zu können, ist Ethik notwendig: ein wissenschaftlich fundiertes Nachdenken über Moral.

Historisch entstand die Technikfolgenabschätzung als ein integrierendes Vorgehen, um das technisch Machbare und kommerziell Konkurrenzfähige in den Rahmen des gesellschaftlich Wünschbaren einzuordnen. Technik und Markt sind Mittel zum Zweck, nicht Selbstzweck. Zugleich will die Technikfolgenabschätzung die Sprach- und Argumentationsfähigkeit fördern, die die Voraussetzung dafür ist, dass emotional besetzte befürwortende oder ablehnende Haltungen miteinander kommunizieren können. Wertvorstellungen sind zwar subjektiv und mit Emotionen verbunden (sonst wären sie nicht menschlich), es ist aber wichtig, ihnen eine rational begründbare Form zu geben und sie in ein rational nachvollziehbares Verfahren einzubringen. Die Ethik trägt dazu bei, Wertvorstellungen zu benennen und zu gewichten, moralische Entscheidungen formal zu unterfüttern und dabei auch Vorurteile oder blinde Flecken aufzuzeigen. Ethische Schlussfolgerungen können daher auch «ärgerlich» sein, weil sie Partikularinteressen nicht das Wort reden und Gewohnheiten oder den ein oder anderen «weichen Konsens» in Frage stellen.

Welche Ethik?

Es gibt unterschiedliche ethische Verfahren und *Begründungsmodelle*. Im vorliegenden Kapitel werden diese spezifischen Zugänge respektiert (insbesondere finden sie Berücksichtigung bei der komplementären Auswahl von philosophischen Experten). Sie werden aber nicht vertieft, zumal die Schlussfolgerungen trotz differierender Begründungen nicht selten übereinstimmen. Klassisch ist die Unterscheidung zwischen einer deontologischen Ethik (die etwa vom Konzept der Würde ausgehend Pflichten definiert und die Bedeutung einer entsprechenden Gesinnung betont, z.B. Kant) und einer konsequentialistischen Ethik (für die die bestmögliche Erreichung der erwünschten Folgen zählt, z.B. Bentham, Mill und der Utilitarismus insgesamt). Die Unterschiede werden dadurch relativiert, dass keine Ethik darum herumkommt, konkurrierende Normen und Güter abzuwägen (so muss die Pflichtenethik mit Pflichtenkollisionen umgehen). Auch aus anderen Gründen (den weiter unten erwähnten «nicht idealen Bedingungen») muss sich jede «reine Lehre» für pragmatische Argumente öffnen, wenn sie nicht den Realitätsbezug verlieren will.

Eine Belebung des ethischen Nachdenkens findet oft durch *Perspektivwechsel* statt. Ein Beispiel sind Ansätze, bei denen nicht mehr Subjekte und Einzelwesen im Mittelpunkt stehen, sondern *Beziehungen*. Die feministische Care-Ethik betont, wie sehr Fürsorge und Achtsamkeit eine primäre Voraussetzung für Ethik überhaupt sind; damit ist z.B. in der Wirtschaftsethik eine besondere Aufmerksamkeit für den informellen und den sogenannten reproduktiven Sektor verbunden und für Subsistenzwirtschaft. Eine ökozentrische Ethik stellt den Menschen in den unauflöslichen Zusammenhang mit dem ökosystemischen Beziehungsgeflecht alles Lebendigen – gegen die Illusion eines abstrakten und auf sich selbst bezogenen Geisteswesens. Der «capability approach» (Amartya Sen, Martha Nussbaum) betont, dass z.B. ein Grundwert wie Freiheit nur dann einen Sinn hat, wenn Menschen *befähigt* werden (ökonomisch, politisch und durch Bildung), Freiheit zu nutzen. Auch dieser Ansatz nimmt ernst, dass Ethik nicht «über allen Köpfen schwebt», sondern eingebunden ist in Lebensverhältnisse.

All diese Überlegungen haben auch Konsequenzen für die *Sprachformen von Ethik*: Gelebtes Leben drückt sich in Erzählungen aus, Erzählungen strukturieren unser biografisches Bewusstsein, unser Selbstverständnis und die Beziehungen mit anderen, auch mit anderen Lebewesen und Naturphänomenen, mit «Heimat». Gleichnisse und Fabeln «nähren» die Ethik, bis hin zu den «grossen Erzählungen» («narratives») ganzer Zivilisationen. Narrative Ethik bezieht diesen bereichernden Kommunikationskontext ein.

Auch wenn im vorliegenden Kapitel die ethische Reflexion nur knapp und pragmatisch sein kann, ist es gut, sich ihren weiten Horizont und die Vielfalt ihrer Arbeitsweisen klarzumachen.

Die Argumentation im vorliegenden Kapitel wird in drei Schritten entfaltet.

Zunächst werden drei Ethiker befragt, wie sie Fleisch- und Milchersatzprodukte vom ethischen Standpunkt einschätzen und wie sie diese Einschätzung begründen. Diese erste Etappe hat also den Charakter von Sondierungsgesprächen mit Experten, die die spezielle Thematik der vorliegenden Studie in den grösseren Zusammenhang ernährungsethisch relevanter Fragestellungen einordnen können. Eine systematische und vollständige Behandlung des Themas ist an dieser Stelle noch nicht angestrebt; es geht darum, erste Impulse für die ethische Einbettung des Themas zu bekommen.

Diese Impulse leiten zum zweiten Teil des Kapitels über. Dort wird versucht, die normativen Kriterien systematisch zu ordnen und zu ergänzen, zu gewichten und eine pauschale ethische Einschätzung von Fleisch- und Milchersatzprodukten zu bekommen. Im Unterschied zum ersten Teil wird eine möglichst umfassende Zusammenstellung angestrebt. Die Analyse stützt sich auf spezialethische Literatur (Klimaethik, Ernährungsethik, Tierethik usw.). Hinweise zu den Umsetzungsbedingungen der ethischen Positionen werden ebenfalls gegeben.

Bei all diesen Überlegungen wird Milch- und Fleischersatz mit Milch und Fleisch verglichen. So ist die Studie angelegt. Im abschliessenden dritten Teil des Kapitels soll dennoch die Frage gestellt werden, wie es sich mit rohen oder wenig verarbeiteten pflanzlichen Produkten verhält, einer Alternative, die nicht als Imitat konzipiert ist. Ausserdem sollen über die pauschale Betrachtung hinaus exemplarisch einzelne Fleisch- und Milchalternativen betrachtet werden.

9.1. Hinführung: drei Interviews mit philosophischen Ethikern

Ist das Angebot von Fleisch- und Milchersatzprodukten auf dem Markt moralisch vertretbar oder sogar moralisch geboten? Diese Frage wurde drei Ethikern gestellt, die von unterschiedlichen Begründungsmodellen aus argumentieren:

Bernward Gesang hat den Wirtschaftsethik-Lehrstuhl der Universität Mannheim inne. Er ist einer von Deutschlands führenden Utilitaristen, d.h., er verfolgt die These, dass Technologien, Produkte oder auch politische Massnahmen danach zu beurteilen sind, ob sie die Gesellschaft im Durchschnitt glücklicher machen. Zu diesen grundsätzlichen methodischen Fragen liegen zahlreiche Bücher und Aufsätze Gesangs vor (Gesang, 2003). Derzeit arbeitet er an der Herausgabe eines Handbuchs für Utilitarismus. An seinem Lehrstuhl, teilweise auch durch ihn selbst, sind einige wichtige tierethische Beiträge entstanden (Gesang & Ullrich, 2020).

Stefan Riedener ist als Associate Professor an der Universität Bergen tätig. Als ebenfalls in der Tradition des Utilitarismus stehender Ethiker beschäftigt er sich viel mit der rationalen Formalisierung ethischer Entscheidungen mithilfe der mathematischen Entscheidungstheorie. In seiner Doktorarbeit an der Universität Oxford entwickelte er das Konzept der «Erwarteten Moralwertmaximierung», die in Fällen von Unsicherheit immer noch ethische Entscheidungen ermöglichen soll (Riedener, 2020). Nach seiner Dissertation entwickelte Riedener den Aspekt der Unsicherheit weiter, indem er in einem Beitrag für die Zeitschrift *Ethics* Versprechen als Selbstverpflichtung analysierte. Auch zum Thema des Verzeihens als moralische Option liegt ein jüngerer beachtenswerter Beitrag von Riedener vor.

Der Deontologe Nico Müller ist Postdoc an der Philosophischen Fakultät der Universität Basel und gleichzeitig Vorsitzender von Animal Rights Switzerland. Insofern tritt Müller sowohl in seinem Beruf als auch in seinem Ehrenamt stetig und vehement dafür ein, dass die Tierproduktion zumindest deutlich reduziert wird, auch wenn nur eine völlige Einstellung der Fleischproduktion den Rechten der Tiere Genüge tun würde (Müller, 2022).

Im Rahmen der halb-direktiven Gespräche[66] wurden den Interviewpartnern zunächst zwei offensichtlich gewichtige und in ihrer Forschung bearbeitete Wertbezüge vorgegeben: erstens der *verantwortliche Umgang mit Klima und Umwelt* (Werte wie Nachhaltigkeit und Ressourcengerechtigkeit) und zweitens die *Verantwortung gegenüber dem Tier* (Tierwürde, Tierwohl). Es war ihnen freigestellt, eine andere Agenda zu setzen und/oder weitere Wertbezüge zu nennen. Die Interviewpartner konnten auch angeben, mit welchen Strategien der von ihnen eingenommenen ethischen Position Wirkung verschafft wird, anders gesagt, wie eine möglichst grosse Übereinstimmung des tatsächlichen Konsumverhaltens mit den ethisch reflektierten Konsumorientierungen gefördert wird.

Ein dritter Wertbezug wurde den Interviewpartnern vorgegeben, weil er in den Antworten der Konsumentinnen und Konsumenten (Kapitel 7) eine grosse Rolle spielt: die *Natürlichkeit*. Dass es sich hier um einen nicht einfach zu bestim-

[66] In zwei Fällen persönlich, in einem (Riedener) virtuell.

menden Wert handelt, verstand sich von selbst, umso mehr interessierte die Meinung von philosophisch geschulten Fachleuten. Bei der Auswertung der drei Gespräche ergaben sich weitere normative Kriterien (Ernährungssicherheit) sowie anregende Gedanken zur symbolischen Ebene von Verhaltens- und Konsumentscheidungen (z.B. Fleischkonsum und Männlichkeit).

Die Gespräche wurden mittels der Inhaltsanalyse nach Mayring (2022) ausgewertet, d.h., die transkribierten Texte wurden unterschiedlichen Sinnzusammenhängen zugeordnet («codiert»), und so ergaben sich schliesslich Kernaussagen der durchgeführten Interviews.

Im Folgenden wird eine Synopsis der drei untereinander weitgehend konsistenten Gespräche nach den aufgeführten Themenbereichen formuliert, bevor ein Fazit dieses ersten Teils gezogen wird.

9.1.1. Klima- und umweltethische Aspekte

In der Klimaethik (einem Schwerpunkt seiner Arbeit) argumentiert Gesang kontinuierlich für eine möglichst hohe Kosteneffizienz der Massnahmen und setzt sich insbesondere dafür ein, dass mit Mitteln aus dem Globalen Norden klimaschonende Massnahmen im Globalen Süden umgesetzt werden. Im Fall der Fleischersatzprodukte sieht Gesang, dass diese Argumentation nicht relevant ist, denn durch die Substitution von Fleisch durch z.B. Sojaderivate fallen keine materiellen Kosten an, und so müssen auch keine Aktionen im Globalen Süden durch solche im Globalen Norden finanziert werden. Je besser die Qualität der Fleischersatzprodukte wird, desto geringer werden auch die nichtmateriellen Kosten der Substitution in Form des entgangenen Konsumgenusses. Angesichts des beträchtlichen Beitrags der Tierproduktion am globalen Treibhausgasausstoss (Kapitel 5) und an den Umweltwirkungen der Ernährung (Kapitel 6) und der hier zu erwartenden Entlastung durch Substitution mit Derivaten aus Proteinpflanzen, wie in Kapitel 5 und 6 gezeigt wurde, spricht die Klimaethik eindeutig für eine Substitution des Fleischkonsums durch Ersatzprodukte (Bretscher et al., 2014).[67]

[67] Die «unterschiedliche sektorale Aufteilung und territoriale Abgrenzung der Bilanzierungsansätze» macht eine genaue Angabe schwierig (siehe Referenz Seite 458). Die Zahlen für Tierhaltung und tierische Nahrungsmittel liegen in einer Grössenordnung von 10 bis 20% der Gesamtemissionen von Treibhausgasen.

Das ökologische Argument gegen den Konsum tierischer Produkte wiegt auch aus Sicht von Riedener schwer, da der Beitrag der Tierproduktion zum globalen Treibhausgasausstoss stark ins Gewicht falle. Die Reduktion von Lebensräumen, der Umwelteinfluss von Überdüngung, Pestiziden oder Antibiotika usw.: All das sei ebenfalls umweltethisch relevant – ganz jenseits des Klimas – und werde durch den Konsum tierischer Produkte verstärkt. Natürlich werden diese Inputs auch zur Produktion von Ackerkulturen für den menschlichen Konsum verwendet. Ethisch bedenklich ist jedoch, dass ein grosser ökologischer Aufwand getrieben wird, um sämtliche Futtermittel für Schweine und Geflügel und einen beträchtlichen Anteil des Futters für Wiederkäuer zu produzieren.

Die Gesprächspartner waren sich darin einig, dass die hauptsächlichen Unterschiede beim ökologischen Fussabdruck zwischen tierischen und pflanzlichen Produkten und nicht zwischen Fleisch und vegetarischen Produkten verlaufen (Kapitel 5), zu denen bekanntlich auch solche tierischer Herkunft wie Milch und Käse gehören. Damit gelten die klima- und umweltethischen Aspekte für Milchprodukte nicht weniger als für Fleischprodukte.

9.1.2. Tierethische Aspekte

Die Tierethik ist für alle drei Gesprächspartner ein weiteres Argument für Fleischersatzprodukte. Die Übereinstimmung ist auch deshalb aufschlussreich, weil die Befragten trotz konträrer Begründungsmodelle (Utilitarismus, Pflichtenethik) zu dieser gemeinsamen Position kommen.[68]

Utilitaristen waren die ersten Philosophen, die sich gegen die Tötung von Tieren zwecks Verzehrs ausgesprochen haben. Utilitaristen wie Gesang halten es für extrem unwahrscheinlich, dass unser Genuss von Fleisch und Milch das Leid der Tiere durch schlechte Haltungsbedingungen, vor allem aber auch durch ihren Tod, rechtfertigt. Sobald solche Ungerechtigkeiten vermindert werden können, indem der Konsument auf Ersatzprodukte umsteigt, ist diese Chance unbedingt zu ergreifen.

Als Erstes nennt auch Riedener den Aspekt der Tierethik. Es ist eindeutig falsch, Tiere zu töten, um sie zu essen. Zu diesem Aspekt fügt Riedener noch hinzu, dass primär nicht der Konsument die unethische Handlung begeht, sondern die

[68] Sie stehen damit in der Tradition der utilitaristischen Ethik von Peter Singer (1975) bzw. der kantianisch geprägten Pflichtenethik von Tom Regan (1988). Die trotz konträrer Begründungsmodelle konvergente tierethische Position dieser beiden Autoren beeinflusst die Debatte bis heute.

Tierindustrie. Indem der Konsument jedoch tierische Produkte konsumiert, mache er sich, so Riedener, zum Komplizen der Tierindustrie. Das ist auch dann falsch, wenn wir davon ausgehen, dass durch unseren Konsum kein zusätzliches Tier getötet werden muss, weil wir quasi nur den «Rest» eines bereits geschlachteten Tieres verzehren.

9.1.3. Aspekte der Ernährungssicherheit

Zusätzlich nennt Gesang die Ernährungssicherheit als Argument gegen Fleischkonsum und für die Substitution mit pflanzlichen Produkten. Dieses Argument wird im Kapitel 10 näher untersucht. Bei einem Verzicht auf die Tierhaltung werden durch die wegfallende Nachfrage nach Futtermitteln grosse Flächen frei, die nicht nur für ökologische Zwecke, sondern auch zur Versorgung der heute unterernährten Bevölkerung im Globalen Süden verwendet werden können. Dieses Argument wiegt vor allem in den Ackerbauregionen und insbesondere für die Schweine- und Geflügelproduktion schwer. In pastoralistischen Systemen bringt ein Verzicht auf die Tierhaltung Herausforderungen mit sich (vgl. Kapitel 10).

Laut Gesang sind die drei Argumente Tierwohl, Umwelt und Ernährungssicherheit additiv, d.h., sie verstärken sich gegenseitig. Daher wären aus seiner Sicht auch politische Massnahmen zu verteidigen, die streng in die Nachfrage nach Fleisch zugunsten von Ersatzprodukten eingreifen.

9.1.4. Das Argument der Natürlichkeit

In der Öffentlichkeit wird oft bemerkt, Fleisch- und Milchersatzprodukte seien aufgrund des hohen Verarbeitungsbedarfs unnatürlich. Das Argument mangelnder Natürlichkeit lässt Gesang jedoch nicht gelten. Im Utilitarismus gibt es vom Begründer John Stuart Mill bis hin zu heute führenden Köpfen wie Dieter Birnbacher eine lange Argumentation gegen die Aufwertung von Natürlichkeit. Auch Krankheiten sind natürlich; dennoch bekämpfen wir sie. Dass Fleischersatzprodukte einen hohen Verarbeitungsgrad aufweisen, diskreditiert sie noch keineswegs.

Aus Sicht Riedeners ist das Argument der Natürlichkeit ein «lustiges Argument». In der heutigen, säkularisierten Zeit ist das Argument der Natürlichkeit irrelevant, anders als noch zu Zeiten, als man sich auf göttliche Autoritäten berief. Auch auf einen Zoom-Call verzichte man ja nicht, obwohl dieser nicht natürlicher als ein «Sojasteak» ist.

Die Position der Interviewpartner ist also eindeutig und pointiert: Natürlichkeit ist keine ethisch relevante Norm. Warum das so ist und welche begrifflich anders zu fassende Bedeutung das Argument dennoch haben könnte, wird im zweiten Teil des Kapitels untersucht.

9.1.5. Weitere Argumente

Nico Müller hält es für denkbar, dass die Fleischersatzprodukte zwar einen wachsenden Absatzmarkt finden, dies aber nichts daran ändert, dass viel und vielleicht sogar immer mehr Fleisch konsumiert wird. Vor allem interessante Innovationen auf dem Fleischmarkt könnten dafür sorgen, dass der Markt für Fleischersatzprodukte zwar wächst, aber sein gesellschaftliches Ziel völlig verfehlt. Die Motivationen der Schweizer Konsumenten und Konsumentinnen wurden im Kapitel 7 näher erforscht. Aus Müllers Sicht sprechen hierfür die Daten der vergangenen Jahre: Während der Markt für Fleischersatzprodukte stetig expandiert, sinkt der Pro-Kopf-Konsum von Fleisch kaum bis gar nicht. Dieses wurde auch in den Kapiteln 2 und 3 festgestellt, wobei die Gültigkeit dieser Beobachtung noch bei grösseren Verkaufsmengen von Fleischalternativen überprüft werden müsste.

Müller betont, um seine These zu untermauern, die symbolische, traditionelle Bedeutung von Fleisch. Neben der Lieferung von Nährstoffen und Kalorien erfüllt der Fleischkonsum, beispielsweise im Kontext der Männlichkeit, auch eine soziale Rolle. Diese Funktion, die einen substanziellen Teil des «Wertes» von Fleisch generiert, können die Fleischersatzprodukte eher nicht abdecken.

Daher sind nach Müller die Fleischersatzprodukte zu sehr als Ersatz gedacht, ohne dass es wahrscheinlich ist, dass sie diese Rolle in unserer heutigen Kultur auch wirklich wahrnehmen können. Einen aussichtsreicheren Ansatz sieht er darin, eine neue Tradition verschiedener Proteinpflanzen in der Schweiz zu verankern. So wie die Schweizer Kuh seit ein- bis zweihundert Jahren einen hohen symbolischen Wert hat, könnte es auch gelingen, der Schweizer Lupine oder Kichererbse einen solchen Wert zuzuschreiben. Auf diese Weise wird nicht das Alte durch Neues ersetzt, das in dem alten kulturellen Muster von Tierausbeutung gefangen ist, sondern es wird ein neues System funktionaler Bedürfniserfüllung geschaffen.

Auf dieser Grundlage sieht es Müller als wahrscheinlich an, dass der Weg der Fleischersatzprodukte scheitern wird, da er zu sehr der Logik der Fleischwirtschaft folgt. Er plädiert stattdessen für eine Förderung Schweizer Hülsenfrüchte und anderer pflanzlicher Proteine, im Einklang zu den Beobachtungen aus Kapitel 10. Er betont dabei, dass Nachfrage etwas Dynamisches ist und auf diese Weise ein neuer kultureller Wert geschaffen werden kann.

9.1.6. Fazit aus der Sicht der drei Interviewpartner

Alle Gesprächspartner stimmen darin überein, dass Fleischersatzprodukten vor Fleisch und Milchersatzprodukten vor Milch auf jeden Fall der Vorzug zu geben ist. Die Ergebnisse von Kapitel 5 zeigen ausserdem eine grosse Variabilität in den Umweltwirkungen von Alternativprodukten je nach Rohprodukt oder Verarbeitung. Dieser Unterschied verblasst jedoch vor dem Unterschied zwischen tierischen Produkten einerseits und pflanzlichen Ersatzprodukten andererseits. Es kann daher und auch aufgrund der wissenschaftlichen Literatur zur Ethik des Konsums tierischer Produkte klar konstatiert werden, dass der Konsum von Fleischersatzprodukten dem Konsum von Fleisch aus ethischen Gründen vorzuziehen ist. Die ersten Interviews spiegeln deutlich wider, dass es viele Argumente für eine solche Substitution und eigentlich kein valides Argument dagegen gibt.

Riedener erkennt an, dass wir aus der Kultur des Fleischverzehrs kommen. Dies rechtfertigt aus seiner Sicht auch, dass wir die pflanzlichen Produkte gerne in Form von Würstchen oder Steak zu uns nehmen. In Familien, die ihren Lebensunterhalt durch Tierproduktion bestreiten, sieht Riedener auch, dass der Ausstieg aus dem Konsum tierischer Produkte ein grosser und schwieriger Schritt ist, der aber nichtsdestoweniger notwendig sei.

Dies spiegelt weitestgehend auch die Position Gesangs wider, auch wenn bei jenem eine klarere Kosten-Nutzen-Betrachtung im Hintergrund steht. Die (nichtmonetären) Kosten einer Substitution von Fleisch durch Fleischersatzprodukte in Form etwas eingeschränkteren sensorischen Genusses stehen in keinem Verhältnis zu dem massiven Leid, dem die Tiere allein schon durch die vorzeitige Beendigung ihres Lebens ausgesetzt sind.

Für die meisten Menschen in der heutigen Gesellschaft sieht Riedener keinen wesentlichen Einschnitt in der Lebensqualität durch die Substitution von Fleisch durch Ersatzprodukte. Eine traditionelle Weltsicht (man fühle sich als Krone der Schöpfung) trage noch viel zu viel dazu bei, dass so viele Menschen den notwendigen Schritt noch nicht gehen.

Aus Sicht von Müller entzündet sich an den zahlreichen Vorzügen der Fleisch- und Milchersatzprodukte eine untererforschte Debatte zur legitimen Staatsintervention. Wie weit darf der Staat gehen, um die Konsumgewohnheiten der Bürgerinnen und Bürger zu verändern? Gesucht sind hier Interventionen, die sowohl im Sinne des gesetzten Ziels sind, ohne dabei dem Volkswillen zu widersprechen. Müller geht davon aus, dass eine Mehrheit der Bürgerinnen und Bürger eine Präferenz erster Ordnung hat, Fleisch zu konsumieren, nicht jedoch eine Präferenz zweiter Ordnung, auch in Zukunft noch Fleisch konsumieren zu wollen. Mit anderen Worten: X konsumiert lieber Fleisch als Gemüse, es wäre ihr jedoch lieber, wenn sie lieber Gemüse als Fleisch ässe. Somit, so argumentiert er, können staatliche Interventionen legitim sein, die auf eine mittel- bis langfristige Veränderung der Konsumwünsche abzielen (etwa durch Nudging, Verlagerung der Absatzförderung, öffentliche Aufklärungskampagnen), ohne dabei bestehende Konsumwünsche einzuschränken.

Die positive Einschätzung der ethischen Aspekte von Fleisch- und Milchersatzprodukten ist ausschliesslich dann gerechtfertigt, wenn durch sie ein gewisser Minderkonsum tierischer Produkte erfolgt. Hierzu sind entsprechende Rahmenbedingungen durch die öffentliche Hand zu schaffen.

9.1.7. Voraussetzungen, Rahmenbedingungen, weiterführende Überlegungen: Elemente einer kritischen Analyse der drei Interviews

Am Ende dieses ersten Teils des vorliegenden Kapitels ist es nützlich, einen Schritt zurückzutreten, die Aussagen einzuordnen und einige generelle Feststellungen zu machen.

In allen Fällen ergibt sich die ethische Bewertung aus der *Verknüpfung von normativen und empirischen Bezügen*: Was sein soll, folgt nicht einfach aus dem, was ist, sondern aus Werthaltungen, deren sachgerechte Umsetzung jedoch auf Kenntnisse der Erfahrungswelt angewiesen ist (empirisch-kritische Wissenschaft). Die Berücksichtigung des Tierwohls zum Beispiel beruht (normativ) auf der Achtung vor dem Tier und (empirisch oder deskriptiv) auf Erkenntnissen aus Verhaltensforschung, Soziologie, Ökonomie usw. Alle Interviewpartner nehmen diese Verknüpfung vor. Das empirische Wissen entwickelt sich und kann Gegenstand von Kontroversen sein. Sachverhalte, aber auch Gewichtungen stellen sich unterschiedlich dar, komplexe systemische Wechselwirkungen sind schwer zu prognostizieren. Ethische Urteile sind daher ständig zu aktualisieren und zu differenzieren. Um ein Beispiel aus der Energieethik zu nennen: Die Beurteilung von Raumheizung mit Strom hat sich im Lauf weniger Jahrzehnte radikal verändert – nicht die Wertmassstäbe haben sich umgekehrt, sondern die technischen und umweltpolitischen Verhältnisse.

Die Interviewpartner bewegen sich alle in einem Raum von *pluraler Ethik unter nicht idealen Bedingungen*. Das heisst: Sie stützen sich mit Überzeugung auf eine bestimmte ethische Theorie, erkennen aber an, dass es andere fundierte und legitime ethische Ansätze gibt. Und sie befassen sich – pragmatisch – mit einer Welt, in der viele Akteure nicht konsequent nach ethischen Massstäben handeln wollen oder können. Die Kunst besteht dann darin, einerseits eine ethische Position ungeschmälert zu vertreten und andererseits «zweitbeste» (oder am wenigsten schlechte) Wege zu suchen und zu würdigen. Auch in dieser Hinsicht ist Ethik ein interaktives Vorgehen.

Die ethischen Positionen sind *kontextgebunden*. Der betrachtete Kontext ist die *Wohlstands- und Überflussgesellschaft in einer global vernetzten Welt*. In einer Subsistenzwirtschaft mit nur lokal und regional verfügbaren, stark auf extensiver Weidewirtschaft beruhenden Nahrungsressourcen wird sich die Bewertung verschieben. Dies kann jedoch kein generelles Argument sein, um die Beurteilung von Ernährungsmustern in einer Überflussgesellschaft mit Intensivhaltung und hohen Futtermittelimporten zu relativieren.

Die oft implizite Grundannahme, dass Ersatzprodukte die Originale Fleisch und Milch 1:1 ersetzen, muss immer wieder mit den statistischen Daten konfrontiert werden. Einerseits ist es wahrscheinlich, dass der Verzicht auf Fleisch- und Milchprodukte in erheblichem Masse mit veganen Produkten kompensiert wird, die sich nicht explizit auf die Referenzprodukte beziehen (Teigwaren, Gemüse, Obst). Andererseits ist nicht gesagt, dass die Verluste durch Lebensmittelvergeudung bei Referenzprodukten und Alternativprodukten identisch sind.

Ein letzter Punkt: In den Interviews werden auch wichtige soziokulturelle und symbolische Aspekte der Thematik angesprochen. In der Tat befasst sich Ethik immer auch mit den «Ausführungsbedingungen» des ethischen Urteils: Welche Faktoren fördern oder hindern ein ethikkonformes Verhalten, kurzfristig oder längerfristig? Ethik ist keine Soziologie und keine Kulturwissenschaft, aber sie geht mit Handlungsoptionen um, die soziokulturell eingebettet sind. Will sie nicht so reine Hände haben, dass sie gar keine Hände hat (Péguy, 2005[1910], 331)[69], also so idealistisch sein, dass ihre Schlussfolgerungen für die Praxis nicht taugen, muss sie sich dafür interessieren.

[69] Nach Péguy in *Victor-Marie, comte Hugo* (1910), «Le kantisme a les mains pures mais il n'a pas de mains».

9.2. Ethische Beurteilung im Rahmen der Ethik der Ernährung («food ethics»): Versuch einer Systematisierung

Die ethische Beurteilung von Fleisch- und Milchersatzprodukten ist ein Spezialfall im Rahmen der Ethik der Ernährung («food ethics»). Es liegt daher nahe, die Impulse aus den drei Interviews in systematische Ansätze einer Ernährungsethik zu integrieren und dabei die Verbindungen zu anderen Ethikfeldern (Klima- und Umweltethik, Tierethik, Landwirtschaftsethik usw.) aufzuzeigen. Für dieses interdisziplinäre Vorgehen bietet Kortetmäki (2022) eine gute und der aktuellen Situation entsprechende Grundlage, weil sie einen besonderen Fokus auf die dringende Herausforderung der Klimakrise und die damit verbundenen Anforderungen an die Landwirtschaft legt. Die folgenden Ausführungen lehnen sich mit Modifizierungen an die finnische Autorin an.

Die bei Kortetmäki (2022) aufgeführten ethischen Werte und Normen liegen nicht alle auf der gleichen Ebene der Begriffshierarchie und sind auch nicht für alle Begründungsmodelle von Ethik gleich brauchbar (z.B. Ernährungssicherheit als allgemein anerkannter, im internationalen Recht gefestigter Wert, verglichen mit dem beruflichen Selbstbild von Landwirtinnen und Landwirten, «the good farmer», als recht speziellem tugendethischen Ideal mit berufsständischer Tradition). Im Folgenden wird versucht, die wichtigsten Werte und Normen in einer zweistufigen Hierarchie zusammenzufassen (die Werte und Normen zweiter Ordnung sind eingerückt).

Ernährungssicherheit

- Priorität der Grundbedürfnisse
- Wahrung kultureller Präferenzen

Nachhaltigkeit

- Klimagerechtigkeit
- Erhaltung von Biodiversität und landschaftlicher Vielfalt

Tierwürde und Tierwohl

- Tierwohl
- Tierwürde

Gesundheit

Soziale Anerkennung

Arbeit als menschlicher Wert

Guter Umgang mit sozialen Rollen

Selbstbestimmung

Konsumentenfreiheit

Autonomie der Produzierenden

Wie schon in den Interviews zu beobachten war, verstärken sich manche normativen Bezüge wechselseitig, andere stehen in einem Spannungsverhältnis zueinander. Im letzteren Fall kann die Gewichtung situationsbedingt variieren, einige einfache Priorisierungsregeln lassen sich jedoch formulieren.

9.2.1. Ernährungssicherheit

Ernährungssicherheit ist gemäss der Ernährungs- und Landwirtschaftsorganisation der Vereinten Nationen (FAO) zunächst dann gegeben, wenn «alle Menschen zu jeder Zeit physischen und ökonomischen Zugang zu genügend und sicherer Nahrung haben»: Die Perspektive ist also weltweit, und die Nahrung muss dauerhaft vorhanden und verfügbar, aber auch bezahlbar sein. Darüber hinaus umfasst der Begriff sowohl die Befriedigung vitaler Bedürfnisse («needs») als auch die Berücksichtigung von Präferenzen (etwa kultureller und religiöser Art).[70]

Damit ist Ernährungssicherheit ein komplexer, hoch aggregierter Begriff. Er enthält unterschiedliche normative Ansprüche, die man analytisch auseinanderhalten kann, die aber nicht ohne Grund so integriert sind, dass klar wird: Ernährung ist mehr als die Zufuhr von Kalorien, Vitaminen und Mineralsalzen. «Eating is both vital and highly socio-cultural» (Kortetmäki, 2022).

Die Berücksichtigung anderer ethisch hochrangiger Güter (wie etwa der Schutz des Klimas) führt zu einer Hierarchisierung innerhalb des globalen Ziels der Ernährungssicherheit: Die Sicherung von Grundbedürfnissen ist prioritär, dann kommt die Sicherung einer «angemessenen Ernährung» (im Sinne der umfassenden Definition der FAO). In beiden Fällen handelt es sich um Grundrechte.

---

[70] Zur Definition siehe «swiss-food.ch/glossar/ernaehrungssicherheit». Zur Situation in der Schweiz siehe Ritzel & von Ow (2023).

Die Möglichkeit zu essen, was man möchte (sofern man es sich leisten kann), ist dagegen kein Grundrecht, sondern ein Freiheitsrecht mit der Einschränkung, die jeder Freiheit innewohnt: Sie endet dort, wo sie anderen schadet und deren Freiheit verletzt (EKAH, 2022).

Fleisch- und Milchersatzprodukte tragen grundsätzlich zur Ernährungssicherheit bei (vgl. oben die Einschätzung von B. Gesang) – sofern sie tatsächlich mit einer entsprechenden Reduktion des Fleisch- und Milchkonsums korreliert sind (vgl. oben die kritische Anmerkung von N. Müller). Im Kapitel 10.3 wird zum Beispiel gezeigt, dass abgesehen vom Ersatz von Milch durch Soja- oder Haferdrink ein Ersatz des Referenzproduktes zu mehr freier Ackerfläche führen würde. Im Vergleich dazu wäre der Verlust von Grasflächen, die nur für die Tierproduktion taugen und nicht konvertierbar wären, aus Sicht mancher Autoren quantitativ unerheblich (Kortetmäki, 2022). Ausserdem sind diese Produkte im Vergleich zu Fleisch von religiös und kulturell geprägten Verboten kaum betroffen; ihr Verhältnis zu diätetischen und kulinarischen Traditionen ist dagegen vielschichtiger.

9.2.2. Nachhaltigkeit

Nachhaltigkeit ist sowohl ein Befund (in den Umweltwissenschaften, wie in Kapitel 4.2 definiert) als auch ein Wert (in der Umweltethik). Beides ist auseinanderzuhalten. Nachhaltigkeit als Wert lässt sich anthropozentrisch und nicht anthropozentrisch begründen. Beschränkt man sich auf die ethische Verantwortung gegenüber den Menschen, dann sind die Grundrechte der jungen und der künftigen Generationen zentral: Diese sollen die gleichen Lebenschancen haben wie die heutigen Erwachsenen (in dieser Hinsicht ist Nachhaltigkeit ein Erfordernis intergenerationeller Gerechtigkeit). In einer biozentrischen und ökozentrischen Perspektive geht die Betrachtung über den Menschen hinaus: Nicht nur den jungen und künftigen Generationen ist dann Nachhaltigkeit geschuldet, sondern auch den nichtmenschlichen Lebewesen und Lebensgemeinschaften, in die menschliches Leben eingebettet ist. In dieser Betrachtung lässt sich nur die sogenannte «starke Nachhaltigkeit» vertreten: Zu erhalten ist das Naturkapital (oder die Biokapazität) – dieses lässt sich durch nichts anderes ersetzen. Die «schwache Nachhaltigkeit» dagegen ist ein ökonomisches Konzept: Solange nur ihre Funktionen anderweitig gesichert werden können, lässt sich die Erschöpfung endlicher natürlicher Ressourcen hinnehmen. Nachhaltig ist dann das ökonomische Kapital. Auf die Biodiversität und andere erdgeschichtlich geprägte und dadurch nicht austauschbare Güter lässt sich die «schwache Nachhaltigkeit» kaum anwenden.

Nebst der Quantifizierung der ökologischen Nachhaltigkeit von Alternativprodukten oder -ernährungsmustern (Kapitel 5.3.1 und 6.3) können Fragen zum Erhalt der Biodiversität und zum Landschaftsschutz auch aus ethischer Sicht betrachtet werden. Unter bestimmten Bedingungen kann die Weidewirtschaft auf extensiv genutztem Grasland, etwa im Hochgebirge, einen positiven Einfluss haben. Da nicht zu erwarten ist, wohl auch ethisch nicht wünschbar ist (dazu sehr differenziert Kortetmäki (2022), 48 u. 56), dass die Weidewirtschaft völlig verschwindet, ist dieses Problem allerdings sehr entschärft (Mann, 2022). Intensivtierhaltung unter den heutigen Bedingungen hat jedenfalls eine negative Wirkung auf die Biodiversität durch Überweidung und Überdüngung. Ein besonders augenfälliges Anzeichen dafür ist die dramatische Verarmung der Wiesenvegetation an typischen Pflanzengesellschaften und Pflanzen- und Tierarten[71].

9.2.3. Tierwürde und Tierwohl

Dass Fleisch- und Milchersatzprodukte für viele Konsumentinnen und Konsumenten attraktiv und auch nach Ansicht von Ethikern zu befürworten sind, weil sie die ethischen Probleme der industrialisierten Tierhaltung und Fleisch- und Milchproduktion vermeiden, wurde schon mehrfach angesprochen.

Betrachtet man die Grundlegung der ethischen Orientierung, dann ist im Hinblick auf die Achtung des Tieres zwischen Tierwohl und Tierwürde zu unterscheiden.

Das Tierwohl bezieht sich auf die Vermeidung von Schmerzen und Leiden und das Entfaltungsbedürfnis der Tiere im Rahmen artgerechter Haltung. Legt man ethische (und nicht nur rechtliche) Massstäbe an, dann wird bei der Fleischproduktion in industrialisierten Ländern das Tierwohl vielfach deutlich missachtet (Haltung, Transport und Schlachtung).

In den geführten Interviews spielten unterschiedliche Haltungsformen und andere Aspekte des Tierwohls keine Rolle. Das liegt an der Hierarchie der Argumente: Wenn Tierhaltung zum Zweck der Fleisch- und Milchproduktion ethisch ohnehin nicht zu rechtfertigen ist, sind die (besseren oder schlechteren) Bedingungen der Tierhaltung nicht Thema. Tatsächlich gibt es eine gewisse Bandbreite der ethischen Positionen. Während die einen Tierhaltung grundsätzlich ablehnen (die «abolitionistische» Position[72]), treten andere für eine achtsame Tierhaltung

[71] Dazu populärwissenschaftlich: Haft (2020).

[72] Diese Positionierung kann dazu führen, dass mehr Tierwohl in den Ställen sogar abgelehnt wird; es verlängere nur die widerrechtliche Unterdrückung der Tiere (Francione, 1996).

ein («humane use») – mit einer Abstufung innerhalb des Spektrums (dazu Kortetmäki (2022): 50–52).

Die Tierwürde betrifft den Eigenwert der Tiere und steht im Gegensatz zum Begriff der «übermässigen Instrumentalisierung» (Camenzind, 2020). Ein eindeutiger Verstoss gegen die Tierwürde sind die sogenannten «Qualzuchten», also Züchtungen von Tieren, deren Konstitution sie zu einem leidvollen Leben verdammt. In anderen Fällen sind der Begriff der übermässigen Instrumentalisierung und – im Gegensatz dazu – die Tragweite der Tierwürde viel schwerer zu fassen, aber durchaus einsichtig, wenn man etwa an erniedrigende Formen der Zurschaustellung von Tieren in der Werbung denkt. Hier hat die Tierwürde die argumentative Bedeutung einer regulativen Idee im Kant'schen Sinne: Sie ist nicht ein für alle Male inhaltlich zu füllen und einzugrenzen (wie die «konstitutive Idee»), bringt aber ein fundamentales Anliegen in die Abwägung ein.

Eine viel allgemeinere Bedeutung hat die Tierwürde im Hinblick auf das Töten von Tieren. Die ethische Betrachtung geht hier von der idealisierten Situation eines leid- und schmerzfreien Tötens aus. Das wird zwar nie ganz der Fall sein, zumal Tiere Beziehungswesen sind: Auch wenn man Kälber völlig leid- und schmerzfrei töten könnte, würde man damit das Leid der Mutterkuh nicht ausschalten. Die Idealisierung ist dennoch sinnvoll für die eigentliche Fragestellung: Ist das Töten als solches, die willentliche Beendigung eines tierischen Lebens, unerheblich oder ethisch relevant? Rechtlich ist es bisher so, dass bei der Beeinträchtigung des Tierwohls Belastungsgrade unterschieden werden (Schweregrad 1–3), das leid- und schmerzfreie Töten dagegen nicht als Belastung gilt. Im Hinblick auf das Tierwohl lässt sich diese Position rechtfertigen, nicht dagegen mit Bezug auf die Tierwürde, denn die sehr weit gehende Instrumentalisierung ist offensichtlich[73].

Diese Betrachtungen sind für die spezifische Frage, ob das Angebot von Ersatzprodukten als Alternative zu Fleisch und Milch tierethisch vorzuziehen ist, kaum erheblich. Denn das ist offensichtlich der Fall. Sie zeigen aber, dass die argumentative Begründung dieser Position komplexer ist, als es zunächst scheinen mag.

9.2.4. Gesundheit

Gesundheit als ethischer Wert weist strukturelle Analogien mit der Nachhaltigkeit auf: eine begrenzte Resilienz des Systems (also die begrenzte Fähigkeit,

---

[73] An diesen Fragen arbeiten derzeit die Arbeitsgruppe Würde des Tieres des BLV und die EKAH.

Störungen und Belastungen abzupuffern und auszugleichen), daher die Notwendigkeit, quantitative Grenzwerte zu beachten, Überlastungen zu vermeiden und Vorsorge walten zu lassen. Der generelle Begriff der Vorsorge bezieht sich dabei auf zwei unterschiedliche Situationen: erstens die Vorbeugung vor bekannten Risiken und Gefahren (franz. «prévention» und «prévoyance»), zweitens der vorsorgliche, von Vorsicht geprägte Umgang mit Risiken und Gefahren, von denen man weiss, aber noch zu wenig (franz. «précaution»). Ein schrittweises Vorgehen («step-by-step») ist eine wichtige Regel für den letzteren Fall: Die Wahrscheinlichkeit und das Ausmass von Schäden sollen wissenschaftlich erforscht und immer besser beurteilt werden können.

Gesundheitliche Vorsorge fällt zunächst in die persönliche Verantwortung: für sich selbst und (stellvertretend) für Angehörige, die nicht oder nur teilweise für sich selbst sorgen können. Sie ist aber auch eine institutionelle (z.B. Arbeitgeber) und staatliche Aufgabe.

Fragen der Ernährung sind in den vergangenen Jahrzehnten immer mehr in den Fokus öffentlicher Gesundheitsvorsorge gerückt. Der durchschnittlich weit überhöhte Fleischkonsum ist ein Risikofaktor für eine ganze Reihe sogenannter Zivilisationskrankheiten (vgl. Kapitel 1).

Es ist daher im Interesse der Gesundheit, den Verzehr von Fleisch deutlich zu reduzieren. Fleischersatzprodukte können dazu einen Beitrag leisten. Ein gesundheitlich problematischer Aspekt dieser Produkte selbst – sofern sie rein pflanzlicher Herkunft sind – ist die Gefahr von Mangelerkrankungen (Calcium, Vitamin B_{12}, essenzielle Aminosäuren). Dieses Problem lässt sich durch entsprechende Zusätze lösen (vgl. Detailempfehlungen zu Kapitel 5.2 und 6). Bei den Milchersatzprodukten liegt, gesamthaft betrachtet, kein gesundheitlicher Mehrwert im Verhältnis zu den Referenzprodukten vor.

9.2.5. Soziale Anerkennung (im Bereich der Ernährung)

Ein in der ethischen Reflexion manchmal vernachlässigter Wert ist die Anerkennung, die beim Essen bestimmten Personen entgegengebracht wird: derjenigen, die gekocht hat, oder denjenigen, die bewirtet werden, vor allem einem besonderen Gast. Auch bei Landwirtinnen und Landwirten ist neben materiellen, organisatorischen und bürokratischen Schwierigkeiten der Eindruck fehlender gesellschaftlicher Anerkennung ein Hauptgrund für Unzufriedenheit. Die schon bei Hegel theoretisch erörterte grundlegende Bedeutung von Anerkennung ist in neuerer Zeit von dem deutschen Philosophen Axel Honneth herausgestellt worden[74]. Essen vermittelt Anerkennung. Einen einfühlsamen und zugleich theoretisch relevanten Umgang mit diesen Anerkennungsbeziehungen im Nahbereich praktiziert die Care-Ethik (Furst, 2019).

Ein wesentliches Element der Anerkennung ist der menschliche Wert der Arbeit. Kochen und Essen in der Familie und im Freundeskreis kann ein Ort sein, an dem Arbeit als nicht entfremdet erlebt wird, ein Sich-selbst-Spüren und Sich-selbst-Finden in oft körperlicher Arbeit für andere – wenn diese Arbeit auch gewürdigt wird. Das Produzieren von Nahrung kann in diese Anerkennungsbeziehungen einbezogen sein – das macht sicher den Reiz aus sowohl von Selbstversorgung als auch von Bauernmärkten oder Direkteinkauf beim Erzeuger[75].

Hier zeigt sich teilweise eine Schwäche der Fleisch- und Milchersatzprodukte. Als hoch verarbeitete Erzeugnisse sparen sie zwar Zeit im Alltag (vor allem der Städte), sie bieten aber weniger Möglichkeiten für die sozialen Interaktionen (und insbesondere die Anerkennung), die sonst mit Kochen und Essen verbunden sind: Sie sind ja schon so gut wie fertig. Vielleicht stehen sie auch erst am Anfang einer Entwicklung, die sie mit kulinarischer Kreativität versieht und sie dann zunehmend als etwas Eigenes statt als standardisiertes Imitat präsentieren kann. Auf Produkte wie Tofu, Pflanzendrinks oder alternativen Joghurt trifft diese Kritik ohnehin nicht zu: Nicht alle Alternativprodukte sind hoch verarbeitet.

Hierher gehört auch die von N. Müller angesprochene Assoziation von Fleischgenuss und Männlichkeit. Auch dabei geht es um Anerkennung – in einer Rolle, die man(n) ausfüllen und demonstrieren will (und vielleicht soll, um rollenkonform zu leben). Der Grillmeister eignet sich immer noch wenig zum Gendern, ihm haftet etwas Männliches an, und alles Vegetarische, das er über die Glut legt, hat schwerlich das Prestige von gegrilltem Fleisch. In einem berühmten Essay stilisierte der Philosoph und Sprachwissenschaftler Roland Barthes das typisch französische Steak-Frites nicht nur zu einem Nationalgericht, sondern auch unterschwellig, mit seiner Symbolik des (halb) Rohen und Blutigen, zu einer männlich konnotierten Mahlzeit (Barthes, 1957). Bemerkenswert ist allerdings, dass derzeit eine Verschiebung der Symbolik im Gang ist: vom Fleisch zum Protein. Eine proteinreiche Ernährung, keineswegs mit viel Fleisch, soll den Aufbau eines muskulösen männlichen Körpers fördern. Eiweissreiche vegane

---

[74] Honneth (1992) und weitere Publikationen des gleichen Autors zum Thema.

[75] Klimapolitisch kann die Bilanz dieser lokalen Märkte, die ein nicht unerhebliches Transportaufkommen verursachen, durchaus weniger positiv sein, als es zunächst scheint (Kortetmäki, 2022, 70).

Produkte erhalten in diesem Zusammenhang eine positive Bedeutung für die Konstruktion von «Männlichkeit» (Winter, 2022)[76].

Es ist zu fürchten, dass in einer gesellschaftspolitisch und soziokulturell zunehmend gespaltenen Schweiz Fleisch- und Milchersatzprodukte einem liberalen und progressiven urbanen Milieu zugeordnet, im konservativen ländlichen Raum jedoch abgelehnt werden[77]. Die gewünschte Wirkung als breitflächig akzeptierter Ersatz würde dadurch gebremst.

9.2.6. Selbstbestimmung

Selbstbestimmung betrifft eine möglichst weitgehende Autonomie der Produzierenden und die Wahlfreiheit von Konsumentinnen und Konsumenten.

Auf der Seite der Produktion kann die weitgehende Umstellung auf neue Produkte zu technologischer und kommerzieller Abhängigkeit führen. Dieses Problem verbindet sich dann mit Fragen der Anerkennung, der Schwierigkeit, sein Leben in die Hand zu nehmen (die «agency» der englischsprachigen Autoren), und seine Arbeit als bedeutsam zu erleben («meaningfulness of work», Kortetmäki (2022), 67). Das Problem ist allerdings nicht spezifisch für Fleisch- und Milchersatzprodukte.

Wie schon bei der Ernährungssicherheit ausgeführt – im Hinblick auf die Freiheit zu essen, was man möchte – hat Freiheit dort ihre Grenze, wo sie anderen und deren Freiheit schadet. Innerhalb dieser Grenzen ist sie ein hohes Gut.

Bei Fleisch- und Milchersatzprodukten scheinen keine *spezifischen* Fragen der Konsumentenfreiheit vorzuliegen. Die üblichen Kennzeichnungen von Produkten gelten auch hier, darunter freiwillige Klimalabel oder solche zum ökologischen Fussabdruck. Die Wirkung von Labels auf das Kaufverhalten ist allerdings begrenzt, oft ist nicht bekannt, was sie genau bedeuten. Im Lebensmittelbereich achtet immerhin etwa die Hälfte der Konsumentinnen und Konsumenten auf Labels (Kantar EMNID, 2016; Sander et al., 2016).

Die Frage ist eher, wie in freiheitlichen Gesellschaften die dringlichen Verhaltensänderungen so gefördert werden können, dass der Zielpfad eingehalten

---

[76] Die Grundsatzkritik derartiger Genderkonstruktionen steht auf einem anderen Blatt, hier geht es nur darum, dass sie in erheblichem Mass verhaltensbestimmend sind.

[77] Ähnlich in Frankreich, siehe Carriat (2023).

werden kann. Welche Impulse machen die frei gewählten Konsumentscheidungen zu den ethisch wünschbaren? Mit Methoden des Nudging wird versucht, Menschen in diesem Sinne zu beeinflussen – zwischen dem formalen Respekt ihrer Entscheidungsautonomie und sanften Formen der Manipulation. Diese anspruchsvolle Thematik als solche, die sowohl ethisch und philosophisch als auch im Bereich des Marketings professionell untersucht wird, würde den Rahmen der vorliegenden Studie sprengen.

Vielmehr soll das Problem der «hin- und hergerissenen» Wahlfreiheit im Gegenüber von zwei didaktisch und rhetorisch geschickt gewählten Parolen angegangen werden. Beide betreffen das ethische Dilemma des Fleischkonsums: die 3 Ds und die 4 Ns.

Die 3 Ds lauten «distinction», «domination», «dissonance» (Nungesser & Winter, 2021). Bei der Zusammenstellung einer (Haupt-)Mahlzeit ist Fleisch etwas Besonderes: derjenige Bestandteil, der mehr als die anderen geschätzt wird – nicht umsonst sind diese nur «Beilagen». Nungesser & Winter (2021) zitieren die britische Anthropologin Mary Douglas, derzufolge die Struktur eines typischen Gerichts mit «a + 2b» formalisiert werden kann: a, der herausgehobene Bestandteil («stressed item») ist häufig Fleisch (Douglas, 1972). Das bedeutet, dass Fleischersatz in dem Moment, in dem er die Rolle von a einnehmen kann, gleichwertig, d.h. ebenso angesehen ist. Führt man den Gedankengang der Autoren weiter, dann ist die «distinction» dieser Produkte möglichst zu verstärken, vermutlich auch im Sinne eines «mehr als Ersatz», denn die Kopie wird in der Regel weniger gelten als das Original. In die gleiche Richtung ging das oben zitierte Plädoyer von N. Müller für die «Schweizer Lupine» als neue und andere «Schweizer Kuh».

Das zweite und das dritte D, «domination» und «dissonance», sind eng miteinander verbunden. Mit «domination» ist die Unterwerfung und Degradierung des Tiers in der westlichen Moderne gemeint, ein Prozess der Verdinglichung, der erst die kulturellen Voraussetzungen für die enorme Steigerung von Fleischproduktion und -konsum geschaffen hat. Dazu parallel hat sich das Bewusstsein verstärkt, dass das Tier eben kein Ding ist, kein beliebig verfügbares Objekt, sondern ein empfindungs- und kommunikationsfähiges, Beachtung und Achtung verdienendes Mit-Lebewesen. In ihrer Unvereinbarkeit führen diese gegensätzlichen Entwicklungen zu einer intensiven kognitiven Dissonanz: Das ethisch gebotene und das tatsächliche Verhalten gegenüber Nutz- und Schlachttieren stehen in flagrantem Widerspruch.

Wie lässt sich dieser Widerspruch auflösen? Dafür gibt es nur zwei Möglichkeiten: entweder den Verzicht auf Fleisch oder die «Rationalisierung» des Fleischkonsums im psychologischen Sinne des Wortes, eine Strategie der psychologischen Entlastung von Schuldgefühlen. Hier kommen die 4 Ns ins Spiel: «natural», «normal», «necessary» und «nice» (Piazza et al., 2015). Natürlich sei Fleischkonsum, weil eine omnivore Lebensweise der menschlichen Konstitution entspricht; normal, weil die meisten Menschen Fleisch essen; notwendig, um eine ausgewogene, gesunde Ernährung zu haben. Diese 3 Ns halten zwar genauerer Prüfung nicht stand, haben aber noch den Habitus ethischer Argumentation. Das vierte N kommt dann etwas kecker daher: Fleisch sei einfach «nett», ein Stück Lebensgenuss, den man wohl nicht verwehren dürfe.

Man sieht an diesem Beispiel, wie heftig ganz unterschiedliche Begründungen an der menschlichen Entscheidungsfreiheit «zerren», teils offen nicht ethische («nice»), teils auch solche im Gewand der Ethik. Ethisch betrachtet, schliesst ein Sollen immer ein Können ein: Zum Unmöglichen ist niemand verpflichtet. Das suggerieren die drei ersten Ns: Der Mensch kann nicht aus seiner Haut; er darf tun, was alle machen; und ihm kann nicht abverlangt werden, seine Gesundheit aufs Spiel zu setzen. Argumentativ kann man diesen Begründungen leicht begegnen. Sie sind sachlich falsch oder undifferenziert und sie vermischen Sein und Sollen: Was man tun soll, wird fälschlich abgeleitet von dem, was man tut (so als würde die Häufigkeit von Schwarzfahren darüber entscheiden, ob Schwarzfahren moralisch in Ordnung ist oder nicht).

Das ist das tiefere Problem bei dem angeblichen Argument der Natürlichkeit: Recht verstanden, sagt die (immer voraussetzungsreiche) Deutung der Natur keinesfalls, was ethisch geboten ist – was Natur ist, sagt nicht, was Mensch soll. Man kann dennoch versuchen zu verstehen, warum das Argument immer wieder attraktiv ist. Dafür gibt es viele Gründe. Es kann, wie wir sahen, entlastend sein (niemand kann «gegen seine Natur» angehen). Es kann auch freiheitsfeindlich gebraucht werden, ohne so zu wirken (die Natur als Autorität, versteckt hinter dem Natürlichen als dem Selbstverständlichen). Ein ganzer Blätterteig von Argumentationen liegt vor, darunter auch solche, die, begrifflich korrekt gefasst, durchaus bedenkenswert sind. So kann «Natürlichkeit» in bestimmter Hinsicht eine Klugheitsregel sein (natürliche Schwankungen als Marge von Resilienz, natürliche Kreisläufe, Erneuerungszyklen, Artenzusammensetzungen als in langen Zeiträumen erprobte Bedingungen von Nachhaltigkeit). Analog dazu kann mit der «Natürlichkeit» von Nahrung eine bewährte physiologische Eignung gemeint sein; auch da kann der Begriff mit seinem intuitiven Charme jedoch genauso in die Irre führen.

9.2.7. Priorisierungsregeln

Bei der Abwägung von ethischen Werten und Gütern, die im Konflikt miteinander stehen, kann man versuchen, allgemeine Priorisierungsregeln aufzustellen. So sind für Kortetmäki (2022) Umweltziele prioritär gegenüber soziokulturellen Zielen, wenn die Umwelt schon schwer geschädigt ist. Grund dafür ist die Irreversibilität der Schäden oder Verluste. Formal geht es bei diesem Argument dann weniger um inhaltliche Bereiche (Umwelt oder Gesellschaft und Kultur), sondern um vital wichtige Güter, die in langen Zeiträumen nicht wiederherstellbar oder ersetzbar sind. Ein (relativ) stabiles Klima, langfristig funktionierende Wasserkreisläufe und Artenvielfalt, aber auch eine qualitativ und quantitativ intergenerationell gesicherte Ernährung sind Beispiele für solche Güter.

Das bedeutet, dass bei der ethisch begründeten Befürwortung von Fleisch- und Milchersatzprodukten Argumente der ökologischen Nachhaltigkeit und der Ernährungssicherheit schwerer wiegen als kulturelle Traditionen, soziale Rollen und gesellschaftliche Konventionen. Die im Wortsinn konservative (also bewahrende) Position ist dann nicht unbedingt dort, wo man sie vermutet.

9.3. Vergleiche zwischen Produkten

Fleischersatzprodukte brechen die Alternative «from beef to beans» auf und führen eine dritte Kategorie ein: in der Substanz pflanzliches Protein (in den meisten Fällen), in der Aufmachung scheinbares Fleisch[78]. Die bisherigen ethischen Überlegungen betrafen vor allem den Vergleich zwischen Alternativ- und Referenzprodukten. Aber auch der Vergleich mit pflanzlichen Rohprodukten oder wenig verarbeiteten Produkten ohne den Anspruch der Imitation ist wichtig: Ist es ethisch vorzuziehen, auf die Referenz zu verzichten und pflanzliche Alternativen als solche zu wählen und zu kultivieren?

Für eine Ethik unter idealen Bedingungen ist dem so. Denn viele Ersatzprodukte sind hoch verarbeitet. Sie bestehen aus extrahierten Zutaten, die hoch aufgereinigt werden; am Ende werden alle Komponenten (Fett, Proteine, Kohlenhydrate) wieder zusammengeführt. Das erfordert Energie und produziert Nebenprodukte, die bisher als Futtermittel verwendet wurden (was einen inneren Widerspruch und bei abnehmender Tierhaltung ein ökonomisches und ökologisches Problem

[78] Analoges gilt für Milch und Milchersatzprodukte.

darstellt). Eine ganze Reihe von Rohstoffen (etwa Kokos und Maniok, auch Mandeln und Oliven) können nicht bzw. nur marginal in der Schweiz produziert werden: Das ist negativ für den Selbstversorgungsgrad der Schweiz (einen wichtigen Aspekt von Ernährungssicherheit) (siehe auch Kapitel 10). Und auch hier fällt ein zusätzlicher Energieaufwand an – für die Transportwege. Extruder sind nur in grossem Massstab rentabel; ist es vertretbar, wenn viele Landwirte sich in Abhängigkeit von einer Produktionsanlage begeben (Pfadabhängigkeit im Konflikt mit der Selbstbestimmung)?

Auch im Hinblick auf die Gesundheit stellen sich hier Fragen. Die Analysen des Berichts haben gezeigt, dass die Alternativprodukte aus Sicht des Nährwertes die Referenzen nur selten vollständig ersetzen können (Kapitel 5). Dabei geht es oft um einzelne Mikronährstoffe, wie Calcium oder Jod, welche in den Alternativen nicht ausreichend enthalten sind. Andererseits werden Ersatzprodukte oft als «gesunde Alternativen» angeboten bzw. durch die Konsumentinnen und Konsumenten als solche wahrgenommen. Dies gilt insbesondere für Milchalternativprodukte (Kapitel 7). Natürlich gibt es Gesetze zum Täuschungsschutz (vgl. Kapitel 8) – aber eine Täuschung liegt hier ebenso wenig vor wie bei einer Marzipankartoffel. Die Ersatzprodukte sind ausdrücklich nicht Fleisch und nicht Milch. Dennoch könnte suggeriert werden, dass sie in jeder Hinsicht den gleichen Nährwert haben. Damit ist ein ethisches Problem gegeben.

Transparenz (als Voraussetzung für Selbstbestimmung) ist in jedem Fall gefordert. Dann gibt es zwei Möglichkeiten: deutliche Hinweise auf die Gefahr von Mangelernährung oder Produkte, die diese Gefahr bannen, indem sie mit entsprechenden (nicht-tierischen) Zusatzstoffen versehen sind.

Ethisch lässt sich die zweite Möglichkeit viel leichter rechtfertigen: wenn Imitat, dann ganz Imitat (auch im Hinblick auf die Nährstoffe). Denn Ethik muss sich auch mit der Gefahr der Überforderung befassen. Wie eingangs schon gesagt wurde, ist Ethik die kritische Reflexion von Moral – und Moral ist das spontane, kulturell bedingte und in der Sozialisierung eingeübte Umgehen mit gut und böse, gut und schlecht. Zu viel Ethik bedeutet schwache Moral. Es ist nicht möglich, bei tausend Alltagsentscheidungen rationale Abwägungsprozesse in Gang zu setzen. In dieser Hinsicht ist das Leben in der heutigen Gesellschaft ohnehin anspruchsvoll. Aus volksgesundheitlichen Gründen der Gefahr von Mangelerkrankungen mit konventionellen Zusatzstoffen zu begegnen, ist keine neue Idee (das bekannteste Beispiel ist vermutlich die – freiwillige, aber weit verbreitete – Jodierung von Kochsalz zur Vorbeugung vor Schilddrüsenerkrankungen (Goodman, 2022)). Natürlich müssen alle Zusatzstoffe deklariert werden. Wer diese «Bevormundung» nicht wünscht, verfügt über andere Möglichkeiten. Der Kern des Arguments ist die Konsequenz in der Referenz: Ein Lebensmittel, das *wie* Fleisch aussieht und aussehen soll, muss möglichst alle Qualitäten von Fleisch bieten – nicht nur die geschmacklichen und die Hauptbestandteile wie Protein. Bei den Milchalternativen ist diese Herausforderung noch virulenter.

Anders sieht es bei (weniger stark verarbeiteten) pflanzlichen Alternativen aus, die nicht als Imitat, sondern als eine andere Wahl angeboten werden: nicht das möglichst Ähnliche, sondern etwas anderes. In diesem Fall geht es um *Information* über die Risiken von Mangelerkrankungen – eine Information, die vegan lebende Menschen ohnehin suchen werden. Sie werden ihre bewusste Entscheidung auf ihre Konsequenzen hin bedenken und das Nötige tun. Supplementierung bietet sich auch in diesen Fällen an – als eine wichtige Option, die der Markt bereits bereithält.

Die Frage, ob wenig verarbeitete Produkte nicht besser sind als hoch verarbeitete Ersatzprodukte, ist noch nicht vollständig beantwortet. Unter *nicht idealen* Bedingungen wird man hier alles ins Feld führen können, was kulinarische Gewohnheiten mit ihrer soziokulturellen Rollenidentität bedeuten, sowie kulturanthropologische Einsichten zur Zusammensetzung eines Hauptgerichts, das neben zwei b-Bestandteilen einen a-Bestandteil enthält. Diese a-Rolle können Fleischersatzprodukte einnehmen; «beans» statt «beef» funktioniert dagegen nicht wirklich. Das spricht sehr für die Ersatzprodukte und relativiert die Vorbehalte, die unter *idealen* Bedingungen zu machen wären. Grundsätzlich sind die Umweltwirkungen sowohl der hoch verarbeiteten als auch der Rohprodukte (oder wenig verarbeiteten Produkte) deutlich niedriger als die der Fleischprodukte (Kapitel 5.3.1). Der relative Unterschied zwischen beiden spielt im Gegenüber zu den Referenzprodukten kaum eine Rolle.

Dennoch wird man hier nicht stehen bleiben können. Solange man an Traditionen rund um die tierischen Produkte festhält, wird es auch deren Konsum geben, da es unwahrscheinlich ist, dass Alternativprodukte je die gleichen organoleptischen Eigenschaften erreichen werden. Wahr ist aber auch: So wenig wie die seit dem Mittelalter mit Erstaunen wahrgenommene «Apfelsine» so etwas wie ein chinesischer Apfel ist, so wenig spielen die Fleisch- und Milchersatzprodukte ihre eigentlichen Qualitäten aus, wenn sie den Referenzprodukten so ähnlich wie möglich sind. Zunächst ist das vielleicht wichtig – für eine Übergangszeit. Absolut gesehen, ist es völlig unwichtig. Auch Kaiserschmarrn und Apfelstrudel haben eine a-Qualität, und Sossen mit schmackhaften Pilzen helfen, so manches b so aufzuwerten, dass es die Rolle von a spielen kann. Die hier betrachteten Produkte haben den Weg vom Ersatz zum Original zweiten Grades noch vor sich.

Abschliessend sollen zwei Spezialfälle genauer betrachtet werden: *In-vitro*-Fleisch und Insekten.

Im Prinzip wäre *In-vitro*-Fleisch das «nec plus ultra» der Fleischimitation: im Grunde sogar keine Imitation, sondern authentisches Fleisch, aber ausserhalb jeder ethischen Auseinandersetzung mit Wohl und Würde eines komplexen, empfindungsfähigen Lebewesens. Fleisch ohne Körper, Fleisch ohne Leib, und damit ohne die Selbstwahrnehmung im Leib, mit Freude und Lust, Leid und Schmerz. Ganz so einfach ist es allerdings nicht. Fleisch besteht aus unterschiedlichen Zelltypen, diese Mischung nachzuahmen, ist schwer. Das Kulturmedium ist teuer, zumal das ursprünglich verwendete Kälberserum nicht in Frage kommt, wenn man ethisch konsequent sein will. Die technologischen Risiken sind noch schwer absehbar, die ökonomischen Risiken könnten dazu führen, dass sich vor allem grosse Investmentfirmen engagieren, die Abhängigkeit von energieintensiven Produktionsanlagen ist problematisch (Luneau, 2020). Ethisch wird man es irrelevant finden, dass sich unablässig teilende und sich nicht differenzierende Gewebe eine Analogie zu Krebstumoren darstellen – doch für die mentale Akzeptanz einer neuen Technologie ist dieser Vergleich kein Vorteil.

Insekten gelten als Fleischersatzprodukt. In der vorliegenden Studie wurde diese Klassifizierung übernommen. Sie ist ethisch fragwürdig. Zwar unterscheidet die Schweizer Tierschutzgesetzgebung nach wie vor zwischen Wirbeltieren und den sogenannten Wirbellosen (ein zoologisch-systematisch längst überholter, nur aus pragmatischen Gründen beibehaltener Begriff). Tierwürde kommt im Tierschutzrecht nur den Wirbeltieren zu (mit einigen wenigen Ausnahmen darüber hinaus). In den gleichen, engen Grenzen besteht der Rechtsanspruch des Tierwohls.

Die Würde der Kreatur in der Verfassung (Art. 120 BV) gilt jedoch uneingeschränkt. Damit besteht eine durch die Geschichte der Rechtssetzung bedingte inhaltliche Spannung.

Ethisch gilt die Achtung vor dem Tier zwar differenziert nach seiner Empfindungs- und Leidensfähigkeit, jedoch unabhängig von aktuellen oder veralteten phylogenetischen Kategorien. Zwischen Wirbeltieren und sogenannten Wirbellosen kann in dieser Hinsicht grundsätzlich kein Unterschied gemacht werden. Ansonsten entscheidet der Wissensstand der Tierphysiologie und Verhaltensforschung.

Was ist «Fleisch»? Die konventionelle Bezeichnung verzerrt die eigentliche Problematik. Im Grunde ist es ein Fehler, Insekten unter die Fleischersatzprodukte einzureihen.

Dass die ethische Betrachtung eines Gegenstands dazu führt, diesen Gegenstand selbst stellenweise anders definieren zu wollen, ist nicht ungewöhnlich.

9.4. Detailempfehlungen

Es ergeben sich zwei Detailempfehlungen.

Empfehlung	Adressat
Neben der Nachahmung (von Fleisch und Milch) stellt auch die Weiterentwicklung dieser Produkte zu Nahrungsmitteln eigener Art ein wichtiges Ziel dar. Denn Vermarktung und Konsum von Alternativprodukten sprechen (wie das Essen allgemein) auch die symbolische Dimension des Lebens an (z.B. Rollenbilder). In dieser Hinsicht ist die Qualifizierung als Ersatz oder Imitat zwiespältig.	Gastronomie, Bildungseinrichtungen
Die ethische Reflexion sensibilisiert für die nicht-ethischen Rahmenbedingungen der Ausführung ethischer Urteile. Auch wenn Nachhaltigkeit, Gesundheit und Tierwohl/Tierwürde in ethischer Abwägung für Fleischersatzprodukte (und, viel weniger eindeutig, auch für Milchersatzprodukte) sprechen, braucht es motivierende Signale auf der symbolischen Ebene, um ein entsprechendes Verhalten auszulösen und zu stabilisieren. Erfolgreich werden die Alternativprodukte als wertgeschätzter Bestandteil einer Kultur des Essens.	
Bei der Definition von Alternativprodukten sollten Produkte ausgeschlossen werden, die im Hinblick auf den Respekt von Tierwohl und Tierwürde zweifelhaft sind. Eindeutigkeit ist erforderlich, weil es sich hierbei um ein starkes ethisches Argument für die Alternativprodukte und eine der Hauptmotivationen von Konsumentinnen und Konsumenten handelt.	Verwaltung, Marketingverantwortliche
Sogenannte Wirbellose haben im Tierschutzrecht einen prekären Status. In ethischer Hinsicht ist diese Kategorie nicht relevant. So werden Insekten zwar umgangssprachlich nicht als Fleisch bezeichnet, sind aber in physiologischer Hinsicht damit vergleichbar und verdienen als lebende Organismen ethisch die gleiche Aufmerksamkeit wie Wirbeltiere (mit allen Differenzierungen, die im Einzelfall zu machen sind).	

10. Landwirtschaftliches Potenzial der Schweiz zur Umsetzung alternativer Ernährungsmuster

10.1. Einführung und Methodik

Es ist davon auszugehen, dass eine Umstellung der Ernährung der Schweizer Bevölkerung mit weitestgehendem Verzicht auf tierische Produkte erhebliche Auswirkungen auf die Schweizer Landwirtschaft hätte, wenn man die Relevanz der Fleisch- und Milchindustrie für die Land- und Ernährungswirtschaft beachtet. Über 80% der landwirtschaftlichen Nutzfläche dienen zur Produktion von tierischen Nahrungsmitteln und über die Hälfte des Umsatzes der Land- und Ernährungswirtschaft wird durch die Fleisch- und Milchindustrie generiert (Kapitel 2). Darüber hinaus lag der Selbstversorgungsgrad der Schweiz mit Nahrungsmitteln im Jahr 2022 bei nur 53%[79], für pflanzliche Nahrungsmittel gar nur 46% (SBV, 2023), da sich nur ein relativ kleiner Anteil der Schweizer Landesfläche für die Produktion pflanzlicher Lebensmittel eignet (BfS, 2017). Aus diesen Gründen ist es wichtig abzuschätzen, was das Potenzial der Landwirtschaft in der Schweiz ist, Rohstoffe für neue Ernährungsmuster zu produzieren. Bisher liegen nur wenige Studien zu den Folgen einer Umstellung auf alternative Proteinquellen vor. Dies lässt sich unter anderem darauf zurückführen, dass die Zusammenhänge und Abhängigkeiten innerhalb der Land- und Ernährungswirtschaft sehr komplex sind, weshalb genaue Vorhersagen schwierig sind und einer Betrachtung des Gesamtsystems, beispielsweise auf der Grundlage umfassender Modellrechnungen, bedürfen.

Im Rahmen dieser Studie wurde vorhandene Literatur zu den Folgen umfassender Ernährungsumstellungen ausgewertet und die relevanten Bezüge zur vorliegenden Studie aufgezeigt. Zudem wird an einer vereinfachten Beispielrechnung dargestellt, was der theoretische Rohstoffbedarf durch die alternativen Ernährungsmuster wäre, um daraus die Dimension des Wandels mit Bezug auf die derzeitige Ausgangssituation einordnen zu können. Dadurch können potenzielle

---

79 Nach verwertbarer Energie.

Engpässe identifiziert und die allgemeine Eignung verschiedener Rohstoffe für die Herstellung von Alternativprodukten in der Schweiz verglichen werden.

Für die Berechnung des Rohstoffbedarfs in den alternativen Ernährungsmustern wurden Rezepturen der Alternativprodukte aus den Umweltinventaren herangezogen. Anhand dieser wurden die Mengen der benötigten Rohmaterialien je kg Alternativprodukt berechnet. Für die Produktgruppen, für welche Rezeptangaben vorhanden waren, wurden dann Durchschnittswerte berechnet und basierend auf den täglichen Konsummengen der in Kapitel 6 vorgestellten Ernährungsmuster auf den Gesamtbedarf der Schweizer Bevölkerung hochgerechnet (8,815 Mio. ständige Wohnbevölkerung, 2022, (BfS, 2023)). Die gleiche Hochrechnung wurde für die Referenzprodukte (Fleisch und Milchprodukte) getätigt. Im Vergleich zu den bekannten Produktionsmengen an Fleisch- und Milchprodukten im Jahr 2021 (Proviande, 2021a; SBV, 2022) lag die Abweichung der Hochrechnungen für jedes der Referenzprodukte bei weniger als 7%.

10.2. Ausgangssituation landwirtschaftliche Produktion Schweiz

Aufgrund der klimatischen und geographischen Gegebenheiten sind die Möglichkeiten zur landwirtschaftlichen Nutzung der Schweizer Landesfläche beschränkt (BfS, 2017; Holzkämper et al., 2015). Die landwirtschaftliche Nutzfläche in der Schweiz betrug im Jahr 2022 1.040.000 ha oder 25% der Landesfläche (SBV, 2023). Von dieser entfiel 26% auf offenes Ackerland und 70% auf Wiesen und Weiden, der Rest entfiel auf Spezialkulturen wie Reben und Obstbäume. Die Gesamtnutzung des Ackerlandes wiederum verteilt sich auf Getreide (53%), Silo- und Grünmais (17%), Ölsaaten (12%), Knollen- und Wurzelfrüchte (10%) und diverse kleinere Kulturen (8%). Unterscheidet man zudem zwischen dem Anbau von Futter- und Nahrungsmitteln, zeigt sich, dass im Jahr 2022 41% der offenen Ackerflächen für den Anbau von Futtermitteln genutzt wurden (SBV, 2023).

Die Fleisch- und Milchindustrie stellen mit über 50% des erwirtschafteten Umsatzes (Kapitel 2) die ökonomisch wichtigsten Sektoren der Schweizer Land- und Ernährungswirtschaft dar. Die Wiederkäuer, und dabei insbesondere Rinder, sind in der Lage, ballaststoffreiches Futter, auch Raufutter genannt, zu verdauen. Dadurch werden Flächen wie Naturwiesen und -weiden, die für den Ackerbau ungeeignet sind, landwirtschaftlich nutzbar. Wie bereits ausgeführt, machen

Wiesen und Weiden über zwei Drittel der landwirtschaftlichen Nutzfläche in der Schweiz aus. Die Milch- und Rindfleischproduktion stehen also nicht notwendigerweise im Konflikt mit der Produktion anderer Nahrungsmittel (Proviande, 2021b; Zumwald et al., 2019). Zurzeit werden allerdings zusätzliche Futtermittel angebaut und importiert, um die Raufuttergaben zu ergänzen. Zudem können Schweine und Geflügel Raufutter nicht verdauen, weshalb sie ebenfalls zusätzliches Futter erhalten, welches in Konkurrenz mit dem Nahrungsmittelanbau steht. Die Importmengen für diese zusätzlichen Futtermittel übertreffen dabei die Eigenproduktion (55% Import) (Baur & Krayer, 2021). Für Raufutter liegt die Eigenproduktion bei 96%, woraus sich für das Gesamtfutter ein Importanteil von 16% ergibt (Baur & Krayer, 2021; Proviande, 2021b).

Wegen der beschränkten Möglichkeiten des Ackerbaus in der Schweiz und der hohen Produktionsmenge tierischer Lebensmittel sowie des damit zusammenhängenden Futterbedarfs wird aktuell nur ein Teil des Konsums an Nahrungsmitteln im Inland produziert. Zudem ist der Selbstversorgungsgrad in den letzten Jahren aufgrund der steigenden Bevölkerung, der sinkenden landwirtschaftlichen Nutzfläche, sich verändernder Anbauflächen und der stagnierenden Hektarerträge gesunken. Im Jahr 2022 betrug der Anteil der Inlandproduktion am Verbrauch gemessen in verwertbarer Energie noch 53% (SBV, 2023). Auch die Selbstversorgungsgrade der einzelnen Nahrungsmittel sind oft gering. Während der Selbstversorgungsgrad nach verwertbarer Energie von Weichweizen, alliumartigem Gemüse (z.B. Zwiebeln) und Rapsöl bei rund 70% liegt, werden für Hafer, Sonnenblumenöl und Fruchtgemüse (z.B. Tomaten) weniger als 20% erreicht. Für Hülsenfrüchte liegt er bei nur 3% (SBV, 2023). Im Gegensatz dazu liegt der Selbstversorgungsgrad für viele Fleisch- und Milchprodukte vergleichsweise hoch (SBV, 2023). Für Milch, Halbhartkäse und Hartkäse wurden 2022 Selbstversorgungsgrade von 94%, 113% und 155% erreicht. Aufgrund der Koppelproduktion mit Milch waren die Werte für Kalbfleisch und Rindfleisch mit 96% und 84% ebenfalls überdurchschnittlich. Für Schweinefleisch und Geflügelfleisch wurden Werte von 95% und 59% erreicht. Die dargestellten Prozentwerte beziehen sich dabei auf den Brutto-Selbstversorgungsgrad, also das Verhältnis zwischen der verwertbaren Eigenproduktion und dem inländischen Gesamtverbrauch. Die Herkunft der verwendeten Futtermittel wird in diesem Falle nicht beachtet. Im Netto-Selbstversorgungsgrad wird die tierische Produktion, welche auf importierten Futtermitteln beruht, nicht zur Eigenproduktion gezählt. Dadurch sinkt der Selbstversorgungsgrad des Gesamtkonsums von 53% auf 46% (SBV, 2023).

Auch die Verschwendung von Lebensmitteln spielt für den Selbstversorgungsgrad eine bedeutende Rolle. Beretta & Hellweg (2019) zeigen, dass in der Schweiz jedes Jahr im Durchschnitt 330 kg vermeidbarer Lebensmittelabfall pro Person anfallen. Dies entspricht 37% der landwirtschaftlichen Produktion im In- und Ausland zur Deckung des Schweizer Lebensmittelkonsums. Die Vermeidung des Lebensmittelabfalls, kombiniert mit einer Optimierung der Ernährungsmuster und des gesamten Ernährungssystems, könnte nach Berechnung von von Ow et al. (2020) die Importmenge von Lebensmitteln (nach verwertbarer Energie) halbieren, während der Selbstversorgungsgrad auf 90% steigen würde.

10.3. Literatur zu den Auswirkungen einer Umstellung der Ernährung auf die Schweizer Landwirtschaft

Laut der Schweizerischen Akademie der Technischen Wissenschaften ist in Zukunft zunehmend mit Ackerbohnen und Erbsen als Grundlage für Alternativprodukte zu rechnen, wobei technologische Innovationen notwendig sein werden, um deren Weiterverarbeitung in Fleisch-, Käse- oder Milchalternativen zu ermöglichen (SATW, 2019). Zudem wird es einen Bedarf an neuen Sorten weiterer Hülsenfrüchte wie Soja oder Kichererbsen geben, welche sich besser für den Anbau in der Schweiz eignen und dauerhafte, erfolgreiche Ernten erlauben (foodaktuell, 2023a). Die Möglichkeit einer solchen Umstellung zu mehr Hülsenfrüchten wurde in einer kürzlich veröffentlichten Studie der ETH modelliert (Keller et al., 2024). In der Studie wurde das Anbaupotenzial für verschiedene Hülsenfrüchte abgeschätzt, inklusive Erbsen, Sojabohnen und Ackerbohnen, und die mögliche Ertragsmenge errechnet. Die Menge an potenziell produzierbarem Hülsenfrüchte-Protein entspricht 109% der Menge an Protein, die momentan über den Fleischkonsum der Schweizer Bevölkerung gedeckt wird. Da Hülsenfrüchte auch als Futtermittel geeignet sind, ergibt sich also die Möglichkeit, in Kombination mit einem Rückgang des Fleischkonsums den Selbstversorgungsgrad der Schweiz deutlich zu verbessern. Die Autoren stellen allerdings fest, dass einer solchen Umstellung noch immer diverse Hürden im Weg stehen, wie etwa die Akzeptanz der Endprodukte durch die Konsumentinnen und Konsumenten, der Bedarf an geeigneten Sorten für den Anbau in der Schweiz und das Fehlen erfolgreicher politischer Unterstützung für den Anbau von Hülsenfrüchten. Da Hülsenfrüchte eine wichtige Ressource für die Produktion neuartiger Alternativprodukte darstellen (Kapitel 3), sind die Ergebnisse auch für die vorliegende Studie von Relevanz. Dies gilt insbesondere, wenn die derzeitige schweizerische Produktion von Hülsenfrüchten mit dem potenziellen Bedarf bei einem erhöhten Konsum verglichen wird (Kapitel 10.4).

In zwei weiteren, aufeinander aufbauenden Studien durch Agroscope wurden die Folgen einer hinsichtlich der Umweltwirkungen optimierten Ernährung auf die Schweizer Landwirtschaft untersucht (von Ow et al., 2020; Zimmermann et al., 2017). In einem Szenario werden dabei auch die Empfehlungen der Schweizer Lebensmittelpyramide in das Ernährungsmodell integriert. Allgemein wird gezeigt, dass eine Grünlandnutzung durch Milchproduktion aus Sicht der Ressourceneffizienz[80] der Lebensmittelproduktion vorteilhaft ist (Ähnliches wird auch von van Kernebeek et al. (2016) in einem Modell für die Niederlande erkannt). Allerdings muss in den optimierten Szenarien die Tierhaltung über diverse Mechanismen angepasst werden. Dies betrifft etwa die optimale Nutzung des Grünlandes, die Wahl der Futtermittel und auch die gehaltenen Tierarten und die Art der Haltung. Der Gesamtbestand an Tieren, gemessen in Grossvieheinheiten (GVE), wird fast halbiert, das Dauergrünland wird extensiver genutzt und die Ackerflächen dienen vermehrt der Produktion pflanzlicher Nahrungsmittel. So ersetzt der Brotgetreide- und Kartoffelanbau zu grossen Teilen den Futtermittelanbau. Ebenfalls zunehmend ist der Gemüse-, Obst- und Beerenanbau. Als Folge der Optimierungen nimmt der Importbedarf deutlich ab, Futtermittelimporte verschwinden fast vollständig, während der Import von Gemüse und Nüssen zunimmt. Der Selbstversorgungsgrad nach Kalorien steigt in allen optimierten Szenarien um wenigstens 10 Prozentpunkte (von 61% auf > 71%). Der Netto-Selbstversorgungsgrad nimmt infolge des sinkenden Bedarfs an Futtermittelimporten sogar um mindestens 16 Prozentpunkte zu. Es zeigt sich in den Ergebnissen, dass ökologische Optimierung und gesunde Ernährung zumeist Hand in Hand gehen. Gleiches lässt sich in Kapitel 6 für den Vergleich zwischen der Durchschnittsernährung und der empfohlenen Ernährung erkennen.

Zwei weitere Studien bestätigen diese Beobachtungen für die Schweiz. In einem wissenschaftlichen Bericht des FiBL[81] wurden die Auswirkungen verschiedener Ernährungsmuster in der Schweiz auf die Umwelt, soziale Nachhaltigkeit, die

---

[80] Der Begriff Ressourceneffizienz bezieht sich auf die Möglichkeit, durch die zusätzliche Grünlandnutzung mehr Lebensmittel in der Schweiz herzustellen, als es nur durch die Nutzung des Ackerlandes möglich wäre. Eine hohe Ressourceneffizienz muss nicht zwingend das Ziel der landwirtschaftlichen Produktion sein. Andere Ziele wie etwa die Renaturierung der Alpenlandschaft sind ebenfalls denkbar.

[81] Forschungsinstitut für biologischen Landbau.

Gesundheit der Bevölkerung und den Selbstversorgungsgrad untersucht (Stolze et al., 2019). Es wurden Synergien zwischen allen Aspekten gefunden, wobei je nach Szenario Unterschiede in den Details auftreten und auch vereinzelt Zielkonflikte zwischen den Aspekten beobachtet werden können. Des Weiteren gibt es aufgrund der Koppelproduktion von Fleisch und Milch Probleme, die Ernährungsempfehlungen und die Produktion anzugleichen. Eine weitere Publikation durch das SDSN[82] stellt einen Leitfaden zu einem nachhaltigen Ernährungssystem in der Schweiz vor (Fesenfeld, Mann et al., 2023). Auch hier wird vom wissenschaftlichen Gremium darauf hingewiesen, dass zwischen einer ausgewogenen Ernährung, niedrigen Umweltwirkungen und der Versorgungssicherheit viele Synergien bestehen. Während der Transformation des Ernährungssystems kann es aber auch zu Zielkonflikten kommen.

Die gesammelten Erkenntnisse aus der Literatur wurden ebenfalls von der Schweizer Regierung wahrgenommen und unter anderem in die Klimastrategie der Landwirtschaft (2050) aufgenommen (BLW, 2023). Diese hat sich das Ziel gesetzt ein resilientes Ernährungssystem aufzubauen, welches sowohl auf den Klimawandel vorbereitet ist als auch Emissionen von Treibhausgasen reduziert sowie einen hohen Selbstversorgungsgrad gewährleistet. Verschiedene Ziele und Massnahmen wurden zu diesem Zweck definiert. Dazu gehören unter anderem ressourcenschonende Konsummuster, verlustarme Lebensmittelproduktion, intensivierte Forschung und Anpassung der Politikinstrumente.

10.4. Grobschätzung des Rohstoffbedarfs bei einem Teilersatz von Fleisch und Milchprodukten

Zum jetzigen Zeitpunkt wurden noch keine detaillierten Studien zu den Folgen einer Umstellung auf Fleisch- und Milchproduktalternativen in der Schweiz veröffentlicht. Um dennoch eine grobe Abschätzung des zu erwartenden Wandels geben zu können, wurde der Rohstoffbedarf für die Umsetzung der alternativen Ernährungsmuster in einem vereinfachten Beispiel berechnet. Dabei wurde ein Fokus auf die Durchschnittsernährung gelegt. Bei einer Ausrichtung auf die empfohlene Ernährung (SGE, 2020) wäre aufgrund der veränderten Zusammensetzung der verschiedenen Lebensmittelgruppen mit komplexeren Auswirkungen

[82] Sustainable Development Solutions Network Switzerland – Netzwerk für Nachhaltigkeitslösungen Schweiz

auf die landwirtschaftliche Produktion zu rechnen. Diese können im Rahmen der Studie nicht fundiert analysiert werden.

Auch ein Komplettersatz von Fleisch und Milchprodukten würde aufgrund von deren Relevanz für die Land- und Ernährungswirtschaft (Kapitel 2) zu komplexen Folgen führen. So kämen verschiedene Koppeleffekte zutage, welche in einer Grobabschätzung nicht betrachtet werden können. Dies würde die Aussagekraft der Berechnungen stark beschränken. Zu erwartende Koppeleffekte auf der Ebene der landwirtschaftlichen Produktion betreffen etwa die Einschränkungen der Fruchtfolge und die Verfügbarkeit von Hofdünger mit Auswirkungen auf die Bodenqualität. Zudem käme es bei einem Komplettverzicht auf Fleisch und Milchprodukte zu einer weitgehenden Aufgabe der Graslandnutzung und Vergandung im Berggebiet mit komplexen Auswirkungen auf die Biodiversität. In der Lebensmittelverarbeitung würde die erhöhte Nachfrage nach Alternativprodukten den Wettbewerb anregen, was zu einer erhöhten Effizienz der Produktion führen würde, mit weitreichenden Folgen für die Wertschöpfungsketten. Auf der Ebene des Konsums würden Ernährungsumstellungen über die Alternativen hinaus wahrscheinlich werden. Zusätzlich wären Auswirkungen auf andere Wirtschaftszweige zu erwarten, wie zum Beispiel die Energie- und Abfallwirtschaft, welche auf Nebenströme aus der landwirtschaftlichen Produktion angewiesen sind, wodurch es wiederum zu Rückkopplungseffekten mit der Landwirtschaft käme.

Aufgrund dieser Beschränkungen wird für die Berechnung angenommen, dass 10% des jetzigen Konsums an Fleisch und Milchprodukten durch die jeweiligen Alternativen ersetzt wird. Dies bedeutet also entweder, dass 10% der Bevölkerung ihren Fleisch- und Milchproduktkonsum komplett ersetzen oder dass ein grösserer Teil der Bevölkerung die Referenzprodukte teilweise ersetzt. Der Umsetzungsgrad wurde bewusst niedrig gewählt, damit ein linearer Zusammenhang zwischen der Reduktion der Referenzprodukte und der Zunahme der Alternativprodukte angenommen werden konnte. **Tab. 10** zeigt für verschiedene Alternativprodukte die Höhe des Bedarfs an den mengenmässig jeweils bis zu drei wichtigsten landwirtschaftlichen Rohstoffen. Sollen also beispielsweise 43.000 t Fleisch (10% des Gesamtkonsums) durch Weizen-Alternativen ersetzt werden, gäbe es einen Bedarf an 110.000 t Weizen, 8600 t Ölpflanzen (Sonnenblumen und Raps) und 1200 t Tomaten[83]. Die Mengen beziehen sich dabei jeweils auf

[83] Die zusätzlichen Rohstoffe, wie etwa Tomaten, wurden dabei aus den Rezepturen der Umweltinventare entnommen. Es kann davon ausgegangen werden, dass auch andere Gemüsesorten in den Produkten Verwendung finden können.

die für die Weiterverarbeitung zur Verfügung stehenden Rohprodukte (z.B. Sonnenblumenkerne statt Sonnenblumenöl).

Tab. 10: Rohstoffbedarf bei einem 10-prozentigen Ersatz der Referenzprodukte durch Alternativprodukte. Anhand der Rezeptur der Produkte aus den Umweltinventaren wurden Durchschnittswerte für die Zusammensetzung berechnet. Nur die drei Rohprodukte, die am häufigsten zur Herstellung der jeweiligen Alternativprodukte genutzt werden, sind dargestellt. Der Begriff Ölpflanzen beinhaltet Raps und Sonnenblumen. Physikalisch (p.) und biochemisch (b.) hergestellte, sojabasierte Fleischalternativen wurden unterschieden. Zahlen sind in 1000 t dargestellt.

Referenzprodukt	Reduktion des Konsums	Ersetzt durch Alternative basierend auf	Rohprodukte zur Herstellung des Alternativprodukts (folgend Rezeptur)					
			Rohstoff (1)	Menge	Rohstoff (2)	Menge	Rohstoff (3)	Menge
Fleisch	43	Soja (p.)	Soja	18	Ölpflanzen	7,6	Zwiebeln	2,2
Fleisch	43	Soja (b.)	Soja	13				
Fleisch	43	Erbsen	Erbsen	26	Oliven	7,7	Ölpflanzen	6,8
Fleisch	43	Weizen	Weizen	110	Ölpflanzen	8,6	Tomaten	1,2
Fleisch	43	Insekten	Insekten	23	Ölpflanzen	3,1	Weizen	2,6
Milch	39	Soja	Soja	4,6				
Milch	39	Mandel	Mandel	0,99	Ölpflanzen	0,23		
Milch	39	Hafer	Hafer	5,4	Ölpflanzen	1,4	Mais	0,22
Käse	19	Kokos	Kokos	30	Maniok	17		
Käse	19	Soja	Soja	5,3	Oliven	4,3	Ölpflanzen	0,55
Joghurt	21	Soja	Zuckerrüben	9,7	Soja	2,8	Erdbeeren	1,8
Rahm	3,7	Soja	Ölpflanzen	0,57	Soja	0,28		

Hoch verarbeitete Alternativprodukte bestehen oft zu grossen Teilen aus Proteinkonzentrat, pflanzlichem Öl und Wasser. Der hohe Gehalt an Wasser hat zur Folge, dass der Bedarf an pflanzlichen Rohstoffen zumeist geringer ist als die Reduktion des Konsums der tierischen Referenzprodukte[84]. Ausnahmen sind

[84] Dieser Vergleich bezieht sich nur auf das Gewicht des Referenzproduktes. Die Menge an Futtermitteln, welche zur Produktion von Fleisch benötigt wird, kann um ein Vielfaches höher sein.

hierbei die weizenbasierten Fleischalternativen sowie die kokosbasierten Käsealternativen. Bei Ersterem liegt die Ursache bei der Notwendigkeit das Weizenprotein (Gluten) zu extrahieren, in Verbindung mit einem hohen Proteingehalt im Endprodukt. Bei Letzterem ist es die Extraktion des Kokosnussöls, welche zu erhöhtem Rohstoffbedarf führt, da für 1 kg raffiniertes Kokosnussöl etwa 7 kg Kokosnüsse gebraucht werden.

Die Rohstoffe, welche für die Ersatzprodukte genutzt werden können, werden teilweise bereits heute im Inland produziert. Die Schweizer Weizenproduktion war im Jahr 2022 mit 450.000 t viermal grösser als der errechnete Bedarf an Weizen bei einer Produktion von ausschliesslich weizenbasierten Fleischalternativen und einem 10-prozentigen Ersatz der Referenzprodukte durch die Bevölkerung (SBV, 2023). Viele der Alternativprodukte enthalten relativ grosse Mengen Öl, was dazu führt, dass in dem berechneten Szenario bis zu 13.000 Tonnen Sonnenblumenkerne oder Raps benötigt werden. Diese Menge stellt 15% der verwendbaren Produktion von Raps (77.000 t) und Sonnenblumenkernen (11.000 t) im Jahr 2022 dar (SBV, 2023). Auch an Zwiebeln und Tomaten gäbe es je nach Rezeptur erhöhten Bedarf, welcher allerdings weniger als 5% der momentanen Bruttoproduktion an Tomaten (40.000 t) und Zwiebeln (57.000 t) ausmacht (SBV, 2023). Die derzeitige Produktion von Soja (6200 t) und Erbsen (9200 t) ist allerdings geringer als der zu erwartende Rohstoffbedarf (SBV, 2023). Dies deckt sich gut mit den Erkenntnissen aus der Literaturanalyse (Kapitel 10.3), wo die Vorteile einer erhöhten Produktion von Hülsenfrüchten festgestellt werden. Ein zunehmender Fokus auf Hülsenfrüchten wird zudem auch aus der ethischen Perspektive (Kapitel 9) empfohlen, mit dem Ziel ihnen eine ähnlich starke Identität wie der «Schweizer Kuh» zu geben.

Oliven und Olivenöl werden importiert, die Menge an importiertem Olivenöl entspricht dabei in etwa 100.000 t Oliven, einem Vielfachen des zu erwartenden Bedarfs. Mandeln werden ebenfalls zu 100% importiert, wobei die Verbrauchsmenge 2022 bei rund 20.000 t lag (SBV, 2023). Die Importmenge von Kokosnüssen lag zwischen den Jahren 2015 und 2019 bei durchschnittlich 67.000 t, wobei nur 5% auf raffiniertes Kokosnussöl entfielen, wie es für die Alternativprodukte genutzt wird (WWF, 2022). Maniok wird zurzeit nur in geringen Mengen importiert (Reservesuisse, 2024), allerdings dient es in den Rezepturen der Alternativprodukte vor allem als Stärkequelle, könnte also durch Kartoffel- oder Maisstärke ersetzt werden.

Die Zahlen zeigen, dass ein Ersatz von 10% der Referenzprodukte durch ihre Alternativen für die meisten Rohstoffe einen Mehrbedarf von weniger als 25% der derzeitigen Produktion bedeuten würde. Der Bedarf an einzelnen Rohstoffen liesse sich durch die Nutzung verschiedener Hauptzutaten für die Alternativprodukte verringern, da sich der Gesamtbedarf zwischen den Kulturen verteilen würde. Zudem könnten so einige Beschränkungen wie die Fruchtfolge auch bei höheren Umsetzungsgraden vermieden werden. Soll der Import von Rohstoffen minimiert werden, bieten sich besonders Getreide und Hülsenfrüchte sowie verschiedene Gemüsesorten wie Zwiebeln und Tomaten für den Anbau in der Schweiz an.

Da einige Kulturen wie beispielsweise Weizen bereits heute hauptsächlich zu Nahrungsmittelzwecken angebaut werden, müsste dieser Mehrbedarf über den Rückgang des Futtermittelanbaus ausgeglichen werden. Detaillierte Aussagen zum Einfluss des Ersatzes von Fleisch und Milchprodukten auf die Flächennutzung sind allerdings ebenfalls schwierig. Vor allem Rückgänge bei der Graslandnutzung führen nicht direkt zu freien Ackerflächen für die Lebensmittelproduktion. Grobe Abschätzungen auf Basis von internen Agroscope-Daten legen nahe, dass beim Ersatz von Milch nicht ausreichend offene Ackerflächen frei werden, um den Rohstoffbedarf von Sojadrink oder Haferdrink zu decken. Für viele andere Kombinationen aus Referenz- und Alternativprodukt ist allerdings zu erwarten, dass ein Ersatz des Referenzproduktes zu mehr freier Ackerfläche führen würde. Dies gilt etwa für Schweine- und Geflügelfleisch, da beide auf Futter angewiesen sind, welches auf Ackerflächen produziert wird. Mehr freie Ackerfläche hätte zur Folge, dass mehr Lebensmittel im Inland produziert werden könnten oder weniger zusätzliche Fläche im Ausland benötigt werden würde[85]. Detaillierte Aussagen zu einzelnen Produkten sind aufgrund der Komplexität der Zusammenhänge allerdings oft schwierig zu treffen. So gibt es für Kalbfleisch als Koppelprodukt von Milch abhängig von der Produktionsform und Modellierung nur einen vergleichsweise geringen Flächenbedarf an offenen Ackerflächen, weshalb ein Ersatz durch Alternativen nicht unbedingt zu einer verringerten Nutzung von Ackerflächen führt. Ebenfalls zu beachten wäre die Rolle von landwirtschaftlichen Nebenprodukten als Futter, welche nicht für den menschlichen Verzehr geeignet sind und somit auch keine Konkurrenz zur Lebensmittelproduktion darstellen (van Kernebeek et al., 2016). Die Zusammenhänge sind dementsprechend nicht linear und eine optimale Flächennutzung muss über aufwendigere Modelle ermittelt werden.

[85] Für diese Abschätzung wurde nicht zwischen Flächen im In- und Ausland unterschieden.

10.5. Fazit zum landwirtschaftlichen Potenzial der Schweiz

Die Ernährungssicherheit und Selbstversorgung sind wichtige Themen für die Schweiz aufgrund der begrenzten Möglichkeiten zur eigenen Lebensmittelproduktion. Bei einem Ersatz der aktuell mehrheitlich im Inland produzierten Fleisch- und Milchprodukte ist daher das Eigenversorgungspotenzial der Alternativprodukte ein wichtiger zu berücksichtigender Faktor. Wie die Analyse zeigt, können viele, wenn auch nicht alle, Rohstoffe für Alternativprodukte in der Schweiz hergestellt werden. Es besteht allerdings ein Bedarf an Anpassungen der Rahmenbedingungen für die Produktion von Alternativprodukten. Dazu zählen Unterstützung des Anbaus von Hülsenfrüchten, neue Sorten von Kulturen, welche an das Schweizer Klima angepasst sind, technische Innovationen in der Verarbeitung und ein Umdenken der Bevölkerung hin zu einem Konsum von mehr pflanzlichen Alternativprodukten.

Der Rohstoffbedarf wurde in dieser Studie für einen 10-prozentigen Ersatz von Fleisch und Milchprodukten berechnet. In diesem Falle entspricht der Bedarf an einzelnen Rohmaterialien zumeist weniger als 25% Prozent der derzeitigen inländischen Produktion. Nicht alle Rohstoffe eignen sich im grossen Massstab für Alternativprodukte, da die Nachfrage ausschliesslich durch Importe gedeckt werden müsste (z.B. Kokosnuss, Mandeln, Oliven, Maniok) und damit der Idee der Selbstversorgung zuwiderlaufen würde. Es wurde zudem festgestellt, dass eine Produktion tierischer Lebensmittel in kleinerem Umfang, insbesondere durch Wiederkäuer, grundsätzlich die Ressourceneffizienz der Landwirtschaft verbessern kann, indem Grünland und landwirtschaftliche Nebenströme nutzbar gemacht werden. Effiziente Lösungen müssen allerdings auf Basis komplexerer Modellierungen erarbeitet werden.

Zudem wurde in diversen Literaturquellen gezeigt, dass es allgemein viele Synergien zwischen umweltschonenden, gesunden Ernährungsmustern und dem Selbstversorgungsgrad gibt, welche teilweise auch in der gegenwärtigen Studie beobachtet werden konnten. Daher können auch geeignete Alternativprodukte dazu beitragen diese Ziele zu erreichen.

10.6. Detailempfehlungen zum landwirtschaftlichen Potenzial der Schweiz

Empfehlung	Adressat
Bestrebungen zur Erweiterung des Anbaus von Hülsenfrüchten für die Nahrungsmittelproduktion sind zu unterstützen. Hülsenfrüchte werden zurzeit nur in kleinen Mengen in der Schweiz angebaut, obwohl sie als gesunde Lebensmittel bekannt sind und häufig als Rohstoffe für Alternativprodukte genutzt werden.	Politik und Verwaltung
Alternativprodukte basierend auf Schweizer Rohstoffen sollten bevorzugt produziert und konsumiert werden. Um einen hohen Selbstversorgungsgrad zu erreichen, ist es essenziell Alternativprodukte aus Rohstoffen herzustellen, welche in der Schweiz produziert werden können.	Verarbeitende Industrie, Konsumentinnen und Konsumenten
Alternativprodukte aus verschiedenen Rohstoffen sollten gemischt konsumiert werden. Eine Mischung des Konsums von Alternativprodukten aus verschiedenen Rohstoffen liesse sich am einfachsten umsetzen. Der Konsum von beispielsweise ausschliesslich Weizen würde schnell an die Grenze des landwirtschaftlichen Produktionspotenzials geraten.	Verarbeitende Industrie, Konsumentinnen und Konsumenten
Die durch die potenziellen Veränderungen in der landwirtschaftlichen Produktion betroffenen Betriebe sollten gegebenenfalls unterstützt werden. Da bei grösseren Umstellungen in den Ernährungsgewohnheiten der Schweizer Bevölkerung entsprechend grosse Konsequenzen für die produzierenden Betriebe zu erwarten sind, sollten diese während des Überganges unterstützt werden.	Politik und Verwaltung, Verarbeitende Industrie
Die Verringerung der Produktion tierischer Lebensmittel wäre aus Sicht des Selbstversorgungsgrades erstrebenswert, insofern die Nahrungsmittelproduktion konkurrenziert wird. Während eine Reduktion der heutigen Fleischproduktion zu einer Zunahme des Selbstversorgungsgrades führen würde, kann eine Produktion von Fleisch auf einem kleineren Niveau dazu beitragen Ressourcen effizient zu nutzen. Dies betrifft zum einen die Nutzung von Landflächen, welche für die Nahrungsmittelproduktion ungeeignet sind, und zum anderen Nebenströme aus der Lebensmittelproduktion, welche sich nicht für die menschliche Ernährung eignen.	Alle Interessengruppen

Empfehlung	Adressat
Synergien zwischen gesunder Ernährung, geringen Umweltwirkungen und hohem Selbstversorgungsgrad sollten konsequent genutzt werden. Sowohl in der vorliegenden Studie als auch in der Literatur zeigen sich diverse Synergien zwischen einer gesunden und nachhaltigen Ernährung und einem hohen Selbstversorgungsgrad. Diese Synergien sollten effizient genutzt werden.	Alle Interessengruppen

11. Empfehlungen

Die Erarbeitung geeigneter Empfehlungen erfolgte in vier Schritten. Zunächst wurden die wichtigsten Ergebnisse des Berichtes separat notiert. Anschliessend wurden diese verschiedenen Interessengruppen zugeteilt und nach Bedeutung gegliedert. Die einzelnen Erkenntnisse wurden kategorisiert, um Gemeinsamkeiten zu identifizieren und Detailempfehlungen zu formulieren. Diese werden für die verschiedenen Projektteile jeweils am Ende des Kapitels dargelegt (Kapitel 5.2.7, 5.3.5, 6.6, 7.5, 8.5, 9.4 und 10.6). Im Fall von Überschneidungen oder Mehrfachnennungen zwischen verschiedenen Projektteilen wurden die Detailempfehlungen zusammengeführt und als übergreifende Hauptempfehlungen ausformuliert, mitsamt zusammengefassten Hintergründen, Begründungen und nach Adressaten aufgeteilten Handlungsempfehlungen.

1. Der Ersatz von Fleisch ist unter der Beachtung der Nährstoffzusammensetzung zu empfehlen.

Eines der Hauptziele des vorliegenden Berichtes war es, herauszufinden, ob Produkte, welche als Alternativen zu Fleisch und Milchprodukten ausgewiesen werden, diese vollumfänglich ersetzen können. Zudem wurde untersucht, was die Folgen eines Ersatzes für Gesundheit und Nachhaltigkeit wären. In dieser Empfehlung steht das Fleisch im Fokus.

Die Ergebnisse der Analyse auf Produkt- und Ernährungsebene für Fleisch und Fleischalternativprodukte zeigen, dass ein Ersatz unter bestimmten Voraussetzungen empfohlen werden kann. Die Bedingungen beziehen sich hierbei vor allem auf den Nährwert der Produkte und den Gehalt an kritischen Nährstoffen. Die zu beachtenden kritischen Nährstoffe sind insbesondere Vitamin B12 und B5, Eisen, Jod, Protein und Zink. Während pflanzliche Produkte natürlicherweise kein Vitamin B12 enthalten, muss bei Eisen und Zink vor allem die Bioverfügbarkeit beachtet werden. Der Gehalt an Vitamin B5 kann je nach Wahl des Alternativproduktes steigen oder sinken. Der Gehalt ist dabei in pflanzlichen Alternativprodukten tendenziell geringer und in Insektenprodukten höher. Bei Jod besteht das Risiko eines Mangels in allen betrachteten Ernährungsmustern, wobei das Risiko im Falle der alternativen Ernährung höher ist. Für Eisen können Synergien mit Milchproduktalternativen beobachtet werden, wie in Empfehlung 2 erläutert wird. Der Protein- und Zinkgehalt der alternativen Ernährungsmuster mit Fleischersatz bewegt sich unterhalb der Referenzernährungsmuster, bleibt aber über den Empfehlungen des jeweiligen Nährstoffes. Ein positiver Effekt durch den Ersatz von Fleisch in der Ernährung kann insbesondere für den Gehalt an Ballaststoffen, Calcium und Vitamin E beobachtet werden. Ist Calcium supplementiert, muss auch hier die Bioverfügbarkeit beachtet werden.

Aus Sicht der Umwelt sind Fleischalternativen im Vergleich zu den verschiedenen Fleischsorten immer zu empfehlen.

Konsumentinnen und Konsumenten beurteilen die Gesundheit von Fleischalternativen oftmals nicht über die vorhandenen Nährstoffe und deren Bioverfügbarkeit, sondern ziehen als Daumenregeln zum Beispiel eher den wahrgenommenen Fettgehalt und Verarbeitungsgrad heran. Bei der Beurteilung der Nachhaltigkeit von Fleischalternativen machen sich Konsumentinnen und Konsumenten oftmals Gedanken zur Herkunft der Rohstoffe und zur Nachhaltigkeit der Verpackung. Wenn man die Beurteilung der Konsumentinnen und Konsumenten der Gesundheit und Nachhaltigkeit von Fleischalternativen mit den Nährwertdichten und dem globalen Treibhauspotenzial vergleicht, stellt sich heraus, dass die Beurteilungen der Konsumentinnen und Konsumenten nicht mit den Berechnungen übereinstimmen. Für Konsumentinnen und Konsumenten ist es also schwierig zu beurteilen, welche Auswirkungen der Konsum von Fleischalternativen auf ihre Gesundheit und das Klima hat. Wichtig wäre, dass ihnen diese Information in verständlicher Art vermittelt wird (Empfehlung 6).

Konsumentinnen und Konsumenten

Alternativprodukte bieten eine einfache Möglichkeit, den Konsum von Fleisch auf die empfohlene Menge zu reduzieren. Dadurch kann eine ausgewogenere, nährstoffreichere und nachhaltigere Ernährung erreicht werden. Beim Kauf von Alternativprodukten sollte auf deren Gehalt an wichtigen Nährstoffen geachtet werden. Je nach individuellen Bedürfnissen können dabei unterschiedliche Mikronährstoffe im Fokus stehen. Während Jod für die Gesamtbevölkerung von Bedeutung ist, sollten beispielsweise Frauen insbesondere auf Eisen und Männer auf Zink achten. Für ältere Menschen ist zudem der Protein- sowie der Calciumgehalt von Bedeutung. Wichtig ist, dass den Konsumentinnen und Konsumenten diese Informationen in einfach verständlicher Art vermittelt werden.

Fachgesellschaften

Die Ernährungsempfehlungen sollten dadurch angepasst werden, dass ein teilweiser Ersatz durch Fleischalternativen empfohlen wird, unter der Voraussetzung, dass diese die entsprechenden Nährwerte aufweisen.

Die Angabe des Nährstoffgehaltes auf den Produkten, die Nährwertkennzeichnung, sollte um die wichtigsten Mikronährstoffe erweitert werden, für welche die Produkte eine wichtige Quelle darstellen (sollten). Dies ermöglicht den Konsumentinnen und Konsumenten, bewusst Produkte mit hohem Nährwert auszuwählen. Für Fleischalternativen betrifft dies insbesondere Eisen, Jod und Vitamin B12 und B5.

Verarbeitende Industrie

Während der Zusammenstellung und Verarbeitung der Alternativprodukte sollte darauf geachtet werden, dass Rohstoffe mit hohem Nährstoffgehalt sowie Arbeitstechniken, welche diese erhalten, verwendet werden.

2. Der Ersatz von Milchprodukten kann bedingt empfohlen werden.

Eines der Hauptziele des vorliegenden Berichtes war es, herauszufinden, ob Produkte, welche als Alternativen zu Fleisch und Milchprodukten ausgewiesen werden, diese vollumfänglich ersetzen können. Zudem wurde untersucht, was die Folgen eines Ersatzes für Gesundheit und Nachhaltigkeit wären. In dieser Empfehlung stehen die Milchprodukte im Fokus.

Der Ersatz von Milchprodukten kann nur bedingt empfohlen werden, da einige der Alternativprodukte einen vergleichbaren Nährwert zu den Milchprodukten zeigen, andere jedoch davon z.T. stark abweichen. Zudem sind die Milchproduktalternativen auch aus Umweltsicht nicht immer vorteilhaft. Milchprodukte werden insbesondere als Quelle von Calcium und Proteinen konsumiert, allerdings zeigt der Vergleich auf der Produktebene, dass diese Funktionen nicht von allen Alternativprodukten erfüllt werden können. So ist der Gehalt an beiden Nährstoffen in den meisten Alternativprodukten geringer als in den Milchprodukten. Einzige Ausnahmen sind der Proteingehalt im Sojadrink und mit Calcium angereicherte Produkte, wobei in letzterem Fall die Bioverfügbarkeit beachtet werden muss. Der Jodgehalt ist in den Alternativen ebenfalls niedriger als in den Milchprodukten, weshalb aufgrund der allgemein geringen Versorgung der Schweizer Bevölkerung mit Jod ein zusätzlicher Mangel auftreten könnte.

Werden Milchprodukte in der Ernährung ersetzt, führt dies zu einem deutlicheren Mangel an Calcium und Jod, während der Gehalt an Proteinen weiterhin oberhalb der Empfehlungen liegt. Hier sollte allerdings bedacht werden, dass pflanzliches Protein zumeist eine geringere Qualität und Bioverfügbarkeit hat als tierisches Protein, weshalb auch Werte knapp oberhalb der Empfehlungen kritisch sein können. Der vergleichsweise geringe Gehalt an Zink in den Milchproduktalternativen kann im Falle der Durchschnittsernährung mit Milchproduktersatz bei Männern zu einem Zinkmangel führen. Von den Milchalternativen enthält nur Sojadrink genug Zink, um deutlich über den Empfehlungen zu bleiben. Milchproduktalternativen sind gute Quellen für Ballaststoffe, Vitamin E, Eisen, Magnesium und Folsäure, weshalb sie einige Synergien mit Fleischalternativen haben und helfen können, bei einer Durchschnittsernährung den Gehalt an Folsäure und Eisen über die Empfehlungen zu bringen. Bei den disqualifizierenden Nährstoffen können Milchproduktalternativen dazu beitragen, den Gehalt an gesättigten Fettsäuren in der Ernährung zu verringern.

Bei einem Bezug auf die Produktmasse zeigen die meisten Milchproduktalternativen geringere Umweltwirkungen als ihre Referenz. Dies ändert sich allerdings, wenn der Proteingehalt mit beachtet wird. In diesem Fall wird die Bilanz der Umweltwirkungen für die Käsealternativen, Mandeldrink und Haferdrink teilweise höher als die der jeweiligen Milchproduktreferenzen.

Milchproduktalternativen werden (mit der Ausnahme von Käse) von den Konsumentinnen und Konsumenten als eher gesund und eher nachhaltig beurteilt. Dies kann damit zusammenhängen, dass Milchproduktalternativen weniger umstritten sind als Fleischalternativen. Eine umfassende Information der Konsumentinnen und Konsumenten zur Gesundheit und Nachhaltigkeit von Milchprodukten und deren Alternativen ist wichtig.

Konsumentinnen und Konsumenten

Milchprodukte können ab und zu durch Alternativprodukte ersetzt werden, z.B. als Aufheller im Kaffee oder in der Sauce. Dies kann zu einer ausgewogenen, nährstoffreichen und nachhaltigen Ernährung beitragen. Beim Kauf von Milchproduktalternativen muss allerdings auf deren Gehalt an Protein, Calcium, Jod und Zink geachtet werden, um eine Mangelernährung zu vermeiden. Wichtig ist, dass den Konsumentinnen und Konsumenten verständlich vermittelt wird, worauf geachtet werden muss, um eine Mangelernährung zu vermeiden.

Fachgesellschaften

Die Ernährungsempfehlungen sollten angepasst werden und einen moderaten Ersatz durch Alternativprodukte integrieren, dabei aber auf die Gefahren einer Mangelernährung hinweisen (insbesondere bei vulnerablen Bevölkerungsgruppen wie Kinder und ältere Personen) und Empfehlungen zu deren Vermeidung angeben.

Die Angabe des Nährstoffgehaltes auf den Produkten, die Nährwertkennzeichnung, sollte um die wichtigsten Mikronährstoffe erweitert werden, um Konsumentinnen und Konsumenten die Möglichkeit zu geben, bewusst Produkte mit hohem Nährwert auszuwählen. Für Milchproduktalternativen betrifft dies insbesondere Calcium, Jod und Zink.

Verarbeitende Industrie

Während der Zusammenstellung und Verarbeitung der Alternativprodukte sollte insbesondere auf den Calcium-, Jod-, Zink- und Proteingehalt sowie die Proteinqualität und Bioverfügbarkeit der Nährstoffe geachtet werden und, falls nötig, supplementiert werden (Empfehlung 4).

3. Alternativprodukte mit wenig zugesetztem Zucker, Salz und gesättigten Fettsäuren sollten bevorzugt produziert und konsumiert werden.

Die Empfehlungen für eine ausgewogene Ernährung der Schweizer Gesellschaft für Ernährung geben auch Empfehlungen ab für Nährstoffe, welche bei einem Überkonsum ein Gesundheitsrisiko darstellen. Dies betrifft insbesondere zugesetzten Zucker, gesättigte Fettsäuren und Natrium. Der Fokus auf diese drei Nährstoffe entspricht ebenfalls der Ernährungsstrategie zur Reduktion von nicht übertragbaren Krankheiten. Insbesondere hoch verarbeitete Produkte werden häufig mit diesen Nährstoffen assoziiert. Da auch viele Alternativprodukte hoch verarbeitet sind, stehen diese drei Nährstoffe im Fokus der Empfehlung.

Die Ergebnisse der Auswertung für die besagten drei Nährstoffe unterschieden sich zwischen den Alternativprodukten teilweise deutlich. Für den Gehalt an zugesetztem Zucker ist kaum eine Änderung im Falle eines Fleischersatzes und eine leichte

Erhöhung im Falle eines Milchproduktersatzes zu beobachten. Bei den gesättigten Fettsäuren ist in beiden Fällen eine Abnahme zu sehen. Für den Gehalt an Natrium ist dagegen besonders bei den Fleischalternativen eine grosse Spannweite an Werten zwischen den Produktgruppen vorhanden. Eine detaillierte Analyse der einzelnen Produkte zeigte, dass die Variabilität im Gehalt an zugesetztem Zucker, Natrium und gesättigten Fettsäuren für sehr ähnliche Produkte wie Alternativwürste und -burger auf Sojabasis grösser ist als die beobachteten Unterschiede zwischen den Gruppen[86], weshalb Alternativprodukte aufmerksam ausgewählt werden sollten.

Bei der Beurteilung vom Zucker-, Salz- und Fettgehalt wenden Konsumentinnen und Konsumenten oftmals Daumenregeln an. Bei Fleischalternativen übertragen die Konsumentinnen und Konsumenten teilweise den Fettgehalt von einem Fleischprodukt (z.B. Aufschnitt) auf das Alternativprodukt (z.B. pflanzlicher Aufschnitt). Deshalb ist es wichtig, den Konsumentinnen und Konsumenten auf leicht verständliche Art zu vermitteln, wie der Gehalt dieser Nährstoffe bei verschiedenen Alternativprodukten ausfällt (Empfehlung 6).

Konsumentinnen und Konsumenten

Es sollte auf einen geringen Gehalt an potenziell gesundheitsschädigenden Nährstoffen in den Alternativprodukten geachtet werden.

Verarbeitende Industrie

Vorhandene Kommunikationsmittel wie die Nährwertetabelle und freiwillige Labels (z.B. Nutri-Score) sollten konsequent genutzt werden, um den Gehalt an Zucker, Salz und gesättigten Fettsäuren leicht verständlich zu kommunizieren.

Politik und Verwaltung

Eine klare Kommunikation des Einflusses der konsumierten Gesamtmenge der aufgeführten Nährstoffe auf die Gesundheit wird empfohlen.

4. Die Nährstoffqualität und -verfügbarkeit der Alternativprodukte sollte stärker berücksichtigt werden.

Während der Gehalt an Nährstoffen eine wichtige Eigenschaft von Lebensmitteln ist und im Falle der Makronährstoffe für jedes Lebensmittel kommuniziert wird, ist dies für die Nährstoffqualität und -bioverfügbarkeit nicht der Fall.

[86] Beispielsweise ist die Spannweite für den Natriumgehalt bei 10 mg–1000 mg/100g Produkt.

Beide Aspekte, die Qualität und die Bioverfügbarkeit, sind in den Empfehlungen zur täglichen Nährstoffaufnahme bedacht, allerdings können sie sich gezwungenermassen nur auf eine Durchschnittsernährung beziehen. Von vielen Nährstoffen (einige werden in Kapitel 5.2.2 vorgestellt) ist bekannt, dass ihre Qualität und Bioverfügbarkeit, abhängig von diversen Faktoren, stark variieren können. Deshalb haben Empfehlungen für diese Nährstoffe und für die individuellen Konsumentinnen und Konsumenten oft nur eine begrenzte Aussagekraft[87]. Allgemein ist die Diskussion der Nährstoffqualität und -bioverfügbarkeit insbesondere für pflanzliche Lebensmittel von Bedeutung, da diese oft eine schwerer verdauliche Nahrungsmatrix bilden und Stoffe enthalten, die die Aufnahme von Nährstoffen erschweren. Andererseits kann im Falle der pflanzlichen Proteinquellen eine gezielte Kombination auch erlauben, eine Proteinqualität zu erreichen, die vergleichbar mit vielen tierischen Produkten ist, weshalb diese Aspekte mehr in den Fokus von Überlegungen zur Ernährung und insbesondere der Rezeptur von Alternativprodukten gerückt werden sollten.

Über die Nährstoffqualität der Lebensmittel kann auch eine direkte Verbindung zu den Umweltbilanzen gezogen werden, wenn diese den Nährwert der Lebensmittel, Mahlzeiten oder Ernährungsmuster als Funktion der Ernährung mit beachten. Somit ergäbe sich die Möglichkeit die Ernährungsempfehlungen weiter nach Gesundheit und Umweltwirkung zu optimieren, da solche Lebensmittel am besten abschneiden würden, welche beide Aspekte effizient kombinieren.

Konsumentinnen und Konsumenten

Insbesondere Bevölkerungsgruppen mit einem Risiko für eine Mangelernährung sollten bewusst auf die Nährstoffqualität der für sie kritischen Nährstoffe achten. Das heisst, sie sollten bevorzugt solche Produkte konsumieren, die eine hohe Nährstoffbioverfügbarkeit und/oder -qualität aufweisen.

Verarbeitende Industrie

Die Verarbeitung sollte möglichst so gestaltet werden, dass eine hohe Bioverfügbarkeit und Qualität der Nährstoffe gegeben sind. Gleichzeitig sollte die Verarbeitung möglichst schonend sein, um vorhandene Nährstoffe zu erhalten.

Politik und Verwaltung

Konsumentinnen und Konsumenten und insbesondere Bevölkerungsgruppen mit einem Risiko für Mangelernährung sollten besser über beide Themen informiert werden.

[87] Tatsächlich ist die empfohlene Tageszufuhr von vielen Nährstoffen weiterhin stark umstritten. So gibt es etwa Bestrebungen die Proteinempfehlungen in zukünftigen Richtlinien deutlich zu erhöhen.

5. Der Gehalt an Mikronährstoffen in Alternativprodukten sollte bedürfnisgerecht angepasst werden.

In den gegenwärtigen Ergebnissen zu Ernährungsmustern, wie auch in früheren Studien, kann eine unzureichende Zufuhr an verschiedenen Mikronährstoffen in der Schweizer Bevölkerung beobachtet werden. Dazu zählen etwa Ballaststoffe, Folsäure und Jod. Zudem gibt es verschiedene Bevölkerungsgruppen mit erhöhten Ansprüchen für bestimmte Nährstoffe, welche einem zusätzlichen Risiko ausgesetzt sind.

Die Studienergebnisse zeigen, dass der Ersatz von Fleisch und Milchprodukten durch ihre jeweilige Alternative in einem Ernährungsmuster je nach Nährstoff (und auch Alternativprodukt) sowohl positive als auch negative Einflüsse auf den jeweiligen Gesamtnährstoffgehalt haben kann. Teilweise kommt zudem dazu, dass selbst bei einer Zunahme in den alternativen Ernährungsmustern der Gesamtnährstoffgehalt weiterhin unter den Empfehlungen bleibt. Dies trifft insbesondere für Jod, teilweise aber auch für Ballaststoffe, Calcium, Eisen sowie Folsäure zu. Zudem ist zu bedenken, dass die Bioverfügbarkeit der Mikronährstoffe in pflanzlichen Produkten oft geringer ist als in tierischen Produkten, weshalb selbst Werte, die leicht über den Empfehlungen liegen, ein Risiko für einen Mangel darstellen können. Eine relativ einfache Möglichkeit diesem Mangelrisiko entgegenzuwirken, ist, abgesehen von einer gezielten Auswahl der Rohprodukte, die Supplementierung von Mikronährstoffen unter Beachtung einer hohen Bioverfügbarkeit.

Konsumentinnen und Konsumenten

Insbesondere Bevölkerungsgruppen mit einem Risiko für eine Mangelernährung sollten bewusst auf den Gehalt an den für sie kritischen Nährstoffen achten.

Verarbeitende Industrie

Relevante Mikronährstoffe sollten supplementiert werden. Hierbei ist auf eine gute Bioverfügbarkeit zu achten.

Politik und Verwaltung

Konsumentinnen und Konsumenten und insbesondere Bevölkerungsgruppen mit einem Risiko für Mangelernährung sollten besser über die Mikronährstoffe und deren Bedeutung informiert werden.

Die obligatorischen Angaben des Nährstoffgehaltes auf den Produkten, die Nährwertkennzeichnung nach der Verordnung vom EDI betreffend der Information von Lebensmitteln (LIV) Artikel 22, sollten um die wichtigsten und kritischen Makro- und Mikronährstoffe erweitert werden, um Konsumentinnen und Konsumenten die Möglichkeit zu geben, bewusst Produkte mit hohem Nährwert auszuwählen. Dies betrifft Ballaststoffe, Calcium, Eisen, Jod, Kalium, Zink, Vitamin B12, Vitamin B5 und Folsäure.

6. Aufgrund der Vielfalt an Produkten und Produkteigenschaften ist mehr Transparenz auf Produktebene notwendig.

Die Analyse des Marktangebots an Alternativprodukten in der Schweiz zeigt eine grosse Vielfalt an Produktformen, verwendeten Rohstoffen und auch Herstellern. Daher stellt sich die Frage, ob diese Vielfalt auch in den Produkteigenschaften wie dem Nährwert zu sehen ist oder ob dieser sich zwischen den Produkten ähnelt.

Die Analysen auf Produktebene haben gezeigt, dass für den Gehalt an Nährstoffen eine grosse Spannbreite an Ergebnissen zu beobachten ist, selbst wenn sehr ähnliche Produkte verglichen werden. Viele der Nährstoffe haben sich in der späteren Analyse auf der Ernährungsebene als kritisch für die Gesundheit herausgestellt. Daher ist es wichtig, dass Konsumentinnen und Konsumenten vermittelt wird, dass sich die Alternativprodukte in hohem Masse unterscheiden können. Damit bekommen sie die Möglichkeit, Produkte mit gewünschten Eigenschaften zu wählen. Hierbei gilt es allerdings den Täuschungsschutz zu beachten und keine aufgrund von Unvollständigkeit irreführenden Informationen zu verbreiten.

Konsumentinnen und Konsumenten

Konsumentinnen und Konsumenten sollen über die Folgen eines Ersatzes von Fleisch und Milchprodukten Bescheid wissen. Sie sollten dazu befähigt werden, selbst erkennen zu können, welche spezifischen Produkte sich für einen Ersatz eignen und welche nicht.

Verarbeitende Industrie

Für die Konsumentinnen und Konsumenten relevante Nährstoffgehalte sollten auf dem Produkt angegeben werden. Alternativ kann ein Label entwickelt werden, welches Produkte mit einem hohen Gehalt an wichtigen Nährstoffen auszeichnet.

Politik und Verwaltung

Eine höhere Transparenz sollte gefördert werden, etwa durch erweiterte Angaben zu den Nährwerten und Umweltwirkungen der Produkte.

7. Eine Ernährung nach der Schweizer Lebensmittelpyramide ist aus Sicht der Umwelt und Nährstoffversorgung zu fördern.

Regelmässig werden von den Gesellschaften für Ernährung Deutschlands, Österreichs und der Schweiz (D-A-CH) wissenschaftsbasierte Empfehlungen ausgegeben, die in einer Lebensmittelpyramide, eingeteilt in Nahrungsmittelgruppen, präsentiert werden. Dort werden für die jeweiligen Nahrungsmittelgruppen und auch einzelne Nahrungsmittel tägliche und wöchentliche Konsummengen empfohlen, welche die Grundlage für die, in diesem Bericht modellierte, empfohlene Ernährung darstellen.

Die Auswertung der Ergebnisse zeigt, dass die Integration von Alternativprodukten helfen kann, den Nährwert und die Nachhaltigkeit der Ernährung zu verbessern. Gleichzeitig zeigen die Ergebnisse, dass die empfohlene Ernährung aus Umwelt- und Ernährungssicht besser abschneidet als die heutige Durchschnittsernährung. Dies betrifft sowohl Nährstoffe, die im Allgemeinen als positiv, als auch solche, die als negativ wahrgenommen werden. Für einige Nährstoffe stellt die empfohlene Ernährung sogar im Vergleich zu den alternativen Ernährungsmustern die beste Wahl dar. Darum ist die Einhaltung der Lebensmittelpyramide unabhängig von Alternativprodukten wünschenswert. Um eine ausreichende Versorgung mit Jod und Vitamin B12 zu gewährleisten, sollten Konsumentinnen und Konsumenten jodiertes Speisesalz nutzen und ihren Fleischkonsum mit kleinen Mengen Innereien ergänzen oder konsequent angereicherte Produkte konsumieren beziehungsweise supplementieren. Für die Konsumentinnen und Konsumenten ist es zudem wichtig, dass sie darüber informiert werden, wie Alternativprodukte mit anderen Lebensmitteln kombiniert werden können, um eine möglichst gesunde Ernährung zu ermöglichen. Die verarbeitende Industrie sollte ebenfalls immer jodiertes Speisesalz verwenden.

Konsumentinnen und Konsumenten

Eine Ernährung nach den Empfehlungen sollte angestrebt werden. Dies bedeutet insbesondere eine Reduktion des Fleischkonsums und des Konsums von Genussmitteln (Süsses, Salziges und Alkohol) und eine Erhöhung des Konsums von Gemüse, Hülsenfrüchten, Früchten, Vollkornprodukten und Nüssen.

Verarbeitende Industrie

Supermärkte und andere Nahrungsmittelverteiler sollten die empfohlene Ernährung gezielt unterstützen, etwa über Angebote und Marketing.

Politik und Verwaltung

Der Gesetzgeber sollte die empfohlene Ernährung unterstützen. Zum einen sollte dies über regelmässig erneuerte Empfehlungen geschehen[88], welche neue wissenschaftliche Erkenntnisse sowie Marktentwicklungen berücksichtigen. Zum anderen sollten gesundheitsfördernde Lebensmittel, insbesondere solche, die momentan zu wenig konsumiert werden, gezielt gefördert werden.

[88] Zurzeit findet eine Revision der Schweizer Ernährungsempfehlungen und der Lebensmittelpyramide statt.

Annex

Tab. 11: Nährwertdichten, die für die Auswertung der quantitativen Umfrage verwendet wurden.

Produkt	NRF10.3 pro 100 g
Falafel	1.20
Pflanzlicher Aufschnitt	1.12
Pflanzlicher Bratwurst	1.10
Pflanzlicher Burger	0.97
Pflanzliches Schnitzel	0.94
Pflanzliche Chicken Chunks	0.92
Tofu	0.82
Quorn-Geschnetzeltes	0.66
In-vitro-Fleisch	0.58
Insektenbällchen	0.49
Alternative zu Joghurt auf Sojabasis	0.40
Seitan	0.39
Haferdrink	0.27
Alternative zu Rahm auf Sojabasis	0.11
Käsealternative	0.10

Tab. 12: Globale Treibhauspotenziale, die für die Auswertung der quantitativen Umfrage verwendet wurden.

Produkt	kg CO_2-Äquivalente pro kg Produkt
Haferdrink	0.31
Alternative zu Joghurt auf Sojabasis	0.38
Falafel	0.38
Pflanzliche Bratwurst	0.57
Alternative zu Rahm auf Sojabasis	0.72
Seitan	0.87
Pflanzliches Schnitzel	0.94
Pflanzlicher Burger	1.00

Produkt	**kg CO_2-Äquivalente pro kg Produkt**
Pflanzliche Chicken Chunks	1.04
Tofu	1.10
Insektenbällchen	1.14
Pflanzlicher Aufschnitt	1.15
Quorn	1.69
Käsealternative	2.85
In-vitro-Fleisch	14.2

Tab. 13: Gemischte lineare Regression für den Zusammenhang der beurteilten Gesundheit und Nachhaltigkeit mit der Konsumbereitschaft. Die zufällige Struktur der Regression wurde spezifiziert, indem ein zufälliger Intercept für die Teilnehmenden integriert wurde.

Prädiktoren	***Schätzwerte***	***CI***	***Statistik***	***p-Wert***
(Intercept)	4.010	2,48–5,54	5.125	< 0,001
Beurteilte Nachhaltigkeit	0.180	0,16–0,20	16.049	< 0,001
Beurteilte Gesundheit	0.464	0,44–0,48	46.373	< 0,001
Zufällige Effekte				
σ^2	560.79			
$\tau_{00\ \text{Teilnehmende}}$	303.91			
ICC	0.35			
$N_{\text{Teilnehmende}}$	1034			
Beobachtungen	15.510			
Marginales R^2 / Bedingtes R^2	0.273 / 0.528			

Tab. 14: Nährstoffgehalt nach Portionsgrösse der wichtigsten Alternativ- und Referenzprodukte. Teil 1.

	Portions-grösse	**Ballast-stoffe**	**Energie**	**gesät-tigte Fett-säuren**	**Protein**	**Zucker**
Einheit	g	g	kcal	g	g	g
Empfehlungen		30	2246	25	61	90
Soja-Alternativen (phys.)	100	14%	9%	6%	25%	2%
Weizen-Alternativen (phys.)	100	14%	9%	8%	30%	2%

	Portions-grösse	Ballast-stoffe	Energie	gesättigte Fett-säuren	Protein	Zucker
Bohnen-Alternativen (phys.)	100	15%	8%	3%	11%	3%
Erbsen-Alternativen (phys.)	100	14%	10%	21%	28%	1%
Linsen-Alternativen (phys.)	100	14%	9%	3%	26%	2%
Falafel	100	17%	7%	3%	10%	2%
Fleischalternativen (phys., autotr.)	100	14%	9%	6%	24%	2%
Soja-Alternativen (biochem.)	100	4%	6%	4%	19%	1%
Fleischalternativen (biochem., autotr.)	100	4%	6%	4%	19%	1%
Insekten-Alternativen	100	5%	10%	8%	33%	2%
Mycoprotein-Alternativen	100	25%	4%	2%	22%	1%
Fleischalternativen (phys., heterotr.)	100	17%	7%	5%	28%	1%
Rindfleisch, unverarbeitet	100	0%	6%	10%	35%	0%
Kalbfleisch, unverarbeitet	100	0%	6%	8%	35%	0%
Schweinefleisch, unverarbeitet	100	0%	7%	12%	35%	0%
Geflügelfleisch, unverarbeitet	100	0%	6%	6%	35%	0%
Rindfleisch, verarbeitet	100	0%	8%	5%	57%	1%
Kalbfleisch, verarbeitet	100	0%	10%	30%	20%	1%
Schweinefleisch, verarbeitet	100	0%	15%	44%	31%	1%
Geflügelfleisch, verarbeitet	100	0%	9%	20%	22%	1%
Sojadrink	200	6%	5%	5%	13%	8%
Haferdrink	200	7%	4%	1%	2%	8%
Mandeldrink	200	2%	3%	2%	2%	7%
Reisdrink	200	2%	5%	2%	1%	9%
Milchalternativen	200	5%	5%	4%	7%	8%
Kuhmilch	200	0%	5%	12%	11%	10%
Rahmalternativen	10	0%	1%	1%	1%	1%
Rahm	10	0%	1%	8%	0%	0%
Joghurtalternativen	175	6%	6%	4%	9%	14%
Joghurt	175	2%	7%	11%	11%	20%

	Portions-grösse	Ballast-stoffe	Energie	gesät-tigte Fett-säuren	Protein	Zucker
Käsealternativen	30	1%	4%	13%	3%	0%
Frischkäse	60	0%	6%	28%	13%	1%
Weichkäse	60	0%	8%	36%	18%	0%
Halbhartkäse	30	0%	4%	19%	12%	0%
Hartkäse	30	0%	6%	24%	14%	0%

Tab. 15: Nährstoffgehalt nach Portionsgrösse der wichtigsten Alternativ- und Referenzprodukte. Teil 2. NA – nicht angegeben.

	Cal-cium	Eisen	Kalium	Magne-sium	Natrium	Jodid	Zink
Einheit	mg	mg	mg	mg	mg	µg	mg
Empfehlungen	1000	14	3500	325	2000	150	9.4
Soja-Alternativen (phys.)	10%	16%	12%	21%	22%	1%	13%
Weizen-Alternativen (phys.)	5%	14%	8%	12%	26%	1%	11%
Bohnen-Alternativen (phys.)	2%	6%	5%	6%	8%	1%	5%
Erbsen-Alternativen (phys.)	11%	21%	11%	9%	28%	3%	NA
Linsen-Alternativen (phys.)	9%	23%	8%	18%	15%	4%	17%
Falafel	18%	22%	16%	21%	17%	11%	22%
Fleischalternativen (phys., autotr.)	8%	16%	11%	17%	22%	2%	13%
Soja-Alternativen (biochem.)	12%	14%	4%	27%	7%	1%	10%
Fleischalternativen (biochem., autotr.)	12%	14%	4%	27%	7%	1%	10%
Insekten-Alternativen	7%	16%	6%	9%	23%	7%	20%
Mycoprotein-Alternativen	13%	4%	3%	13%	14%	0%	74%
Fleischalternativen (phys., heterotr.)	9%	10%	5%	11%	18%	5%	38%
Rindfleisch, unverarbeitet	0%	13%	9%	6%	2%	1%	48%
Kalbfleisch, unverarbeitet	1%	8%	10%	7%	3%	1%	28%
Schweinefleisch, unverarbeitet	1%	7%	9%	6%	3%	1%	29%
Geflügelfleisch, unverarbeitet	1%	4%	9%	8%	3%	3%	10%

	Calcium	Eisen	Kalium	Magnesium	Natrium	Jodid	Zink
Rindfleisch, verarbeitet	4%	36%	15%	11%	104%	NA	59%
Kalbfleisch, verarbeitet	2%	4%	4%	3%	39%	2%	15%
Schweinefleisch, verarbeitet	1%	21%	8%	6%	61%	1%	26%
Geflügelfleisch, verarbeitet	1%	4%	6%	5%	46%	NA	12%
Sojadrink	16%	9%	11%	19%	4%	1%	8%
Haferdrink	19%	4%	3%	4%	4%	2%	6%
Mandeldrink	16%	2%	1%	5%	4%	1%	2%
Reisdrink	1%	1%	1%	2%	3%	2%	2%
Milchalternativen	15%	6%	6%	11%	4%	1%	6%
Kuhmilch	24%	0%	9%	7%	4%	11%	9%
Rahmalternativen	0%	1%	0%	1%	0%	0%	1%
Rahm	1%	0%	0%	0%	0%	1%	0%
Joghurtalternativen	14%	7%	5%	10%	4%	2%	6%
Joghurt	22%	1%	9%	7%	4%	9%	9%
Käsealternativen	1%	3%	1%	3%	9%	1%	3%
Frischkäse	20%	3%	2%	4%	26%	11%	16%
Weichkäse	25%	1%	2%	4%	23%	8%	14%
Halbhartkäse	21%	1%	1%	3%	13%	6%	11%
Hartkäse	31%	1%	1%	4%	10%	6%	13%

Tab. 16: Nährstoffgehalt nach Portionsgrösse der wichtigsten Alternativ- und Referenzprodukte. Teil 3. NA – nicht angegeben.

	Vitamin A	Vitamin B2	Vitamin B9	Vitamin B12	Vitamin C	Vitamin E
Einheit	RE	mg	µg	µg	mg	ATE
Empfehlungen	700	2	330	4	103	12
Soja-Alternativen (phys.)	5%	4%	13%	3%	2%	21%
Weizen-Alternativen (phys.)	0%	3%	12%	1%	0%	28%
Bohnen-Alternativen (phys.)	1%	2%	10%	0%	1%	11%
Erbsen-Alternativen (phys.)	NA	19%	7%	13%	11%	14%
Linsen-Alternativen (phys.)	8%	4%	21%	13%	2%	16%
Falafel	11%	3%	7%	0%	3%	10%

	Vitamin A	Vitamin B2	Vitamin B9	Vitamin B12	Vitamin C	Vitamin E
Fleischalternativen (phys., autotr.)	4%	4%	12%	3%	2%	22%
Soja-Alternativen (biochem.)	1%	4%	7%	0%	0%	11%
Fleischalternativen (biochem., autotr.)	1%	4%	7%	0%	0%	11%
Insekten-Alternativen	1%	36%	21%	13%	4%	44%
Mycoprotein-Alternativen	0%	29%	11%	4%	0%	0%
Fleischalternativen (phys., heterotr.)	0%	33%	16%	8%	2%	22%
Rindfleisch, unverarbeitet	1%	9%	2%	71%	0%	4%
Kalbfleisch, unverarbeitet	1%	14%	3%	37%	0%	3%
Schweinefleisch, unverarbeitet	0%	13%	1%	19%	0%	3%
Geflügelfleisch, unverarbeitet	1%	9%	3%	12%	0%	4%
Rindfleisch, verarbeitet	0%	21%	6%	37%	4%	1%
Kalbfleisch, verarbeitet	2%	9%	1%	13%	3%	2%
Schweinefleisch, verarbeitet	25%	14%	2%	43%	22%	3%
Geflügelfleisch, verarbeitet	0%	7%	NA	23%	35%	0%
Sojadrink	2%	14%	23%	9%	1%	16%
Haferdrink	0%	21%	2%	20%	0%	11%
Mandeldrink	0%	7%	2%	10%	0%	14%
Reisdrink	0%	1%	3%	0%	1%	9%
Milchalternativen	1%	13%	13%	11%	1%	14%
Kuhmilch	8%	24%	3%	11%	2%	1%
Rahmalternativen	0%	0%	0%	0%	0%	2%
Rahm	4%	1%	0%	1%	0%	1%
Joghurtalternativen	2%	7%	9%	7%	2%	10%
Joghurt	6%	18%	5%	15%	9%	3%
Käsealternativen	0%	0%	3%	0%	0%	3%
Frischkäse	17%	12%	2%	21%	0%	3%
Weichkäse	20%	15%	9%	21%	0%	3%
Halbhartkäse	13%	7%	2%	12%	0%	1%
Hartkäse	13%	8%	1%	11%	NA	1%

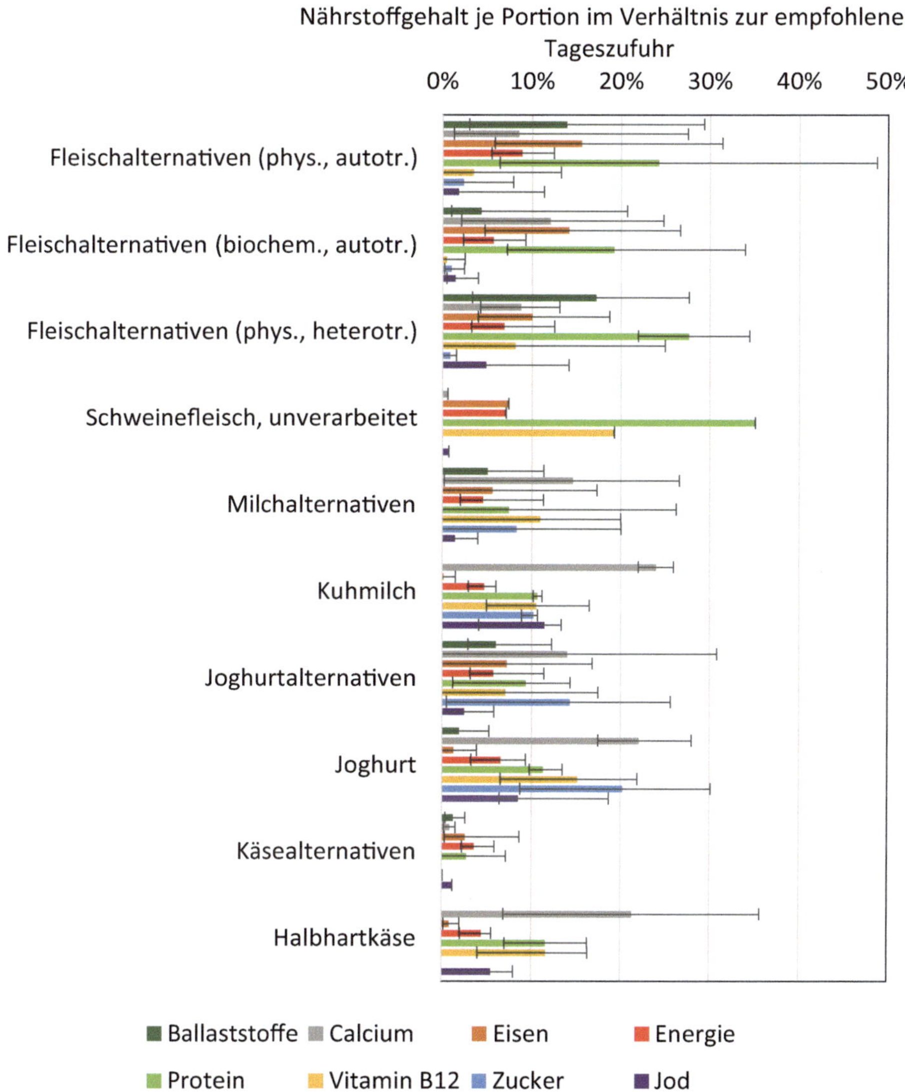

Abb. 17: Nährstoff- und Energiegehalt je Portion für einige ausgewählte Produkte. Die Fehlerbalken zeigen die Minimal- und Maximalwerte, die für jede Produktkategorie gefunden wurden.

Tab. 17: Nährwertindexwerte nach Portionsgrösse der wichtigsten Alternativ- und Referenzprodukte. Teil 4.

	NRF10.3	NR10	LIM3
Soja-Alternativen (phys.)	96	125	29
Weizen-Alternativen (phys.)	81	117	36
Bohnen-Alternativen (phys.)	44	57	13
Erbsen-Alternativen (phys.)	73	123	50
Linsen-Alternativen (phys.)	103	122	20
Falafel	101	123	22
Fleischalternativen (phys., autotr.)	88	117	30
Soja-Alternativen (biochem.)	84	96	11
Fleischalternativen (biochem., autotr.)	84	96	11
Insekten-Alternativen	100	131	31
Mycoprotein-Alternativen	66	80	14
Fleischalternativen (phys., heterotr.)	83	105	22
Rindfleisch, unverarbeitet	58	70	12
Kalbfleisch, unverarbeitet	54	65	11
Schweinefleisch, unverarbeitet	48	63	15
Geflügelfleisch, unverarbeitet	56	65	9
Rindfleisch, verarbeitet	–24	119	143
Kalbfleisch, verarbeitet	–30	42	71
Schweinefleisch, verarbeitet	2	100	98
Geflügelfleisch, verarbeitet	6	74	68
Sojadrink	66	85	19
Haferdrink	37	55	18
Mandeldrink	41	54	13
Reisdrink	1	21	19
Milchalternativen	46	65	18
Kuhmilch	57	73	16
Rahmalternativen	2	4	2
Rahm	0	8	8
Joghurtalternativen	41	70	30
Joghurt	39	73	34

	NRF10.3	NR10	LIM3
Käsealternativen	–7	15	22
Frischkäse	19	73	54
Weichkäse	18	77	59
Halbhartkäse	26	58	32
Hartkäse	39	72	34

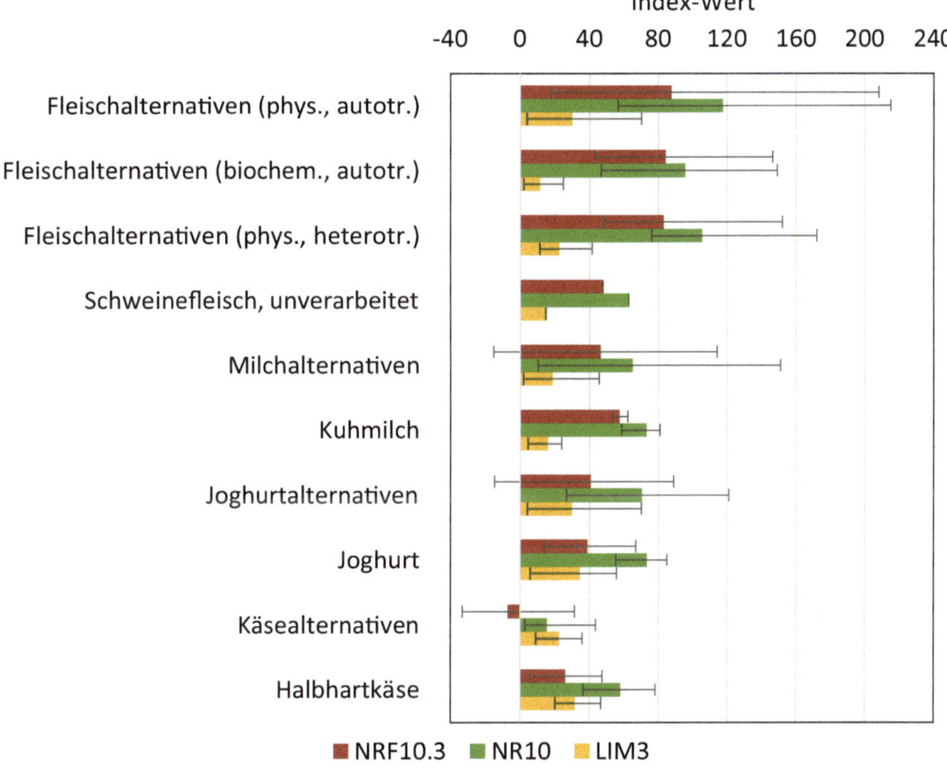

Abb. 18: Nährwertindexwerte pro Portion einiger ausgewählter Produkte. Die Fehlerbalken zeigen die Minimal- und Maximalwerte, die für jede Produktkategorie gefunden wurden.

Tab. 18: Umweltwirkungsdaten je kg Produkt der wichtigsten Alternativ- und Referenzprodukte im Vergleich zu den Referenzen Schweinefleisch, Kuhmilch, Rahm, Joghurt und Halbhartkäse. *TP – Globales Treibhauspotenzial, WK – Wasserknappheit, LN – Landnutzung, EP – Eutrophierungspotenzial, VP – Versauerungspotenzial.*

Produkt	**TP**	**WK**	**LN**	**EP**	**VP**
Soja-Alternativen (phys.)	16%	41%	30%	41%	6%
Weizen-Alternativen (phys.)	16%	30%	26%	37%	6%
Falafel	6%	171%	27%	20%	4%
Fleischalternativen (phys., autotr.)	15%	58%	27%	37%	5%
Soja-Alternativen (biochem.)	13%	46%	22%	17%	3%
Fleischalternativen (biochem., autotr.)	13%	46%	22%	17%	3%
Insekten-Alternativen	40%	140%	35%	41%	20%
Fleischalternativen (phys., heterotr.)	40%	140%	35%	41%	20%
Rindfleisch, unverarbeitet	285%	121%	340%	281%	245%
Kalbfleisch, unverarbeitet	288%	376%	144%	243%	116%
Schweinefleisch, unverarbeitet (Ref.)	*100%*	*100%*	*100%*	*100%*	*100%*
Geflügelfleisch, unverarbeitet	34%	185%	48%	107%	17%
Rindfleisch, verarbeitet	222%	207%	301%	157%	155%
Kalbfleisch, verarbeitet	126%	157%	75%	110%	64%
Schweinefleisch, verarbeitet	114%	120%	107%	166%	95%
Geflügelfleisch, verarbeitet	38%	222%	32%	96%	20%
Sojadrink	18%	63%	31%	65%	6%
Haferdrink	24%	374%	37%	81%	19%
Mandeldrink	20%	5174%	20%	29%	14%
Milchalternativen	26%	3109%	47%	64%	18%
Kuhmilch (Ref.)	*100%*	*100%*	*100%*	*100%*	*100%*
Rahmalternativen	10%	209%	24%	42%	5%
Rahm (Ref.)	*100%*	*100%*	*100%*	*100%*	*100%*
Joghurtalternativen	31%	356%	47%	71%	19%
Joghurt (Ref.)	*100%*	*100%*	*100%*	*100%*	*100%*
Käsealternativen	26%	759%	17%	377%	14%
Frischkäse	50%	55%	49%	49%	49%
Weichkäse	80%	82%	81%	84%	81%
Halbhartkäse (Ref.)	*100%*	*100%*	*100%*	*100%*	*100%*
Hartkäse	114%	113%	113%	112%	113%

Tab. 19: Umweltwirkungsdaten je kg Protein der wichtigsten Alternativ- und Referenzprodukte im Vergleich zu den Referenzen Schweinefleisch, Kuhmilch, Rahm, Joghurt und Halbhartkäse. *TP – Globales Treibhauspotenzial, WK – Wasserknappheit, LN – Landnutzung, EP – Eutrophierungspotenzial, VP – Versauerungspotenzial.*

Produkt	TP	WK	LN	EP	VP
Soja-Alternativen (phys.)	22%	58%	42%	59%	8%
Weizen-Alternativen (phys.)	19%	35%	30%	43%	7%
Falafel	23%	599%	94%	69%	13%
Fleischalternativen (phys., autotr.)	22%	85%	39%	54%	8%
Soja-Alternativen (biochem.)	25%	83%	41%	31%	6%
Fleischalternativen (biochem., autotr.)	25%	83%	41%	31%	6%
Insekten-Alternativen	43%	149%	37%	44%	22%
Fleischalternativen (phys., heterotr.)	51%	178%	44%	52%	26%
Rindfleisch, unverarbeitet	285%	121%	340%	281%	245%
Kalbfleisch, unverarbeitet	292%	381%	147%	247%	117%
Schweinefleisch, unverarbeitet (Ref.)	*100%*	*100%*	*100%*	*100%*	*100%*
Geflügelfleisch, unverarbeitet	34%	183%	48%	106%	17%
Rindfleisch, verarbeitet	137%	127%	185%	97%	95%
Kalbfleisch, verarbeitet	221%	276%	132%	194%	113%
Schweinefleisch, verarbeitet	129%	135%	121%	187%	107%
Geflügelfleisch, verarbeitet	60%	352%	51%	152%	31%
Sojadrink	15%	53%	26%	54%	5%
Haferdrink	123%	1924%	190%	419%	99%
Mandeldrink	117%	29933%	117%	170%	79%
Milchalternativen	37%	4457%	67%	92%	25%
Kuhmilch (Ref.)	*100%*	*100%*	*100%*	*100%*	*100%*
Rahmalternativen	6%	130%	15%	26%	3%
Rahm (Ref.)	*100%*	*100%*	*100%*	*100%*	*100%*
Joghurtalternativen	38%	432%	57%	86%	23%
Joghurt (Ref.)	*100%*	*100%*	*100%*	*100%*	*100%*
Käsealternativen	112%	3223%	73%	1599%	59%
Frischkäse	88%	97%	85%	86%	86%
Weichkäse	104%	106%	104%	109%	104%
Halbhartkäse (Ref.)	*100%*	*100%*	*100%*	*100%*	*100%*
Hartkäse	94%	93%	94%	93%	94%

Tab. 20: Umweltwirkungsdaten je kg Produkt der Produkte aus der Literaturanalyse. Die erste Hälfte zeigt die Produkte, welche nur in der Literatur gefunden wurden. Die zweite Hälfte zeigt Produkte, die auch in den Datenbanken vorhanden waren. *TP – Globales Treibhauspotenzial, WK – Wasserknappheit, LN – Landnutzung, EP – Eutrophierungspotenzial, VP – Versauerungspotenzial.*

Produkte	TP	WK	LN	EP	VP
Reisdrink	48%				
Mycoprotein	40%	94%	31%	100%	3%
Bohnenburger	13%	10%	17%		
In-vitro-Fleisch	108%	75%	25%	204%	37%
Erbsenburger	17%	18%	21%	41%	5%
Erbsenbällchen	15%	26%	11%	25%	5%
Insektenburger	16%	18%	17%	50%	2%
Soja-Alternativen (phys.)	28%	46%	30%	34%	20%
Weizen-Alternativen (phys.)	98%	119%	54%	66%	0%
Fleischalternativen (phys., autotr.)	31%	61%	32%	40%	10%
Soja-Alternativen (bioch.)	9%	163%	30%		
Fleischalternativen (bioch., autotr.)	9%	163%	30%	0%	0%
Fleischalternativen (phys., heterotr.)	55%	85%	44%	86%	59%
Fleischalternativen (biotech., heterotr.)	108%	75%	25%	204%	37%
Sojadrink	44%	37%	53%	51%	14%
Haferdrink	28%	462%	42%	137%	15%
Mandeldrink	60%	3245%	41%	23%	36%
Milchalternativen	43%	914%	67%	65%	15%

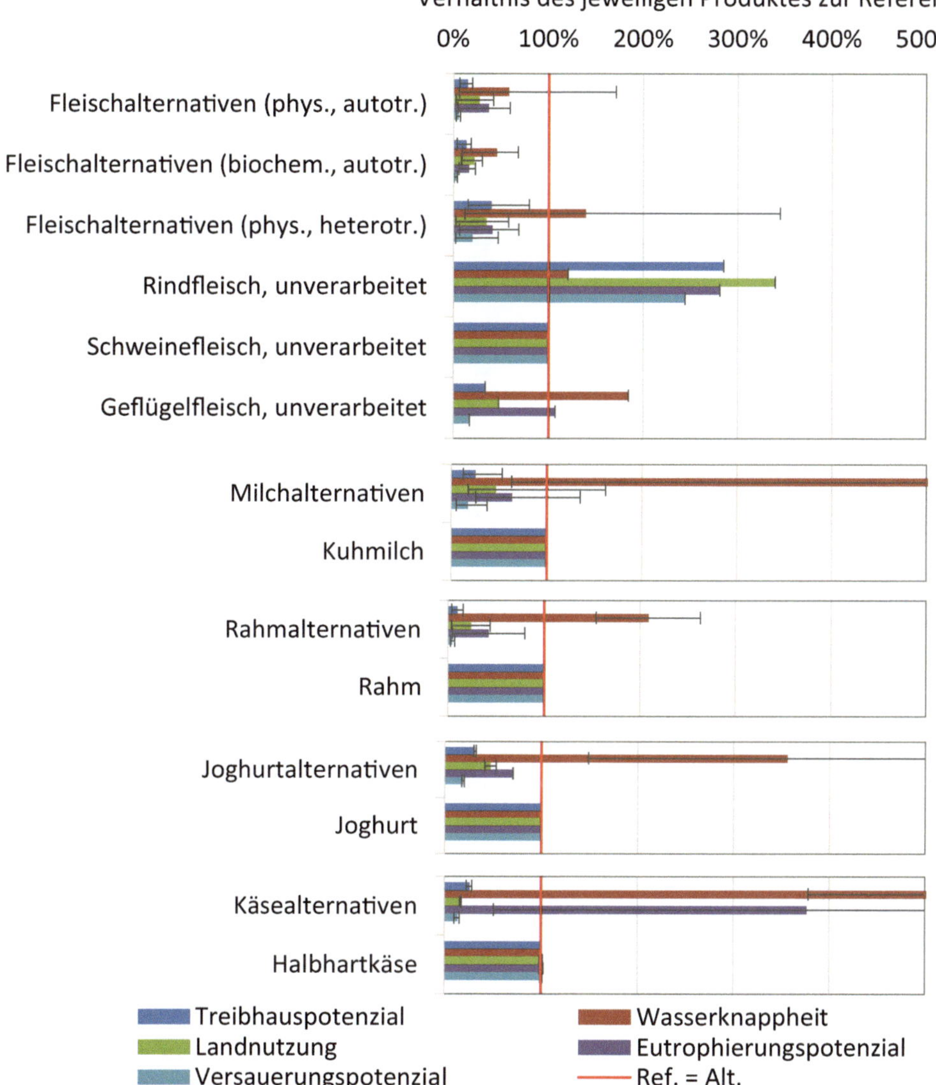

Abb. 19: Umweltwirkungen je kg Produkt ausgewählter Produkte. Fleisch und Fleischalternativen werden im Verhältnis zum Referenzprodukt (Ref.) Schweinefleisch dargestellt. Kuhmilch, Rahm, Joghurt und Halbhartkäse dienen als Referenz für ihre Alternativen. Die Fehlerbalken zeigen die Minimal- und Maximalwerte, die für jede Produktkategorie gefunden wurden.

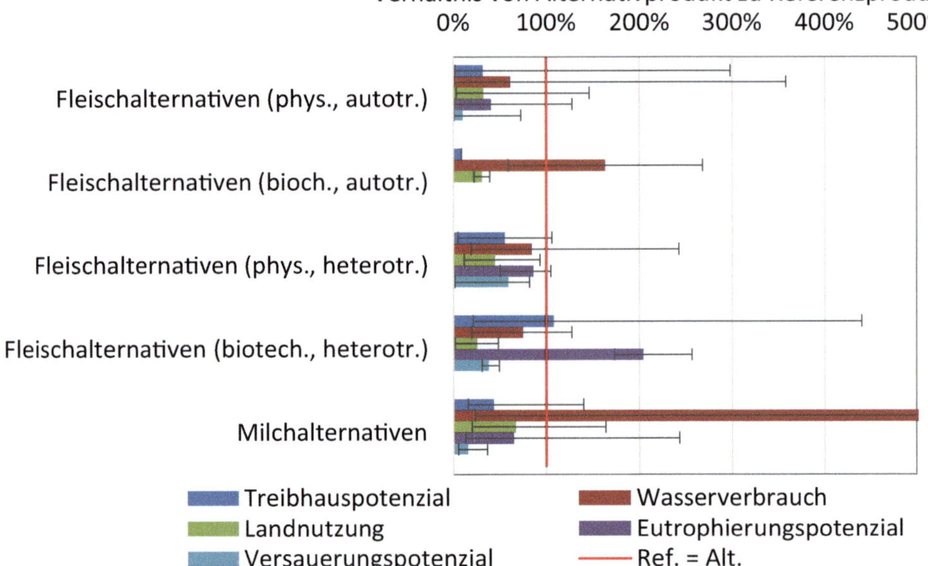

Abb. 20: Umweltwirkungen je kg Produkt der in der Literatur gefundenen Alternativproduktgruppen. Fleischalternativen werden im Verhältnis zur jeweils angegebenen Referenz (Rind-, Schweine- oder Geflügelfleisch) dargestellt. Kuhmilch dient als Referenz für die Milchalternativen. Die Fehlerbalken zeigen die Minimal- und Maximalwerte, die für jede Produktkategorie gefunden wurden.

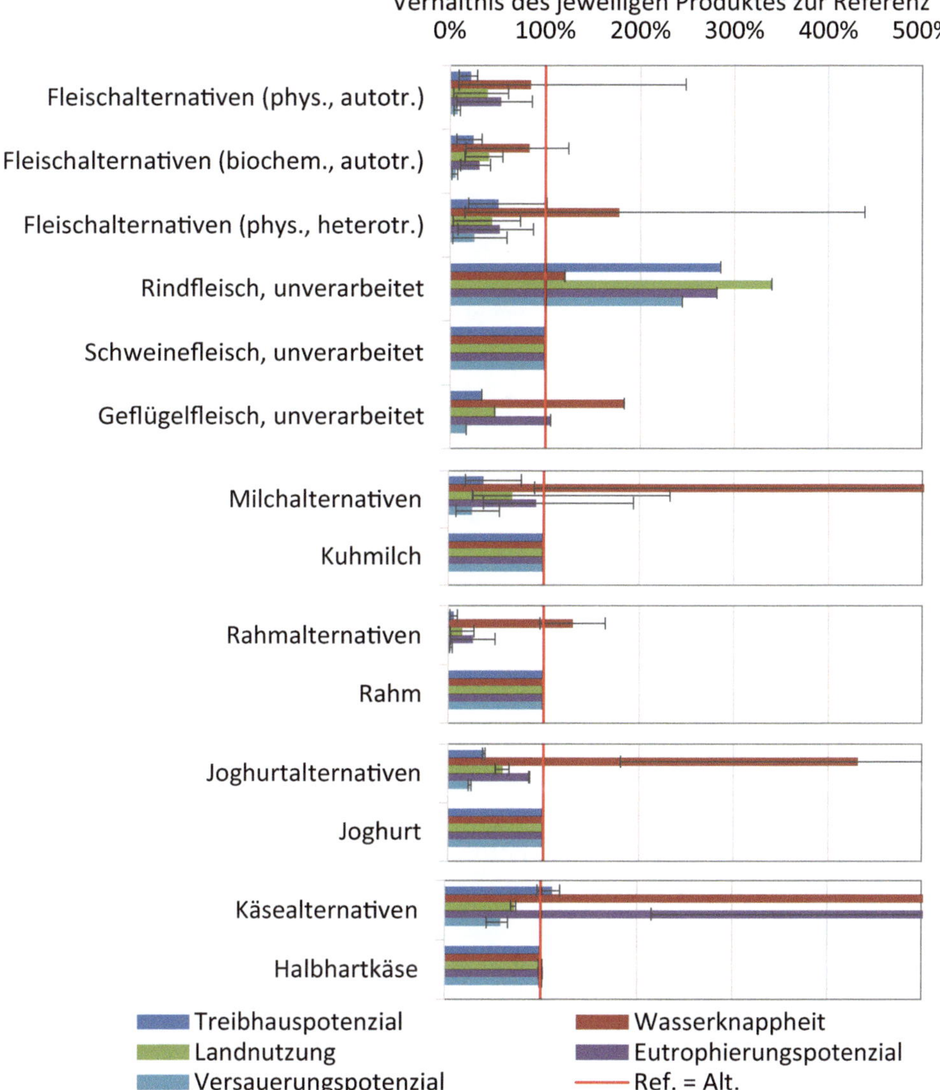

Abb. 21: Umweltwirkungen je kg Protein ausgewählter Produkte. Fleisch und Fleischalternativen werden im Verhältnis zum Referenzprodukt (Ref.) Schweinefleisch dargestellt. Kuhmilch, Rahm, Joghurt und Halbhartkäse dienen als Referenz für ihre Alternativen. Die Fehlerbalken zeigen die Minimal- und Maximalwerte, die für jede Produktkategorie gefunden wurden.

Tab. 21: Erläuterung der Umweltwirkungskategorien, welche in den Berechnungen des Berichtes Anwendung finden.

Umweltwirkungs-kategorie	**Erläuterung**
Globales Treib-hauspotenzial	Global Warming Potential 100 years (fossil & land use and land use change) Globales Treibhauspotenzial mit einem 100-jährigen Zeithorizont. Die Berechnung umfasst sowohl fossile Kohlenstoffdioxidquellen als auch die Landnutzung und deren Veränderung als Quelle von Kohlenstoffdioxid und seinen Äquivalenten. Referenz: (IPCC, 2021)
Wasserknappheit	Water Scarcity – AWARE (**A**vailable **Wa**ter **Re**maining) Bilanz des Wasserverbrauchs, gewichtet nach dem Potenzial eines Wassermangels in den jeweiligen Einzugsgebieten. Zu diesem Zweck bezieht sich der Index auf das Wasser, welches nach einer Wasserentnahme je Oberflächeneinheit des Einzugsgebietes verfügbar bleibt, und setzt diesen Wert ins Verhältnis zu einem Durchschnittswert für die globale Wasserverfügbarkeit. Referenz: (Boulay et al., 2017)
Landnutzung	Land Occupation – Agricultural Sachbilanz (Summe) der Landoberfläche, welche für landwirtschaftliche Aktivitäten genutzt wird. Alle Landnutzungsarten sind gleich gewichtet.
Eutrophierungs-potenzial	Eutrophication Potential – Freshwater Das Potenzial einer Eutrophierung von Süsswasser in Phosphor-Äquivalenten. Die Berechnung beinhaltet die Emissionen von phosphorhaltigen Substanzen in Flüssen, Seen und anderen Binnengewässern. Referenz: (Huijbregts et al., 2017)

Umweltwirkungs-kategorie	Erläuterung
Versauerungs-potenzial	Acidification Potential – Terrestrial Das Potenzial einer Versauerung von Böden in Schwefeldioxid-Äquivalenten. Die Berechnung beinhaltet verschiedene Schwefel- und Stickstoffverbindungen, welche bei einer Emission in die Luft aufgrund des Zusammenspiels mit Niederschlägen mittelfristig zu einer Versauerung des Bodens führen können. Referenz: (Huijbregts et al., 2017)

Tab. 22: Liste der leitfadengestützten Interviews, welche im Rahmen der Kapitel 8 und 9 durchgeführt wurden.

Interview, A. 2023. Leitfadengestütztes Interview mit Vertreter einer Schweizer Behörde
Interview, B. 2023. Leitfadengestütztes Interview mit Vertreterin einer Schweizer Behörde
Krell, Karola. 2023. Leitfadengestütztes Interview mit der Schweizer Rechtsanwältin Karola Krell
Gesang, Bernward. 2023. Leitfadengestütztes Interview mit Bernward Gesang, Inhaber des Wirtschaftsethik-Lehrstuhls der Universität Mannheim
Riedener, Stefan. 2023. Leitfadengestütztes Interview mit Stefan Riedener, Associate Professor an der Universität Bergen
Müller, Nico. 2023. Leitfadengestütztes Interview mit Nico Müller, Postdoc an der Philosophischen Fakultät der Universität Basel

Da die Daten, welche für diesen Bericht verwendet wurden, weiterhin Anwendung finden, kommt es immer wieder zu Aktualisierungen. Es ist unser Anliegen, die Daten, welche die Grundlage der Erkenntnisse dieser Studie bilden, auch in ihrer aktuellsten Version bereitzustellen. Zu diesem Zweck haben wir eine Ablage erstellt, in der zusätzlich zu den aktuellsten Daten auch Hintergrundinformationen und -daten sowie weiterführende Veröffentlichungen dokumentiert werden. Die Ablage kann unter folgendem Link gefunden werden: «doi.org/10.5281/zenodo.11393922».

Glossar

Alternatives Ernährungsmuster

Ernährungsmuster, welches Alternativprodukte integriert.

Alternativprodukt

Lebensmittel, welches ein anderes, zumeist tierisches, Lebensmittel in der Ernährung ersetzen soll.

Anti-Nährstoff

Unter Anti-Nährstoffen versteht man Substanzen, welche sich negativ auf die Bioverfügbarkeit anderer Nährstoffe auswirken. Diverse Anti-Nährstoffe sind bekannt. Beispiele sind: Polyphenole, Phytate, Oxalat, Chitin, Tannin, Flavonoide, Lectin und Saponin.

Autotroph

Ein autotropher Organismus ist in der Lage aus einfachen Stoffen mit Hilfe von Energie komplexe organische Verbindungen aufzubauen. Ein typisches Beispiel für autotrophe Organismen sind Pflanzen.

Bioverfügbarkeit

Prozentsatz eines Nährstoffs, der vom Körper aufgenommen und verwendet werden kann, nachdem er aus der Nahrung freigesetzt wurde und den Verdauungstrakt passiert hat. Er ist ein Mass dafür, wie gut ein Nährstoff vom Körper absorbiert und genutzt werden kann.

DIAAS-Wert

Quantitative Bewertung der Nährstoffqualität von Proteinen. Für detaillierte Erläuterungen siehe Kapitel 4.1.

Disqualifizierende Nährstoffe

Nährstoffe, welche gemeinhin als «schlecht» betrachtet werden und tendenziell in zu hohen Mengen konsumiert werden, was ein potenzielles Gesundheitsrisiko darstellt. Beispiele sind zugesetzter Zucker, Salz und gesättigte Fettsäuren.

Durchschnittsernährung, Schweiz

Ernährungsmuster basierend auf Erhebungen in der schweizerischen Bevölkerung.

Ersatzprodukt

Ähnliche Bedeutung wie Alternativprodukt mit mehr Fokus auf der Funktion als Ersatz des Referenzproduktes.

Ernährungsform

Allgemeine Ernährungsansätze wie eine vegane, vegetarische oder flexitarische Ernährung.

Ernährungsmuster

Ernährung mit detaillierten Eigenschaften, wie präzisen Konsummengen einzelner Produkte oder Produktgruppen.

Eutrophierungspotenzial

Das Potenzial verschiedener Emissionen, zu einer Überdüngung von Böden, Gewässern und dem Meer zu führen. Dies kann unter anderem zu Algenblüten mit negativen Konsequenzen für die Umwelt führen. Es handelt sich um eine Umweltwirkungskategorie.

Familiarity Bias

Der Familiarity Bias ist ein Phänomen, bei dem Menschen dazu neigen, vertraute Optionen gegenüber unbekannten zu bevorzugen, selbst wenn die unbekannten Optionen besser sein könnten.

Flexitarier/in

Eine Person, die regelmässig und bewusst auf Fleischkonsum verzichtet, Fleisch jedoch nicht vollständig aus ihrer Ernährung streicht.

Heterotroph

Ein heterotropher Organismus ist auf organischen Kohlenstoff als Nahrung angewiesen und kann diesen nicht selber produzieren. Ein typisches Beispiel für heterotrophe Organismen sind Tiere.

Hybridprodukte

Ein Mischprodukt aus Zutaten heterotrophen und autotrophen Ursprungs.

In vitro und *in vivo*

Beschreibung eines Experimentes, welches im Labor (*in vitro* – lat. «im Glas») oder am lebenden Objekt (*in vivo* – lat. «im Lebendigen») durchgeführt wird.

Konservierungsmittel

Substanzen, welche Lebensmitteln beigefügt werden, um diese haltbarer zu machen.

Landnutzung

Landfläche, welche für verschiedene Prozesse innerhalb des Lebenszyklus eines Produktes belegt wird.

LIM3

Nährstoffdichte-Index, disqualifizierende Nährstoffe. Für detaillierte Erläuterungen siehe Kapitel 4.1.

Makronährstoffe

Nährstoffe, welche vom menschlichen Körper in vergleichsweise grossen Mengen benötigt werden. Beispiele hierfür sind Kohlenhydrate und Proteine.

Mikronährstoffe

Nährstoffe, welche vom menschlichen Körper in vergleichsweise kleinen Mengen benötigt werden. Beispiele sind Mineralstoffe wie Eisen und Zink sowie die verschiedenen Vitamine.

Milchäquivalente (MAQ)

1 kg Milch mit einem Gehalt von 33 g Eiweiss und 40 g Fett entspricht einem MAQ.

Mycoprotein

Protein aus einem Pilz (von altgr. «μύκης, mykes», dt. «Pilz»).

Nachhaltigkeit

Konzept zum Umgang mit Ressourcen in einem begrenzten System. Für detaillierte Erläuterungen siehe Kapitel 4.2.

Nährstoffdichte

Die Gesamtmenge an unterschiedlichen Nährstoffen pro Masseeinheit eines Nahrungsmittels. Die Konzentrationen einzelner Nährstoffe werden also gemeinsam betrachtet und bewertet.

Nährstoffqualität

Die Kombination aus der Zusammensetzung eines Nährstoffes (z.B. für die Aminosäuren eines Proteins) und seiner Bioverfügbarkeit.

Neophobie

Angst vor etwas Neuem, z.B. vor unbekannten Situationen, neuartigen Dingen, fremden Personen oder neuen Nahrungsmitteln.

NR10

Nährstoffdichte-Index, qualifizierende Nährstoffe. Für detaillierte Erläuterungen siehe Kapitel 4.1.

NRF10.3

Nährwertdichte-Index. Im Gegensatz zu den Nährstoffdichte-Indices NR10 und LIM3 werden sowohl positive als auch negative potenzielle Einflüsse auf die Gesundheit berücksichtigt. Für detaillierte Erläuterungen siehe Kapitel 4.1.

Ökologische Dimension der Nachhaltigkeit

Umweltbezogene Aspekte und Ziele der Nachhaltigkeit. Für detaillierte Erläuterungen siehe Kapitel 4.2.

Ökonomische Dimension der Nachhaltigkeit

Wirtschaftliche Aspekte und Ziele der Nachhaltigkeit. Für detaillierte Erläuterungen siehe Kapitel 4.2.

Omnivore Ernährung

Ernährungsform, welche alle verfügbaren Nahrungsmittelgruppen integriert. Im Falle von Tieren spricht man auch von «Allesfressern».

Pflanzendrink

Pflanzenbasierte Milchalternative.

Proteinqualität

Die Kombination der Aminosäurezusammensetzung eines Proteins und der Bioverfügbarkeit der Aminosäuren.

Proxy

Bedeutung: «Stellvertreter». Proxys werden genutzt, wenn Daten zu einem bestimmten Material oder Produkt nicht vorliegen. Stattdessen werden dann stellvertretend die Daten zu einem ähnlichen Material oder Produkt genutzt.

Qualifizierende Nährstoffe

Nährstoffe, welche gemeinhin als «gut» betrachtet werden und tendenziell in zu geringen Mengen konsumiert werden, mit potenziellem Risiko für die Gesundheit. Beispiele sind Vitamine, Ballaststoffe und Protein.

Referenzprodukt

Produkt, welches durch das Alternativprodukt ersetzt werden soll und in der Analyse als Vergleich dient. Dies betrifft verschiede Fleischsorten und Milchprodukte, siehe Kapitel 2.

Selbstversorgungsgrad

Das Verhältnis zwischen der Produktion und dem Verbrauch einer bestimmten Ressource.

Soziale Dimension der Nachhaltigkeit

Gesellschaftliche Aspekte und Ziele der Nachhaltigkeit. Für detaillierte Erläuterungen siehe Kapitel 4.2.

Soziale Identität

Die soziale Identität bezieht sich darauf, wie wir uns selbst und andere aufgrund einer Gruppenzugehörigkeit wahrnehmen. Die soziale Identität umfasst die Teile des Selbstkonzepts einer Person, die die Person aus ihrer Zugehörigkeit zu bestimmten Gruppen gewinnt.

Soziokulturell

Die Gesellschaft und ihre Kultur betreffend.

Sozioökologisches Modell

Sozioökologische Modelle betonen den umweltbezogenen und politischen Kontext von Verhalten und beziehen gleichzeitig soziale und psychologische Einflüsse mit ein. Sozioökologische Modelle führen zur expliziten Berücksichtigung mehrerer Einflussebenen und leiten so die Entwicklung umfassenderer Verhaltensinterventionen.

Tissue-Engineering-Techniken für die Herstellung von *In-vitro*-Fleisch

Techniken zur Herstellung von Gewebe (engl. «tissue») in Bioreaktoren.

Treibhauspotenzial, globales

Der zu erwartende Beitrag verschiedener Emissionen zum Treibhauseffekt der Erdatmosphäre. Dieser steht in direktem Zusammenhang mit dem Klimawandel. Es handelt sich um eine Umweltwirkungskategorie.

Umweltbilanz

Methode zur Abschätzung der Umweltwirkungen eines Produktes oder Prozesses. Für detaillierte Erläuterungen siehe Kapitel 4.2.1.

Umweltwirkung

Die Auswirkung einer Aktivität, wie beispielsweise einer Emission, auf die Umwelt. Umweltwirkungen werden in Umweltwirkungskategorien eingeteilt.

Umweltwirkungskategorie

Eine Kategorie, welche vergleichbare Wirkungen verschiedener Emissionen vereint. Ein Beispiel ist die Kategorie des Treibhauspotenzials, welche die Wirkung von Kohlenstoffdioxid, Methan, Lachgas und weiteren Substanzen auf die Wärmerückstrahlung der Erdatmosphäre zusammenfasst.

Versauerungspotenzial

Das Potenzial, dass es durch verschiedene Emissionen zur Absenkung des pH-Wertes des Bodens oder der Gewässer kommt. In diesem Zusammenhang ist das Phänomen des «sauren Regens» relevant. Es handelt sich um eine Umweltwirkungskategorie.

Wasserknappheit

Die Darstellung des Risikos eines Wassermangels durch den Wasserverbrauch, indem der Verbrauch nach der Wasserverfügbarkeit im Einzugsgebiet gewichtet wird. In der gegenwärtigen Studie wurde diese berechnet (Annex, **Tab. 21**, Seite 254). Es handelt sich um eine Umweltwirkungskategorie.

Wasserverbrauch

Wasser, welches während des Lebenszyklus eines Produktes aus dem natürlichen Wasserkreislauf entnommen wird.

Literatur

Adamczyk, D., Jaworska, D., Affeltowicz, D., & Maison, D. (2022). Plant-based dairy alternatives: Consumers' perceptions, motivations, and barriers-Results from a qualitative study in Poland, Germany, and France. *Nutrients*, *14*(10). https://doi.org/10.3390/nu14102171

Adise, S., Gavdanovich, I., & Zellner, D. A. (2015). Looks like chicken: Exploring the law of similarity in evaluation of foods of animal origin and their vegan substitutes. *Food Quality and Preference*, *41*, 52–59. https://doi.org/10.1016/j.foodqual.2014.10.007

Adjibade, M., Julia, C., Allès, B., Touvier, M., Lemogne, C., Srour, B., Hercberg, S., Galan, P., Assmann, K. E., & Kesse-Guyot, E. (2019). Prospective association between ultra-processed food consumption and incident depressive symptoms in the French NutriNet-Santé cohort. *BMC Medicine*, *17*(1), 78. https://doi.org/10.1186/s12916-019-1312-y

Afshari, H., Agnihotri, S., Searcy, C., & Jaber, M. Y. (2022). Social sustainability indicators: A comprehensive review with application in the energy sector. *Sustainable Production and Consumption*, *31*, 263–286. https://doi.org/https://doi.org/10.1016/j.spc.2022.02.018

Ahnan-Winarno, A. D., Cordeiro, L., Winarno, F. G., Gibbons, J., & Xiao, H. (2021). A semicentennial review on its health benefits, fermentation, safety, processing, sustainability, and affordability. *Compr Rev Food Sci Food Saf.*, *20*, 1717–1767. https://doi.org/https://doi.org/10.1111/1541-4337.12710

Alam, M. S., Kaur, J., Khaira, H., & Gupta, K. (2016). Extrusion and Extruded Products: Changes in Quality Attributes as Affected by Extrusion Process Parameters: A Review. *Crit Rev Food Sci Nutr*, *56*(3), 445–475. https://doi.org/10.1080/10408398.2013.779568

Ali, F., Tian, K., & Wang, Z.-X. (2021). Modern techniques efficacy on tofu processing: A review. *Trends in Food Science & Technology*, *116*, 766–785. https://doi.org/https://doi.org/10.1016/j.tifs.2021.07.023

Allotey, D. K., Kwofie, E. M., Adewale, P., Lam, E., & Ngadi, M. (2023). Life cycle sustainability assessment outlook of plant-based protein processing and product formulations. *Sustainable Production and Consumption*, *36*, 108–125. https://doi.org/https://doi.org/10.1016/j.spc.2022.12.021

Ament, J. (2022). *Insekten: Zwischen Ernährungssicherheit und Ekel*. Biovision. Retrieved 22.08.2022 from https://www.clever-konsumieren.ch/clever/news/detail/insekten-zwischen-ernaehrungssicherheit-und-ekel/

Ammann, J., Arbenz, A., Mack, G., Nemecek, T., & El Benni, N. (2023). A review on policy instruments for sustainable food consumption. *Sustainable Production and Consumption*, *36*, 338–353. https://doi.org/10.1016/j.spc.2023.01.012

Ammann, J., Grande, A., Inderbitzin, J., & Guggenbühl, B. (2023). Understanding Swiss consumption of plant-based alternatives to dairy products. *Food Quality and Preference*, *110*, 104947. https://doi.org/10.1016/j.foodqual.2023.104947

Anand, S., & Sen, A. (2000). Human Development and Economic Sustainability. *World Development*, *28*(12), 2029-2049. https://doi.org/https://doi.org/10.1016/S0305-750X(00)00071-1

Antunes, I. C., Bexiga, R., Pinto, C., Roseiro, L. C., & Quaresma, M. A. G. (2023). Cow's Milk in Human Nutrition and the Emergence of Plant-Based Milk Alternatives. *Foods*, *12*(1), 99. https://www.mdpi.com/2304-8158/12/1/99

Apostolidis, C., & McLeay, F. (2016). Should we stop meating like this? Reducing meat consumption through substitution. *Food Policy*, *65*, 74-89. https://doi.org/10.1016/j.foodpol.2016.11.002

Apostolidis, C., & McLeay, F. (2019). To meat or not to meat? Comparing empowered meat consumers' and anti-consumers' preferences for sustainability labels. *Food Quality and Preference*, *77*, 109–122. https://doi.org/10.1016/j.foodqual.2019.04.008

Arnaudova, M., Brunner, T. A., & Götze, F. (2022). Examination of students' willingness to change behaviour regarding meat consumption. *Meat Science*, *184*, 108695. https://doi.org/10.1016/j.meatsci.2021.108695

Aydar, E. F., Tutuncu, S., & Ozcelik, B. (2020). Plant-based milk substitutes: Bioactive compounds, conventional and novel processes, bioavailability studies, and health effects. *Journal of Functional Foods*, *70*.

BAG (2016a). *Herausforderung nichtübertragbare Krankheiten, Kurzfassung Strategie zur Prävention*. Bundesamt für Gesundheit (BAG) und Schweizerische Konferenz der kantonalen Gesundheitsdirektorinnen und -direktoren (GDK).

BAG (2016b). *Nationale Strategie Prävention nichtübertragbarer Krankheiten (NCD-Strategie) 2017–2024*. Bundesamt für Gesundheit (BAG) und Schweizerische Konferenz der kantonalen Gesundheitsdirektorinnen und -direktoren (GDK).

BAG (2018). *Erkrankungen des Bewegungsapparats*. Bundesamt für Gesundheit (BAG). Retrieved 26.10.2023 from https://www.bag.admin.ch/bag/de/home/krankheiten/krankheiten-im-ueberblick/erkrankungen-bewegungsapparat.html

BAG (2020). *Polyzyklische aromatische Kohlenwasserstoffe (PAK)*. Bundesamt für Gesundheit (BAG). Verbraucherschutz.

Banach, J. L., van der Berg, J. P., Kleter, G., van Bokhorst-van de Veen, H., Bastiaan-Net, S., Pouvreau, L., & van Asselt, E. D. (2023). Alternative proteins for meat and dairy replacers: Food safety and future trends. *Critical Reviews in Food Science and Nutrition*, *63*(32), 11063–11080. https://doi.org/10.1080/10408398.2022.2089625

Bär, C., Sutter, M., Kopp, C., Neuhaus, P., Portmann, R., Egger, L., Reidy, B., & Bisig, W. (2020). Impact of herbage proportion, animal breed, lactation stage and season on the fatty acid and protein composition of milk. *International Dairy Journal*, *109*, 104785. https://doi.org/https://doi.org/10.1016/j.idairyj.2020.104785

Barański, M., Średnicka-Tober, D., Volakakis, N., Seal, C., Sanderson, R., Stewart, G. B., Benbrook, C., Biavati, B., Markellou, E., Giotis, C., Gromadzka-Ostrowska, J., Rembiałkowska, E., Skwarło-Sońta, K., Tahvonen, R., Janovská, D., Niggli, U., Nicot, P., & Leifert, C. (2014). Higher antioxidant and lower cadmium concentrations and lower incidence of pesticide residues in organically grown crops: a systematic literature review and meta-analyses. *British Journal of Nutrition*, *112*(5), 794–811. https://doi.org/10.1017/S0007114514001366

Barthes, R. (1957). Le bifteck et les frites. In *Mythologies*. Seuil.

Baur, P., & Krayer, P. (2021). *Schweizer Futtermittelimporte – Entwicklung, Hintergründe, Folgen, Schlussbericht zum Forschungsprojekt im Auftrag von Greenpeace Schweiz*.

Bayless, T. M., Brown, E., & Paige, D. M. (2017). Lactase non-persistence and lactose intolerance. *Current gastroenterology reports*, *19*, 1–11.

Beckerman, J. P., Blondin, S. A., Richardson, S. A., & Rimm, E. B. (2019). Environmental and Economic Effects of Changing to Shelf-Stable Dairy or Soy Milk for the Breakfast in the Classroom Program. *American Journal of Public Health*, *109*(5), 736–738. https://doi.org/10.2105/ajph.2019.304956

Beretta, C., & Hellweg, S. (2019). *Lebensmittelverluste in der Schweiz: Umweltbelastung und Vermeidungspotenzial. Wissenschaftlicher Schlussbericht*. www.bafu.admin.ch/lebensmittelabfaelle

BfS. (2003). *Monitoring der Nachhaltigen Entwicklung MONET – Schlussbericht Methoden und Resultate*. Bundesamt für Statistik (BfS).

BfS. (2012). *Bericht über die Nachhaltige Entwicklung 2012*. Bundesamt für Statistik (BfS).

BfS. (2017). *Panorama – Land- und Forstwirtschaft*.

BfS. (2022a). Gesamtproduktion der Landwirtschaft. Zu laufenden Preisen 1985–2022. In: Bundesamt für Statistik.

BfS. (2022b). *Haushaltsbudgeterhebung (HABE).*

BfS. (2023). *Bevölkerungsdaten im Zeitvergleich, 1950–2022.*

Biermann, G., & Rau, H. (2020). The meaning of meat: (Un)sustainable eating practices at home and out of home. *Appetite, 153*, 104730. https://doi.org/10.1016/j.appet.2020.104730

BLV. (2021). *Informationsschreiben 2021_4 Verwendung von ‹Stoffen› der Kategorien Pflanzen, Pilze, Flechten und Algen sowie daraus hergestellten Zubereitungen als LM oder LMZT.* Bundesamt für Lebensmittelsicherheit und Veterinärwesen (BLV). Retrieved from https://www.blv.admin.ch/dam/blv/de/dokumente/lebensmittel-und-ernaehrung/rechts-und-vollzugsgrundlagen/hilfsmittel-vollzugsgrundlagen/informationsschreiben-neu/informationsschreiben_2021_4.pdf.download.pdf/Informationsschreiben%202021_4%20Verwendung%20von%20%C2%ABStoffen%C2%BB%20der%20Kategorien%20Pflanzen,%20Pilze,%20Flechten%20und%20Algen%20sowie%20daraus%20hergestellten%20Zubereitungen%20als%20LM%20oder%20LMZT.pdf.

BLV (2014). *menuCH – Nationale Ernährungserhebung.* Bundesamt für Lebensmittelsicherheit und Veterinärwesen (BLV). Retrieved 23.11 from https://www.blv.admin.ch/blv/de/home/lebensmittel-und-ernaehrung/ernaehrung/menuCH.html

BLV (2017). *Ernährungsstrategie Schweiz 2017 – 2024.* Bundesamt für Lebensmittelsicherheit und Veterinärwesen (BLV). https://www.bundespublikationen.admin.ch/cshop_mimes_bbl/8C/8CDCD4590EE41ED795B051FA278AE1D2.pdf

BLV (2019). *Schweizer Ernährungsempfehlungen für ältere Erwachsene.* Bundesamt für Lebensmittelsicherheit und Veterinärwesen (BLV).

BLV (2021). *Schweizer Ernährungsbulletin 2021.* Bundesamt für Lebensmittelsicherheit und Veterinärwesen (BLV).

BLV (2022). *Schweizer Referenzwerte für die Nährstoffzufuhr.* Bundesamt für Lebensmittelsicherheit und Veterinärwesen (BLV). Retrieved 28.03 from https://www.blv.admin.ch/blv/de/home/lebensmittel-und-ernaehrung/ernaehrung/empfehlungen-informationen/naehrstoffe/naehrstoffzufuhr-dynamische-tabelle.html

BLW (2021a). *Report zum Schweizer Fleischersatzmarkt, BLV Fachbereich Marktanalysen.* Bundesamt für Landwirtschaft (BLW). https://www.blw.admin.ch/blw/de/home/markt/marktbeobachtung/land--und-ernaehrungswirtschaft/fleischersatz.html

BLW (2021b). *Report zum Schweizer Fleischersatzmarkt, BLV Fachbereich Marktanalysen*. Bundesamt für Landwirtschaft (BLW). https://www.blw.admin.ch/blw/de/home/markt/marktbeobachtung/land--und-ernaehrungswirtschaft/fleischersatz.html

BLW (2023). *Klimastrategie Landwirtschaft und Ernährung 2050: Verminderung von Treibhausgasemissionen und Anpassung an die Folgen des Klimawandels für ein nachhaltiges Schweizer Ernährungssystem*. Bundesamt für Landwirtschaft (BLW)

Bocker, R., & Silva, E. K. (2022). Innovative technologies for manufacturing plant-based non-dairy alternative milk and their impact on nutritional, sensory and safety aspects. *Future Foods*, *5*, 100098. https://doi.org/https://doi.org/10.1016/j.fufo.2021.100098

Bohrer, B. M. (2019). An investigation of the formulation and nutritional composition of modern meat analogue products. *Food Science and Human Wellness*, *8*(4), 320–329. https://doi.org/https://doi.org/10.1016/j.fshw.2019.11.006

Boulay, A. M., Bare, J., Benini, L., Berger, M., Lathuillière, M. J., Manzardo, A., Margni, M., Motoshita, M., Núñez, M., Pastor, A. V., Ridoutt, B., Oki, T., Worbe, S., & Pfister, S. (2017). The WULCA consensus characterization model for water scarcity footprints: assessing impacts of water consumption based on available water remaining (AWARE) [Article in Press]. *International Journal of Life Cycle Assessment*, 1–11. https://doi.org/10.1007/s11367-017-1333-8

Braun, V., & Clarke, V. (2006). Using thematic analysis in psychology. *Qualitative Research in Psychology*, *3*(2), 77–101. https://doi.org/10.1191/1478088706qp063oa

Bretscher, D., Leuthold-Stärfl, S., Felder, D., & Fuhrer, J. (2014). Treibhausgasemissionen aus der schweizerischen Land- und Ernährungswirtschaft. *Agrarforschung*, *5*(11+12), 458–465.

Bryant, C., & Barnett, J. (2018). Consumer acceptance of cultured meat: A systematic review. *Meat Science*, *143*, 8–17. https://doi.org/10.1016/j.meatsci.2018.04.008

Bryant, C., & Barnett, J. (2020). Consumer Acceptance of Cultured Meat: An Updated Review (2018–2020). *Applied Sciences*, *10*(15), 5201. https://www.mdpi.com/2076–3417/10/15/5201

Bublitz, M. G., Peracchio, L. A., & Block, L. G. (2010). Why did I eat that? Perspectives on food decision making and dietary restraint. *Journal of Consumer Psychology*, *20*(3), 239–258. https://doi.org/10.1016/j.jcps.2010.06.008

Bundesrat. (2017). *Trans-Fettsäuren: in der Schweiz kein Gesundheitsrisiko* https://www.admin.ch/gov/de/start/dokumentation/medienmitteilungen.msg-id-65608.html

Bunge, A. C., Wood, A., Halloran, A., & Gordon, L. J. (2022). A systematic scoping review of the sustainability of vertical farming, plant-based alternatives, food delivery services and blockchain in food systems. *Nature Food*, *3*(11), 933–941.

Burton-Pimentel, K. J., & Walther, B. (2023). Pflanzendrinks – eine Alternative zu Milch? *Agrarforschung Schweiz*, *14*, 214–228. https://doi.org/10.34776/afs14-214

Camenzind, S. (2020). *Instrumentalisierung – Zu einer Grundkategorie der Ethik der Mensch-Tier-Beziehung*. Brill Mentis.

Capuano, E., & Pellegrini, N. (2019). An integrated look at the effect of structure on nutrient bioavailability in plant foods. *Journal of the Science of Food and Agriculture*, *99*(2), 493–498. https://doi.org/https://doi.org/10.1002/jsfa.9298

Carlsson, F., Kataria, M., & Lampi, E. (2022). How much does it take? Willingness to switch to meat substitutes. *Ecological Economics*, *193*. https://doi.org/10.1016/j.ecolecon.2021.107329

Carriat, J. (2023). La viande, un clivage politique français. *Le Monde*. https://www.lemonde.fr/politique/article/2023/08/20/la-viande-un-clivage-politique-francais_6185959_823448.html

Chalupa-Krebzdak, S., Long, C. J., & Bohrer, B. M. (2018). Nutrient density and nutritional value of milk and plant-based milk alternatives. *International Dairy Journal*, *87*, 84–92.

Cheeseman, M. (2014). Global Regulation of Food Additives. In *Food Additives and Packaging* (Vol. 1162, pp. 3–9). American Chemical Society. https://doi.org/doi:10.1021/bk-2014-1162.ch001

Chen, C., Chaudhary, A., & Mathys, A. (2019). Dietary Change Scenarios and Implications for Environmental, Nutrition, Human Health and Economic Dimensions of Food Sustainability. *Nutrients*, *11*(4), 856. https://www.mdpi.com/2072-6643/11/4/856

Chen, J., Ying, G.-G., & Deng, W.-J. (2019). Antibiotic Residues in Food: Extraction, Analysis, and Human Health Concerns. *Journal of Agricultural and Food Chemistry*, *67*(27), 7569–7586. https://doi.org/10.1021/acs.jafc.9b01334

Chungchunlam, S. M. S., & Moughan, P. J. (2023). Comparative bioavailability of vitamins in human foods sourced from animals and plants. *Critical Reviews in Food Science and Nutrition*, 1–36. https://doi.org/10.1080/10408398.2023.2241541

Colantonio, A. (2007). Social sustainability: An exploratory analysis of its definition, assessment methods metrics and tools.

Collier, E. S., Oberrauter, L.-M., Normann, A., Norman, C., Svensson, M., Niimi, J., & Bergman, P. (2021). Identifying barriers to decreasing meat consumption and increasing acceptance of meat substitutes among Swedish consumers. *Appetite*, *167*, 105643. https://doi.org/10.1016/j.appet.2021.105643

Coop. (2022). *Report: Studie über pflanzenbasierte Ernährung in der Schweiz*. https://www.horizont.net/news/media/37/Coop-Plant-Based-Food-Report-2022-361929.pdf

Coop. (2023). *Studie über pflanzenbasierte Ernährung in der Schweiz*. https://www.coop.ch/content/dam/insieme/plantbased-report-2023/Coop-Plant-Based-Food-Report-2023_D.pdf

Cordelle, S., Redl, A., & Schlich, P. (2022). Sensory acceptability of new plant protein meat substitutes. *Food Quality and Preference*, *98*, 104508. https://doi.org/10.1016/j.foodqual.2021.104508

Cordova, R., Viallon, V., Fontvieille, E., Peruchet-Noray, L., Jansana, A., Wagner, K.-H., Kyrø, C., Tjønneland, A., Katzke, V., Bajracharya, R., Schulze, M. B., Masala, G., Sieri, S., Panico, S., Ricceri, F., Tumino, R., Boer, J. M. A., Verschuren, W. M. M., van der Schouw, Y. T., Jakszyn, P., Redondo-Sánchez, D., Amiano, P., Huerta, J. M., Guevara, M., Borné, Y., Sonestedt, E., Tsilidis, K. K., Millett, C., Heath, A. K., Aglago, E. K., Aune, D., Gunter, M. J., Ferrari, P., Huybrechts, I., & Freisling, H. (2023). Consumption of ultra-processed foods and risk of multimorbidity of cancer and cardiometabolic diseases: a multinational cohort study. *The Lancet Regional Health – Europe*, *35*. https://doi.org/10.1016/j.lanepe.2023.100771

Crenna, E., Sinkko, T., & Sala, S. (2019). Biodiversity impacts due to food consumption in Europe. *Journal of Cleaner Production*, *227*, 378–391. https://doi.org/https://doi.org/10.1016/j.jclepro.2019.04.054

Dankar, I., Haddarah, A., Omar, F. E. L., Sepulcre, F., & Pujolà, M. (2018). 3D printing technology: The new era for food customization and elaboration. *Trends in Food Science & Technology*, *75*, 231–242. https://doi.org/https://doi.org/10.1016/j.tifs.2018.03.018

de Boer, J., Schösler, H., & Aiking, H. (2017). Towards a reduced meat diet: Mindset and motivation of young vegetarians, low, medium and high meat-eaters. *Appetite*, *113*, 387–397. https://doi.org/10.1016/j.appet.2017.03.007

de Castro, R. J. S., Ohara, A., Aguilar, J. G. d. S., & Domingues, M. A. F. (2018). Nutritional, functional and biological properties of insect proteins: Processes for obtaining, consumption and future challenges. *Trends in Food Science & Technology*, *76*, 82–89. https://doi.org/https://doi.org/10.1016/j.tifs.2018.04.006

Dekkers, B. L., Boom, R. M., & van der Goot, A. J. (2018). Structuring processes for meat analogues. *Trends in Food Science & Technology*, *81*, 25–36. https://doi.org/https://doi.org/10.1016/j.tifs.2018.08.011

Del Río Castro, G., González Fernández, M. C., & Uruburu Colsa, Á. (2021). Unleashing the convergence amid digitalization and sustainability towards pursuing the Sustainable Development Goals (SDGs): A holistic review. *Journal of Cleaner Production*, *280*, 122204. https://doi.org/https://doi.org/10.1016/j.jclepro.2020.122204

DeMuth, B., Malone, T., McFadden, B. R., & Wolf, C. A. (2023). Choice effects associated with banning the word "meat" on alternative protein labels. *Applied Economic Perspectives and Policy*, *45*(1), 128–144. https://doi.org/10.1002/aepp.13319

Dernini, S., Berry, E. M., Serra-Majem, L., La Vecchia, C., Capone, R., Medina, F. X., Aranceta-Bartrina, J., Belahsen, R., Burlingame, B., Calabrese, G., Corella, D., Donini, L. M., Lairon, D., Meybeck, A., Pekcan, A. G., Piscopo, S., Yngve, A., & Trichopoulou, A. (2017). Med Diet 4.0: the Mediterranean diet with four sustainable benefits. *Public Health Nutrition*, *20*(7), 1322–1330. https://doi.org/10.1017/S1368980016003177

Deutsche Gesellschaft für Ernährung, Österreichische Gesellschaft für Ernährung, & Ernährungsforschung, S. G. f. (2021). *D-A-CH Referenzwerte für die Nährstoffzufuhr* (Deutsche Gesellschaft für Ernährung (DGE), Österreichische Gesellschaft für Ernährung (ÖGE), & S. G. f. E. (SGE), Eds. 2. Auflage, 7. aktualisierte Ausgabe ed.).

Donati, M., Menozzi, D., Zighetti, C., Rosi, A., Zinetti, A., & Scazzina, F. (2016). Towards a sustainable diet combining economic, environmental and nutritional objectives. *Appetite*, *106*, 48–57. https://doi.org/https://doi.org/10.1016/j.appet.2016.02.151

Douglas, M. (1972). Deciphering a Meal. *Daedalus*, *101*(1), 61–81.

Douglas, M. (1974). Taking the biscuit: The structure of British meals. *New Society*.

Douziech, M., Bystricky, M., Furrer, C., Gaillard, G., Lansche, J., Roesch, A. & Nemecek, T. (2024). Recommended impact assessment method within Swiss Agricultural Life Cycle Assessment (SALCA): v2.01. *Agroscope Science*, 183. https://doi.org/10.34776/as183e

Drolet-Labelle, V., Laurin, D., Bédard, A., Drapeau, V., & Desroches, S. (2023). Beliefs underlying older adults' intention to consume plant-based protein foods: A qualitative study. *Appetite*, *180*, 106346. https://doi.org/10.1016/j.appet.2022.106346

Duden. (2023). Nachhaltigkeit. In https://www.duden.de/rechtschreibung/Nachhaltigkeit

EC. (2023a). Commission Implementing Regulation (EU) 2023/5 of 3 January 2023 authorising the placing on the market of Acheta domesticus (house cricket) partially defatted powder as a novel food and amending Implementing Regulation (EU) 2017/2470

EC. (2023b). *Economic sustainability in EU agriculture*. European Commission. Retrieved 12.10.2023 from https://agriculture.ec.europa.eu/sustainability/economic-sustainability_en

EDI (2013). Verordnung über die zulässigen Zusatzstoffe in Lebensmitteln. https://www.fedlex.admin.ch/eli/cc/2013/842/de

Edwards, D., & Cummings, J. (2010). The protein quality of mycoprotein. *Proceedings of the Nutrition Society*, *69*(OCE4), E331.

EFSA. (2006). *Tolerable upper intake levels for vitamins and minerals* (S. C. o. Food & N. a. A. Scientific Panel on Dietetic Products, Eds.). European Food Safety Authority.

EFSA. (2008). Polycyclic Aromatic Hydrocarbons in Food. Scientific Opinion of the Panel on Contaminants in the Food Chain. *The EFSA Journal*(724), 1–114.

Eggenschwiler, M., Stoll, M., Linzmajer, M., & Bally, L. (2023). *Meat-Restricted Diets in Switzerland*. Universität St.Gallen, Forschungszentrum für Handelsmanagement.

EKAH. (2022). *Klimawandel, Landwirtschaft und die Rolle der Biotechnologie*. E. E. f. d. B. i. A. (EKAH). https://www.ekah.admin.ch/inhalte/dateien/EKAH-Bericht_Klimawandel__Landwirtschaft__Biotechnologie_2022_DE.pdf

Elhardt, C. (2022, 30.03.2022). *Plant-based steak made from pea protein* https://ethz.ch/en/news-and-events/eth-news/news/2022/03/plant-base-steak-made-from-pea-protein.html

Elzerman, J. E., Hoek, A. C., van Boekel, M. J. A. S., & Luning, P. A. (2015). Appropriateness, acceptance and sensory preferences based on visual information: A web-based survey on meat substitutes in a meal context. *Food Quality and Preference*, *42*, 56–65. https://doi.org/10.1016/j.foodqual.2015.01.010

Elzerman, J. E., van Boekel, M. J. A. S., & Luning, P. A. (2013). Exploring meat substitutes: consumer experiences and contextual factors. *British Food Journal*, *115*(5), 700–710. https://doi.org/10.1108/00070701311331490

Elzerman, J. E., van Dijk, P. E. M., & Luning, P. A. (2022). Substituting meat and the role of a situational context: exploring associations and motives of Dutch meat substitute-users. *British Food Journal*, *124*(13), 93-108. https://doi.org/10.1108/BFJ-09-2021-1051

Equilibre Dans Le Secteur Agricole et alimentaire – (n 627). Amendement N° ce 2044, (2018).

Ernstoff, A., Stylianou, K. S., Sahakian, M., Godin, L., Dauriat, A., Humbert, S., & Jolliet, O. (2020). Towards win–win policies for healthy and sustainable diets in Switzerland. *Nutrients*, *19*(9). https://doi.org/10.3390/nu12092745

EU. (2015). Regulation 2015/2283 of the European Parliament and of the Council of 25 November 2015 on novel foods, amending Regulation (EU) No 1169/2011 of the European Parliament and of the Council and repealing Regulation (EC) No 258/97 of the European Parliament and of the Council and Commission Regulation (EC) No 1852/2001 (Text with EEA relevance). https://eur-lex.europa.eu/legal-content/EN/TXT/?uri=CELEX%3A02015R2283-20210327

Fadnes, L. T., Okland, J. M., Haaland, O. A., & Johansson, K. A. (2022). Estimating impact of food choices on life expectancy: A modeling study. *PLOS Medicine*, *19*. https://doi.org/https://doi.org/10.1371/journal.pmed.1003889

Fairweather-Tait, S. (2023). The role of meat in iron nutrition of vulnerable groups of the UK population [Review]. *Frontiers in Animal Science*, *4*. https://doi.org/10.3389/fanim.2023.1142252

Faisal, S., Zhang, J., Meng, S., Shi, A., Li, L., Wang, Q., Maleki, S. J., & Adhikari, B. (2022). Effect of high-moisture extrusion and addition of transglutaminase on major peanut allergens content extracted by three step sequential method. *Food Chemistry*, *385*, 132569. https://doi.org/https://doi.org/10.1016/j.foodchem.2022.132569

Falkeisen, A., Gorman, M., Knowles, S., Barker, S., Moss, R., & McSweeney, M. B. (2022). Consumer perception and emotional responses to plant-based cheeses. *Food Research International*, *158*, 111513. https://doi.org/10.1016/j.foodres.2022.111513

Fanelli, N. S., Bailey, H. M., Thompson, T. W., Delmore, R., Nair, M. N., & Stein, H. H. (2022). Digestible indispensable amino acid score (DIAAS) is greater in animal-based burgers than in plant-based burgers if determined in pigs. *European Journal of Nutrition*, *61*(1), 461–475. https://doi.org/10.1007/s00394-021-02658-1

FAO. (2013). *Dietary protein quality evaluation in human nutrition. Report of an FAO Expert Consultation.* (FAO food and nutrition paper, Issue 92). https://www.fao.org/ag/humannutrition/35978-02317b979a686a57aa4593304ffc17f06.pdf

FAO. (2021). *Integration of environment and nutrition in life cycle assessment of food items: opportunities and challenges.*

FAO. (2022). *Food safety aspects of cell-based food. Background document one – Terminologies.*

FAO, IFAD, UNICEF, WFP, & WHO. (2022). *The State of Food Security and Nutrition in the World 2022. Repurposing food and agricultural policies to make healthy diets more affordable.* F. a. A. O. o. t. U. Nations.

Fedde, S., Rimbach, G., Schwarz, K., & Bosy-Westphal, A. (2021). Hochverarbeitete Lebensmittel und ihre Bedeutung für die Genese ernährungsmitbedingter Erkrankungen [What is ultra-processed food and how is it related to diet-related diseases?]. *Dtsch Med Wochenschr, 147*(01/02), 46-52. https://doi.org/10.1055/a-1683-3983

Fesenfeld, L. P., Maier, M., Brazzola, N., Stolz, N., Sun, Y., & Kachi, A. (2023). How information, social norms, and experience with novel meat substitutes can create positive political feedback and demand-side policy change. *Food Policy, 117*, 102445.

Fesenfeld, L. P., Mann, S., Meier, M., Nemecek, T., Scharrer, B., Bornemann, B., Brombach, C., Beretta, C., Bürgi, E., & Grabs, J. (2023). *Wege in die Ernährungszukunft der Schweiz – Leitfaden zu den grössten Hebeln und politischen Pfaden für ein nachhaltiges Ernährungssystem.* https://doi.org/10.5281/zenodo.7543576

Fesenfeld, L. P., Sun, Y., Wicki, M., & Bernauer, T. (2021). The role and limits of strategic framing for promoting sustainable consumption and policy. *Global Environmental Change, 68.* https://doi.org/10.1016/j.gloenvcha.2021.102266

Feskens, E. J. M., Sluik, D., & Van Woudenbergh, G. J. (2013). Meat consumption, diabetes, and its complications [Article]. *Current Diabetes Reports, 13*(2), 298–306. https://doi.org/10.1007/s11892-013-0365-0

Flambeau, M., Redl, A., & Respondek, F. (2017). Chapter 4 – Proteins From Wheat: Sustainable Production and New Developments in Nutrition-Based and Functional Applications. In S. R. Nadathur, J. P. D. Wanasundara, & L. Scanlin (Eds.), *Sustainable Protein Sources* (pp. 67–78). Academic Press. https://doi.org/https://doi.org/10.1016/B978-0-12-802778-3.00004-4

Flick, U. (2022). *An introduction to qualitative research.* sage.

foodaktuell. (2023a, 12.12.2023). Leguminosen tönt nicht sexy. *foodaktuell.* https://www.foodaktuell.ch/2023/12/12/leguminosen-toent-nicht-sexy

foodaktuell. (2023b, 14.02.2023). Mirai Foods produziert das erste Tender Steak. *foodaktuell.* https://www.foodaktuell.ch/2023/02/14/mirai-foods-produziert-das-erste-tender-steak/

foodaktuell. (2023c, 26.06.2023). Planted entwickelt Bratwurst mit neuer Fermentationstechnologie. *foodaktuell*. https://www.foodaktuell.ch/2023/06/26/planted-entwickelt-bratwurst-mit-neuer-fermentationstechnologie

Ford, C. (2023, 02.02.2023). Newcastle scientists 3D Bio-Tissues produce and taste world's first 100% cultivated meat steak. *Businesslive*. https://www.business-live.co.uk/technology/newcastle-scientists-3d-bio-tissues-26142354

Forde, C. G., & Decker, E. A. (2022). The Importance of Food Processing and Eating Behavior in Promoting Healthy and Sustainable Diets. *Annual Review of Nutrition*, *42*(1), 377–399. https://doi.org/10.1146/annurev-nutr-062220-030123

Francione, G. (1996). Animal rights and animal welfare. *Rutgers Law Review*, *48*(2), 397–469.

Fresán, U., Errendal, S., & Craig, W. J. (2020). Influence of the socio-cultural environment and external factors in following plant-based diets. *Sustainability*, *12*(21). https://doi.org/10.3390/su12219093

Frisch, D., & Baron, J. (1988). Ambiguity and rationality. *Journal of Behavioral Decision Making*, *1*, 149–157. https://doi.org/10.1002/bdm.3960010303

Fromm, M. (2010). Grid-Methodik. In G. Mey & K. Mruck (Eds.), *Handbuch Qualitative Forschung in der Psychologie* (pp. 524–537). VS Verlag für Sozialwissenschaften. https://doi.org/10.1007/978-3-531-92052-8_37

Fulgoni, V. L., 3rd, Keast, D. R., & Drewnowski, A. (2009). Development and validation of the nutrient-rich foods index: a tool to measure nutritional quality of foods. *J Nutr*, *139*(8), 1549–1554. https://doi.org/10.3945/jn.108.101360

Funk, A., Sütterlin, B., & Siegrist, M. (2021). Consumer segmentation based on Stated environmentally-friendly behavior in the food domain. *Sustainable Production and Consumption*, *25*, 173–186. https://doi.org/10.1016/j.spc.2020.08.010

Furst, M. (2019). Care Ethics and Food. In D. M. Kaplan (Ed.), *Encyclopedia of Food and Agricultural Ethics* (pp. 367–372). Springer.

Garnett, E. E., Balmford, A., Sandbrook, C., Pilling, M. A., & Marteau, T. M. (2019). Impact of increasing vegetarian availability on meal selection and sales in cafeterias. *PNAS*, *116*(42), 20923–20929. https://doi.org/10.1073/pnas.1907207116

Gehring, J., Touvier, M., Baudry, J., Julia, C., Buscail, C., Srour, B., Hercberg, S., Péneau, S., Kesse-Guyot, E., & Allès, B. (2020). The consumption of ultra-processed foods by fish-eaters, vegetarians and vegans is associated with the duration and commencing age of diet. *Proceedings of the Nutrition Society*, *79*(OCE2), E467. https://doi.org/10.1017/S0029665120004152

Germani, A., Vitiello, V., Giusti, A. M., Pinto, A., Donini, L. M., & del Balzo, V. (2014). Environmental and economic sustainability of the Mediterranean Diet. *International Journal of Food Sciences and Nutrition*, *65*(8), 1008–1012. https://doi.org/10.3109/09637486.2014.945152

Gesang, B. (2003). *Eine Verteidigung des Utilitarismus*. Philipp Reclam jun. Verlag.

Gesang, B., & Ullrich, R. (2020). To Buy or Not to Buy? The Moral Relevance of the Individual Demand in Everyday Purchase Situations. *Food Ethics*, *5*(1), 12. https://doi.org/10.1007/s41055-020-00069-2

GFI, G. F. I. (2021a). *Cultivated meat: State of the Industry Report.*

GFI, G. F. I. (2021b). *Fermentation: State of the Industry.*

GFI, G. F. I. (2021c). *Plant-Based. State of the Industry Report.*

GFI, G. F. I. (2021d). *Record $3.1 billion invested in alt proteins in 2020, 3x the capital invested in 2019*. Good Food Institute. Retrieved 11.04.2023 from https://gfi.org/press/record-3-1-billion-invested-in-alt-proteins-in-2020-3x-the-capital-invested-in-2019/

GFI, G. F. I. (2023a). *Alternative protein company database*. Good Food Institute. Retrieved 11.04.2023 from https://gfi.org/resource/alternative-protein-company-database/

GFI, G. F. I. (2023b). *Investing in alternative protein*. Good Food Institute. Retrieved 11.04.2023 from https://gfi.org/investment/

Gómez-Luciano, C. A., de Aguiar, L. K., Vriesekoop, F., & Urbano, B. (2019). Consumers' willingness to purchase three alternatives to meat proteins in the United Kingdom, Spain, Brazil and the Dominican Republic. *Food Quality and Preference*, *78*, 103732. https://doi.org/10.1016/j.foodqual.2019.103732

Goodman, J. (2022, 16.09.2022). Die unglaubliche Geschichte von Jodsalz – Wie drei heldenhafte Ärzte die Schweiz vom Kropf erlösten. *Tagesanzeiger*. https://www.tagesanzeiger.ch/wie-drei-heldenhafte-aerzte-die-schweiz-vom-kropf-erloesten-581754522295

Götze, F., & Brunner, T. A. (2021). A consumer segmentation study for meat and meat alternatives in Switzerland. *Foods*, *10*(6). https://doi.org/10.3390/foods10061273

Grabowska, K. J., Tekidou, S., Boom, R. M., & van der Goot, A.-J. (2014). Shear structuring as a new method to make anisotropic structures from soy–gluten blends. *Food Research International*, *64*, 743–751. https://doi.org/https://doi.org/10.1016/j.foodres.2014.08.010

Graça, J. (2016). Towards an integrated approach to food behaviour: Meat consumption and substitution, from context to consumers. *Psychology, Community & Health*, *5*(2). https://doi.org/https://doi.org/10.23668/psycharchives.2292

Graça, J., Calheiros, M. M., & Oliveira, A. (2015a). Attached to meat? (Un)Willingness and intentions to adopt a more plant-based diet. *Appetite*, *95*, 113–125. https://doi.org/10.1016/j.appet.2015.06.024

Graça, J., Godinho, C. A., & Truninger, M. (2019). Reducing meat consumption and following plant-based diets: Current evidence and future directions to inform integrated transitions. *Trends in Food Science & Technology*, *91*, 380–390. https://doi.org/https://doi.org/10.1016/j.tifs.2019.07.046

Graça, J., Oliveira, A., & Calheiros, M. M. (2015b). Meat, beyond the plate. Data-driven hypotheses for understanding consumer willingness to adopt a more plant-based diet. *Appetite*, *90*, 80–90.

Green, A., Blattmann, C., Chen, C., & Mathys, A. (2022). The role of alternative proteins and future foods in sustainable and contextually-adapted flexitarian diets. *Trends in Food Science & Technology*, *124*, 250–258. https://doi.org/https://doi.org/10.1016/j.tifs.2022.03.026

Grenz, J., & Angnes, G. (2020). *Wirkungsanalyse: Nachhaltigkeit der Schweizer Soja-Importe*.

Guyony, V., Fayolle, F., & Jury, V. (2022). High moisture extrusion of vegetable proteins for making fibrous meat analogs: A review. *Food Reviews International*, 1–26. https://doi.org/10.1080/87559129.2021.2023816

Haft, J. (2020). *Die Wiese – Lockruf in eine geheimnisvolle Welt*. Penguin.

Hagmann, D., Siegrist, M., & Hartmann, C. (2019). Meat avoidance: motives, alternative proteins and diet quality in a sample of Swiss consumers. *Public Health Nutr*, *22*(13), 2448–2459. https://doi.org/10.1017/S1368980019001277

Hale, J., Legun, K., Campbell, H., & Carolan, M. (2019). Social sustainability indicators as performance. *Geoforum*, *103*, 47–55. https://doi.org/https://doi.org/10.1016/j.geoforum.2019.03.008

Hallberg, L. (1992). Iron requirements. *Biological Trace Element Research*, *35*(1), 25–45. https://doi.org/10.1007/BF02786235

Hammer, L., Moretti, D., Abbuhl-Eng, L., Kandiah, P., Hilaj, N., Portmann, R., & Egger, L. (2023). Mealworm larvae (Tenebrio molitor) and crickets (Acheta domesticus) show high total protein in vitro digestibility and can provide good-to-excellent protein quality as determined by in vitro DIAAS. *Front Nutr, 10*, 1150581. https://doi.org/10.3389/fnut.2023.1150581

Hammer, L., Moretti, D., Bétrix, C.-A., Kandiah, P., Pellegri, A., Abbühl-Eng, L., Portmann, R., & Egger, L. (2024). In vitro DIAAS of Swiss soybean cultivars using the INFOGEST model: Increase in protein quality from soybean to soymilk and tofu. *Food Research International, 178*, 113947. https://doi.org/ https://doi.org/10.1016/j.foodres.2024.113947

Hartmann, C., Furtwaengler, P., & Siegrist, M. (2022). Consumers' evaluation of the environmental friendliness, healthiness and naturalness of meat, meat substitutes, and other protein-rich foods. *Food Quality and Preference, 97*. https://doi.org/10.1016/j.foodqual.2021.104486

Hartmann, C., & Siegrist, M. (2017). Consumer perception and behaviour regarding sustainable protein consumption: A systematic review. *Trends in Food Science & Technology, 61*, 11–25. https://doi.org/10.1016/j.tifs.2016.12.006

Hartwig, S., Sina, C., & Smollich, M. (2022). Vegane und vegetarische Lebensmittel aus rechtlicher Perspektive [Vegan and Vegetarian Food from a Legal Perspective]. *Aktuelle Ernährungsmedizin, 47*(06), 453–460. https://doi.org/10.1055/a-1961-1020

Hässig, A., Hartmann, C., Sanchez-Siles, L., & Siegrist, M. (2023). Perceived degree of food processing as a cue for perceived healthiness: The NOVA system mirrors consumers' perceptions. *Food Quality and Preference, 110*, 104944.

Health Canada. (2023). *Dietary reference intakes*. Ottawa: Government of Canada Retrieved from https://www.canada.ca/en/health-canada/services/food-nutrition/healthy-eating/dietary-reference-intakes/tables.html; https://www.canada.ca/content/dam/hc-sc/migration/hc-sc/fn-an/alt_formats/hpfb-dgpsa/pdf/nutrition/dri_tables-eng.pdf

Hecht, E. M., Rabil, A., Martinez Steele, E., Abrams, G. A., Ware, D., Landy, D. C., & Hennekens, C. H. (2022). Cross-sectional examination of ultra-processed food consumption and adverse mental health symptoms. *Public Health Nutrition, 25*(11), 3225–3234. https://doi.org/10.1017/S1368980022001586

Hedrén, E., Diaz, V., & Svanberg, U. (2002). Estimation of carotenoid accessibility from carrots determined by an in vitro digestion method. *European Journal of Clinical Nutrition, 56*(5), 425–430. https://doi.org/10.1038/sj.ejcn.1601329

Herforth, A., Arimond, M., Álvarez-Sánchez, C., Coates, J., Christianson, K., & Muehlhoff, E. (2019). A global review of food-based dietary guidelines. *Advances in Nutrition, 10*(4), 590–605.

Herreman, L., Nommensen, P., Pennings, B., & Laus, M. C. (2020). Comprehensive overview of the quality of plant- and animal-sourced proteins based on the digestible indispensable amino acid score. *Food Science & Nutrition*, *8*(10), 5379-5391. https://doi.org/https://doi.org/10.1002/fsn3.1809

Hertzler, S. R., Lieblein-Boff, J. C., Weiler, M., & Allgeier, C. (2020). Plant Proteins: Assessing Their Nutritional Quality and Effects on Health and Physical Function. *Nutrients*, *12*(12), 3704. https://www-mdpi-com.agros.swissconsortium.ch/2072-6643/12/12/3704

Hielkema, M. H., & Lund, T. B. (2022). A "vegetarian curry stew" or just a "curry stew"? – The effect of neutral labeling of vegetarian dishes on food choice among meat-reducers and non-reducers. *Journal of Environmental Psychology*, *84*. https://doi.org/10.1016/j.jenvp.2022.101877

Hirschler, C. A. (2011). "What Pushed Me over the Edge Was a Deer Hunter": Being Vegan in North America. *Society & Animals*, *19*(2), 156–174. https://doi.org/10.1163/156853011X562999

Höchli, B., & Messner, C. (2021). *Why should the devil have all the good tunes? Mit Social Marketing Verhalten ändern* (Vol. 2). Bulletin Schweizerische Akademie der Geistes- und Sozialwissenschaften (SAGW).

Hoek, A. C., Luning, P. A., Stafleu, A., & de Graaf, C. (2004). Food-related lifestyle and health attitudes of Dutch vegetarians, non-vegetarian consumers of meat substitutes, and meat consumers. *Appetite*, *42*(3), 265–272. https://doi.org/10.1016/j.appet.2003.12.003

Hoek, A. C., Luning, P. A., Weijzen, P., Engels, W., Kok, F. J., & de Graaf, C. (2011). Replacement of meat by meat substitutes. A survey on person- and product-related factors in consumer acceptance. *Appetite*, *56*(3), 662–673. https://doi.org/10.1016/j.appet.2011.02.001

Hoek, A. C., Pearson, D., James, S. W., Lawrence, M. A., & Friel, S. (2017). Shrinking the food-print: A qualitative study into consumer perceptions, experiences and attitudes towards healthy and environmentally friendly food behaviours. *Appetite*, *108*, 117–131. https://doi.org/10.1016/j.appet.2016.09.030

Holzkämper, A., Fossati, D., Hiltbrunner, J., & Fuhrer, J. (2015). Spatial and temporal trends in agro-climatic limitations to production potentials for grain maize and winter wheat in Switzerland. *Regional Environmental Change*, *15*(1), 109–122. https://doi.org/10.1007/s10113-014-0627-7

Honneth, A. (1992). *Kampf um Anerkennung – Zur moralischen Grammatik sozialer Konflikte*. Suhrkamp.

Hoogstraaten, M. J., Frenken, K., Vaskelainen, T., & Boon, W. P. C. (2023). Replacing meat, an easy feat? The role of strategic categorizing in the rise of meat substitutes. *Environmental Innovation and Societal Transitions, 47*, 100703. https://doi.org/10.1016/j.eist.2023.100703

Huijbregts, M. A., Steinmann, Z. J., Elshout, P. M., Stam, G., Verones, F., Vieira, M., Zijp, M., Hollander, A., & van Zelm, R. (2017). ReCiPe2016: a harmonised life cycle impact assessment method at midpoint and endpoint level. *The International Journal of Life Cycle Assessment*, *22*(2), 138-147.

Hunt, J. R. (2002). Moving toward a Plant-based Diet: Are Iron and Zinc at Risk? *Nutrition Reviews*, *60*(5), 127–134. https://doi.org/10.1301/00296640260093788

Husgafvel, R., Pajunen, N., Virtanen, K., Paavola, I.-L., Päällysaho, M., Inkinen, V., Heiskanen, K., Dahl, O., & Ekroos, A. (2015). Social sustainability performance indicators – experiences from process industry. *International Journal of Sustainable Engineering*, *8*(1), 14–25. https://doi.org/10.1080/19397038.2014.898711

International Standard Organisation (ISO). (2006a). ISO 14040:2006. In *Environmental management — Life cycle assessment — Principles and framework* (pp. 1–20): International Standard Organisation (ISO).

International Standard Organisation (ISO). (2006b). ISO 14044:2006. In *Environmental management — Life cycle assessment — Requirements and guidelines* (pp. 1–46): International Standard Organisation (ISO).

IPCC. (2021). *Climate Change 2021: The Physical Science Basis. Contribution of Working Group I to the Sixth Assessment Report of the Intergovernmental Panel on Climate Change*.

Jaeger, S. R., Cardello, A. V., Jin, D., Ryan, G. S., & Giacalone, D. (2023). Consumer perception of plant-based yoghurt: Sensory drivers of liking and emotional, holistic and conceptual associations. *Food Research International*, *167*, 112666. https://doi.org/10.1016/j.foodres.2023.112666

Jahn, S., Furchheim, P., & Strässner, A.-M. (2021). Plant-based meat alternatives: Motivational adoption barriers and solutions. *Sustainability*, *13*(23). https://doi.org/10.3390/su132313271

Janker, J., & Mann, S. (2020). Understanding the social dimension of sustainability in agriculture: a critical review of sustainability assessment tools. *Environment, Development and Sustainability*, *22*(3), 1671–1691. https://doi.org/10.1007/s10668-018-0282-0

Janker, J., Mann, S., & Rist, S. (2019). Social sustainability in agriculture – A system-based framework. *Journal of Rural Studies*, *65*, 32–42. https://doi.org/10.1016/j.jrurstud.2018.12.010

Janssen, M., Busch, C., Rodiger, M., & Hamm, U. (2016). Motives of consumers following a vegan diet and their attitudes towards animal agriculture. *Appetite*, *105*, 643–651. https://doi.org/10.1016/j.appet.2016.06.039

Jetzke, T., Richter, S., Keppner, B., Domröse, L., Wunder, S. & Ferrari A. (2020). *Die Zukunft im Blick: Fleisch der Zukunft Trendbericht zur Abschätzung der Umweltwirkungen von pflanzlichen Fleischersatzprodukten, essbaren Insekten und In-vitro-Fleisch.* D.-R. Umweltbundesamt.

John, K. (2017). Heterocyclic Amines. In M. Schwab (Ed.), *Encyclopedia of Cancer* (pp. 2066-2072). Springer Berlin Heidelberg. https://doi.org/10.1007/978-3-662-46875-3_2693

Kantar EMNID. (2016). *Wirkung von Siegeln auf das Verbraucherverhalten.* i. A. d. V. I. e.V. https://verbraucher.org/media/file/1151.VI_Wirkung_Label_auf_Verbraucherverhalten_Ergebnisbericht__2016.pdf

Kearney, J. (2010). Food consumption trends and drivers. *Philosophical Transactions of the Royal Society B: Biological Sciences*, *365*, 2793–2807. https://doi.org/https://doi.org/10.1098/rstb.2010.0149

Keller, B., Oppliger, C., Chassot, M., Ammann, J., Hund, A., & Walter, A. (2024). Swiss agriculture can become more sustainable and self-sufficient by shifting from forage to grain legume production. *Communications Earth & Environment*, *5*(1), 40. https://doi.org/10.1038/s43247-023-01139-z

Kemper, J. A. (2020). Motivations, barriers, and strategies for meat reduction at different family lifecycle stages. *Appetite*, *150*, 104644. https://doi.org/10.1016/j.appet.2020.104644

Kemper, J. A., & White, S. K. (2021). Young adults' experiences with flexitarianism: The 4Cs. *Appetite*, *160*, 105073. https://doi.org/10.1016/j.appet.2020.105073

Kerslake, E., Kemper, J. A., & Conroy, D. (2022). What's your beef with meat substitutes? Exploring barriers and facilitators for meat substitutes in omnivores, vegetarians, and vegans. *Appetite*, *170*, 105864. https://doi.org/10.1016/j.appet.2021.105864

Kiiru, S. M., Kinyuru, J. N., Kiage, B. N., Martin, A., Marel, A. K., & Osen, R. (2020). Extrusion texturization of cricket flour and soy protein isolate: Influence of insect content, extrusion temperature, and moisture-level variation on textural properties. *Food Science & Nutrition*, *8*(8), 4112–4120.

Kim, T.-K., Yong, H. I., Cha, J. Y., Park, S.-Y., Jung, S., & Choi, Y.-S. (2022). Drying-induced restructured jerky analog developed using a combination of edible insect protein and textured vegetable protein. *Food Chemistry*, *373*, 131519.

Komatsu, Y., Tsuda, M., Wada, Y., Shibasaki, T., Nakamura, H., & Miyaji, K. (2023). Nutritional Evaluation of Milk-, Plant-, and Insect-Based Protein Materials by Protein Digestibility Using the INFOGEST Digestion Method. *Journal of Agricultural and Food Chemistry*, *71*(5), 2503–2513. https://doi.org/10.1021/acs.jafc.2c07273

Kopetz, C. E., Kruglanski, A. W., Arens, Z. G., Etkin, J., & Johnson, H. M. (2012). The dynamics of consumer behavior: A goal systemic perspective. *Journal of Consumer Psychology*, *22*(2), 208–223. https://doi.org/10.1016/j.jcps.2011.03.001

Kortetmäki, T. (2022). *Agriculture and Climate Change – Ethical Considerations* (F. E. C. o. N.-H. B. E. and & A. Willemsen, Eds.). Bundesamt für Bauten und Logistik (BBL).

Kozicka, M., Havlík, P., Valin, H., Wollenberg, E., Deppermann, A., Leclère, D., Lauri, P., Moses, R., Boere, E., Frank, S., Davis, C., Park, E., & Gurwick, N. (2023). Feeding climate and biodiversity goals with novel plant-based meat and milk alternatives. *Nat Commun*, *14*(1), 5316. https://doi.org/10.1038/s41467-023-40899-2

Krings, V. C., Dhont, K., & Hodson, G. (2022). Food technology neophobia as a psychological barrier to clean meat acceptance. *Food Quality and Preference*, *96*, 104409. https://doi.org/10.1016/j.foodqual.2021.104409

Krznarić, Ž., Karas, I., Ljubas Kelečić, D., & Vranešić Bender, D. (2021). The Mediterranean and Nordic Diet: A Review of Differences and Similarities of Two Sustainable, Health-Promoting Dietary Patterns [Mini Review]. *Frontiers in Nutrition*, *8*. https://doi.org/10.3389/fnut.2021.683678

KTH. (2023). *Sustainable Development*. KTH. Retrieved 12.10.2023 from https://www.kth.se/en/om/miljo-hallbar-utveckling/utbildning-miljo-hallbar-utveckling/verktygslada/sustainable-development

Kunda, Z. (1990). The case for motivated reasoning. *Psychological Bulletin*, *108*(3), 480–498. https://doi.org/10.1037/0033-2909.108.3.480

Kyriakopoulou, K., Keppler, J. K., & van der Goot, A. J. (2021). Functionality of Ingredients and Additives in Plant-Based Meat Analogues. *Foods*, *10*(3). https://doi.org/10.3390/foods10030600

Lähteenmäki-Uutela, A., Rahikainen, M., Lonkila, A., & Yang, B. (2021). Alternative proteins and EU food law. *Food Control*, *130*, 108336. https://doi.org/https://doi.org/10.1016/j.foodcont.2021.108336

Laila, A., Topakas, N., Farr, E., Haines, J., Ma, D. W., Newton, G., & Buchholz, A. C. (2021). Barriers and facilitators of household provision of dairy and plant-based dairy alternatives in families with preschool-age children. *Public Health Nutr*, *24*(17), 5673–5685. https://doi.org/10.1017/S136898002100080X

Lammers, P., Ullmann, L. M., & Fiebelkorn, F. (2019). Acceptance of insects as food in Germany: Is it about sensation seeking, sustainability consciousness, or food disgust? *Food Quality and Preference*, *77*, 78–88. https://doi.org/10.1016/j.foodqual.2019.05.010

Latunde-Dada, G. O., Kajarabille, N., Rose, S., Arafsha, S. M., Kose, T., Aslam, M. F., Hall, W. L., & Sharp, P. A. (2023). Content and Availability of Minerals in Plant-Based Burgers Compared with a Meat Burger. *Nutrients*, *15*(12), 2732. https://www.mdpi.com/2072-6643/15/12/2732

Lazzarini, G., Zimmermann, J., Visschers, V. H. M., & Siegrist, M. (2016). Does environmental friendliness equal healthiness? Swiss consumers' perception of protein products. *Appetite*, *105*, 663-673. https://doi.org/10.1016/j.appet.2016.06.038

Lea, E. J., Crawford, D., & Worsley, A. (2006a). Consumers' readiness to eat a plant-based diet. *European Journal of Clinical Nutrition*, *60*(3), 342–351. https://doi.org/10.1038/sj.ejcn.1602320

Lea, E. J., Crawford, D., & Worsley, A. (2006b). Public views of the benefits and barriers to the consumption of a plant-based diet. *European Journal of Clinical Nutrition*, *60*(7), 828–837. https://doi.org/10.1038/sj.ejcn.1602387

Lee, S. Y., Lee, D. Y., Jeong, J. W., Kim, J. H., Yun, S. H., Mariano, E. J., Lee, J., Park, S., Jo, C., & Hur, S. J. (2023). Current technologies, regulation, and future perspective of animal product analogs – A review. *Animal Bioscience*, *36*(10), 1465–1487. https://doi.org/10.5713/ab.23.0029

Lehtonen, H., & Rämö, J. (2023). Development towards low carbon and sustainable agriculture in Finland is possible with moderate changes in land use and diets. *Sustainability Science*, *18*(1), 425–439. https://doi.org/10.1007/s11625-022-01244-6

Leialohilani, A., & de Boer, A. (2020). EU food legislation impacts innovation in the area of plant-based dairy alternatives. *Trends in Food Science & Technology*, *104*, 262–267. https://doi.org/https://doi.org/10.1016/j.tifs.2020.07.021

Lemken, D., Spiller, A., & Schulze-Ehlers, B. (2019). More room for legume – Consumer acceptance of meat substitution with classic, processed and meat-resembling legume products. *Appetite*, *143*, 104412. https://doi.org/10.1016/j.appet.2019.104412

Li, R., Dai, T., Tan, Y., Fu, G., Wan, Y., Liu, C., & McClements, D. J. (2020). Fabrication of pea protein-tannic acid complexes: Impact on formation, stability, and digestion of flaxseed oil emulsions. *Food Chemistry*, *310*, 125828. https://doi.org/https://doi.org/10.1016/j.foodchem.2019.125828

Lombardi, A., Vecchio, R., Borrello, M., Caracciolo, F., & Cembalo, L. (2019). Willingness to pay for insect-based food: The role of information and carrier. *Food Quality and Preference*, *72*, 177–187. https://doi.org/10.1016/j.foodqual.2018.10.001

Lorenzo, D. D. (2023, 05.06.2023). Dutch Government Agrees On Rules For Cultivated Meat And Seafood Tastings In The Netherlands. *Forbes*.

Lucas, B. F., & Brunner, T. A. (2024). Attitudes and perceptions towards microalgae as an alternative food: A consumer segmentation in Switzerland. *Algal Research*, *78*, 103386. https://doi.org/https://doi.org/10.1016/j.algal.2023.103386

Macdiarmid, J. I. (2022). The food system and climate change: are plant-based diets becoming unhealthy and less environmentally sustainable? *Proceedings of the Nutrition Society*, *81*(2), 162–167. https://doi.org/10.1017/S0029665121003712

Mäkinen, O. E., Wanhalinna, V., Zannini, E., & Arendt, E. K. (2016). Foods for Special Dietary Needs: Non-dairy Plant-based Milk Substitutes and Fermented Dairy-type Products. *Critical Reviews in Food Science and Nutrition*, *56*(3), 339-349. https://doi.org/10.1080/10408398.2012.761950

Malla, N., Nørgaard, J. V., Lærke, H. N., Heckmann, L.-H. L., & Roos, N. (2022). Some insect species are good-quality protein sources for children and adults: digestible indispensable amino acid score (DIAAS) determined in growing pigs. *The Journal of Nutrition*, *152*(4), 1042–1051.

Malla, N., & Roos, N. (2023). Are insects a good source of protein for humans? *Journal of Insects as Food and Feed*, *9*(7), 841–843. https://doi.org/https://doi.org/10.3920/JIFF2023.x003

Mancini, M. C., & Antonioli, F. (2019). Exploring consumers' attitude towards cultured meat in Italy. *Meat Science*, *150*, 101–110. https://doi.org/10.1016/j.meatsci.2018.12.014

Mann, S. (2022). *Postletale Landwirtschaft: Zur anstehenden Reform unseres Agrarsystems* (1 ed.). Springer VS. https://doi.org/https://doi.org/10.1007/978-3-658-37967-4

Mann, S., & Loginova, D. (2023). Distinguishing inter- and pangenerational food trends. *Agricultural and Food Economics*, *11*(1), 10. https://doi.org/10.1186/s40100-023-00252-z

Mayring, P. (2022). *Qualitative Inhaltsanalyse: Grundlagen und Techniken* (Vol. 13). Beltz.

Mazac, R., Meinila, J., Korkalo, L., Jarvio, N., Jalava, M., & Tuomisto, H. L. (2022). Incorporation of novel foods in European diets can reduce global warming potential, water use and land use by over 80. *Nat Food*, *3*(4), 286–293. https://doi.org/10.1038/s43016-022-00489-9

Mazloomi, S. N., Talebi, S., Mehrabani, S., Bagheri, R., Ghavami, A., Zarpoosh, M., Mohammadi, H., Wong, A., Nordvall, M., Kermani, M. A. H., & Moradi, S. (2023). The association of ultra-processed food consumption with adult mental health disorders: a systematic review and dose-response meta-analysis of 260,385 participants. *Nutritional Neuroscience*, *26*(10), 913–931. https://doi.org/10.1080/1028415X.2022.2110188

McBey, D., Watts, D., & Johnstone, A. M. (2019). Nudging, formulating new products, and the lifecourse: A qualitative assessment of the viability of three methods for reducing Scottish meat consumption for health, ethical, and environmental reasons. *Appetite*, *142*, 104349. https://doi.org/10.1016/j.appet.2019.104349

McClements, D. J., & Grossmann, L. (2021). The science of plant-based foods: Constructing next-generation meat, fish, milk, and egg analogs. *Compr Rev Food Sci Food Saf*, *20*(4), 4049–4100. https://doi.org/10.1111/1541-4337.12771

McClements, I. F., & McClements, D. J. (2023). Designing healthier plant-based foods: Fortification, digestion, and bioavailability. *Food Research International*, *169*, 112853. https://doi.org/https://doi.org/10.1016/j.foodres.2023.112853

McGuinn, J., Fries-Tersch, E., Jones, M., Crepaldi, C., Masso, M., Lodovici, M., Drufuca, S., Gancheva, M., & Geny, B. (2020). *Social sustainability* (Study for the Committee on Employment and Social Affairs, Policy Department for Economic, Scientific and Quality of Life Policies, Issue. E. Parliament.

Melgar-Lalanne, G., Hernández-Álvarez, A. J., & Salinas-Castro, A. (2019). Edible Insects Processing: Traditional and Innovative Technologies. *Comprehensive Reviews in Food Science and Food Safety*. https://doi.org/10.1111/1541-4337.12463

Michel, F., Hartmann, C., & Siegrist, M. (2021). Consumers' associations, perceptions and acceptance of meat and plant-based meat alternatives. *Food Quality and Preference*, *87*. https://doi.org/10.1016/j.foodqual.2020.104063

Miller, S. A., & Dwyer, J. T. (2001). Evaluating the safety and nutritional value of mycoprotein. *Food Technology (Chicago)*, *55*(7), 42–47.

Monteiro, C. A. (2009). Nutrition and health. The issue is not food, nor nutrients, so much as processing. *Public Health Nutrition*, *12*(5), 729–731. https://doi.org/10.1017/S1368980009005291

Monteiro, C. A., Cannon, G., Lawrence, M., Louzada, M. d. C., & Machado, P. P. (2019). Ultra-processed foods, diet quality, and health using the NOVA classification system. *Rome: FAO, 48.*

Morris, C., Mylan, J., & Beech, E. (2019). Substitution and food system de-animalisation: The case of non-dairy milk. *The International Journal of Sociology of Agriculture and Food*, *25*(1). https://doi.org/10.48416/ijsaf.v25i1.8

Moss, R., Barker, S., Falkeisen, A., Gorman, M., Knowles, S., & McSweeney, M. B. (2022). An investigation into consumer perception and attitudes towards plant-based alternatives to milk. *Food Res Int*, *159*, 111648. https://doi.org/10.1016/j.foodres.2022.111648

Müller, N. D. (2022). *Kantianism for Animals – A Radical Kantian Animal Ethic* (1 ed.). Palgrave Macmillan Cham. https://doi.org/https://doi.org/10.1007/978-3-031-01930-2

Murphy, K. (2012). The social pillar of sustainable development: a literature review and framework for policy analysis. *Sustainability: Science, Practice and Policy*, *8*(1), 15–29. https://doi.org/10.1080/15487733.2012.11908081

Nadeem, H. R., Akhtar, S., Ismail, T., Sestili, P., Lorenzo, J. M., Ranjha, M., Jooste, L., Hano, C., & Aadil, R. M. (2021). Heterocyclic Aromatic Amines in Meat: Formation, Isolation, Risk Assessment, and Inhibitory Effect of Plant Extracts. *Foods*, *10*(7). https://doi.org/10.3390/foods10071466

Nakagawa, S., & Hart, C. (2019). Where's the Beef? How Masculinity Exacerbates Gender Disparities in Health Behaviors. *Socius*, *5*, 2378023119831801. https://doi.org/10.1177/2378023119831801

Nemecek, T., Bengoa, X., Lansche, J., Mouron, P., Riedener, E., Rossi, V., & Humbert, S. (2015). *World Food LCA Database: Methodological Guidelines for the Life Cycle Inventory of Agricultural Products. Version 3.0* (World Food LCA Database (WFLDB), Issue.

Nemecek, T., Freiermuth Knuchel, R., Alig, M., & Gaillard, G. (2010). The advantages of generic LCA tools for agriculture: examples SALCAcrop and SALCAfarm. 7th Int. Conf. on LCA in the Agri-Food Sector, Bari, Italy.

Nguyen, J., Ferraro, C., Sands, S., & Luxton, S. (2022). Alternative protein consumption: A systematic review and future research directions [https://doi.org/10.1111/ijcs.12797]. *International Journal of Consumer Studies*, *46*(5), 1691–1717. https://doi.org/https://doi.org/10.1111/ijcs.12797

Nikmaram, N., Leong, S. Y., Koubaa, M., Zhu, Z., Barba, F. J., Greiner, R., Oey, I., & Roohinejad, S. (2017). Effect of extrusion on the anti-nutritional factors of food products: An overview. *Food Control*, *79*, 62–73. https://doi.org/https://doi.org/10.1016/j.foodcont.2017.03.027

Nosworthy, M. G., Franczyk, A. J., Medina, G., Neufeld, J., Appah, P., Utioh, A., Frohlich, P., & House, J. D. (2017). Effect of processing on the in vitro and in vivo protein quality of yellow and green split peas (Pisum sativum). *Journal of Agricultural and Food Chemistry*, *65*(35), 7790–7796.

Nungesser, F., & Winter, M. (2021). Meat and social change. *Österreichische Zeitschrift für Soziologie*, *46*(2), 109–124. https://doi.org/10.1007/s11614-021-00453-0

Ogawa, Y., Donlao, N., Thuengtung, S., Tian, J., Cai, Y., Reginio, F. C., Ketnawa, S., Yamamoto, N., & Tamura, M. (2018). Impact of food structure and cell matrix on digestibility of plant-based food. *Current Opinion in Food Science*, *19*, 36–41. https://doi.org/https://doi.org/10.1016/j.cofs.2018.01.003

Onwezen, M. C., Bouwman, E. P., Reinders, M. J., & Dagevos, H. (2021). A systematic review on consumer acceptance of alternative proteins: Pulses, algae, insects, plant-based meat alternatives, and cultured meat. *Appetite*, *159*, 105058. https://doi.org/10.1016/j.appet.2020.105058

Oyserman, D. (2009). Identity-based motivation: Implications for action-readiness, procedural-readiness, and consumer behavior. *Journal of Consumer Psychology*, *19*(3), 250–260. https://doi.org/10.1016/j.jcps.2009.05.008

Parodi, A., Leip, A., Boer, I. J. M., Slegers, P. M., Ziegler, F., Temme, E., Herrero, M., Tuomisto, H., Valin, H., Middelaar, C., van Loon, J., & Zanten, H. (2018). The potential of future foods for sustainable and healthy diets. *Nature Sustainability*, *1*, 782–789. https://doi.org/10.1038/s41893-018-0189-7

PENNY. (2023). *Wahre Kosten*. PENNY Deutschland. Retrieved 26.10.2023 from https://www.penny.de/aktionen/wahrekosten

Petrus, R. R., do Amaral Sobral, P. J., Tadini, C. C., & Gonçalves, C. B. (2021). The NOVA classification system: A critical perspective in food science. *Trends in Food Science & Technology*, *116*, 603–608. https://doi.org/10.1016/j.tifs.2021.08.010

Phillips, I., Casewell, M., Cox, T., De Groot, B., Friis, C., Jones, R., Nightingale, C., Preston, R., & Waddell, J. (2004). Does the use of antibiotics in food animals pose a risk to human health? A critical review of published data. *Journal of Antimicrobial Chemotherapy*, *53*(1), 28–52. https://doi.org/10.1093/jac/dkg483

Piazza, J., Ruby, M. B., Loughnan, S., Luong, M., Kulik, J., Watkins, H. M., & Seigerman, M. (2015). Rationalizing meat consumption. The 4Ns. *Appetite*, *91*, 114–128. https://doi.org/https://doi.org/10.1016/j.appet.2015.04.011

Pliner, P., & Salvy, S. J. (2006). Food neophobia in humans. *The psychology of food choice*, 75–92. https://doi.org/10.1079/9780851990323.0075

Pointke, M., & Pawelzik, E. (2022). Plant-Based Alternative Products: Are They Healthy Alternatives? Micro- and Macronutrients and Nutritional Scoring. *Nutrients*, *14*(3), 601. https://www.mdpi.com/2072-6643/14/3/601

Poore, J., & Nemecek, T. (2018). Reducing food's environmental impacts through producers and consumers. *Science*, *360*(6392), 987–992. https://doi.org/10.1126/science.aaq0216

Prochaska, J. O., & Velicer, W. F. (1997). The transtheoretical model of health behavior change. *American Journal of Health Promotion*, *12*(1), 38–48. https://doi.org/10.4278/0890-1171-12.1.38

Proviande. (2021a). *Der Fleischmarkt im Überblick 2021*. https://www.proviande.ch/sites/proviande/files/2022-03/Fleischmarkt%20%C3%9Cbersicht%20-%20Aktuelle%20Ausgabe.pdf

Proviande. (2021b). *Fakten rund um Fleisch: Umwelt und Fleischkonsum*. https://www.proviande.ch/sites/proviande/files/2022-03/Fleischmarkt%20%C3%9Cbersicht%20-%20Aktuelle%20Ausgabe.pdf

Rainieri, S., & Barranco, A. (2019). Microplastics, a food safety issue? *Trends in Food Science & Technology*, *84*, 55–57. https://doi.org/https://doi.org/10.1016/j.tifs.2018.12.009

Rauber, F., Da Costa Louzada, M. L., Steele, E. M., Millett, C., Monteiro, C. A., & Levy, R. B. (2018). Ultra-Processed Food Consumption and Chronic Non-Communicable Diseases-Related Dietary Nutrient Profile in the UK (2008–2014). *Nutrients*, *10*(5), 587. https://www.mdpi.com/2072-6643/10/5/587

Rees, J. H., Bamberg, S., Jäger, A., Victor, L., Bergmeyer, M., & Friese, M. (2018). Breaking the habit: on the highly habitualized nature of meat consumption and implementation intentions as one effective way of reducing it. *Basic and Applied Social Psychology*, *40*(3), 136–147.

Regan, T. (1988). *The Case for Animal Rights*. Routledge.

Reinhild Benning, M. B., Christine Chemnitz, Inka Dewitz, Astrid Häger, Carla Hoinkes, Heike Holdinghausen, Kristin Jürkenbeck, Ilse Köhler-Rollefson, Silvie Lang, Jonas Luckmann, Bettina Müller, Lia Polotzek, Christian Rehmer, Julia Schmid, Maureen Schulze, Shefali Sharma, Achim Spiller, Lisa Tostado, Katrin Wenz, Sabine Wichmann, Stephanie Wunder, Anke Zühlsdorf. (2021). *Der Fleischatlas 2021*. B. f. U. u. N. D. Heinrich-Böll-Stiftung, Le Monde Diplomatique. https://www.boell.de/de/fleischatlas

Reipurth, M. F. S., Hørby, L., Gregersen, C. G., Bonke, A., & Perez Cueto, F. J. A. (2019). Barriers and facilitators towards adopting a more plant-based diet in a sample of Danish consumers. *Food Quality and Preference*, *73*, 288–292. https://doi.org/10.1016/j.foodqual.2018.10.012

Reservesuisse. (2024). *Datengrundlage* https://www.reservesuisse.ch/datengrundlage/

Reynaud, Y., Lopez, M., Riaublanc, A., Souchon, I., & Dupont, D. (2020). Hydrolysis of plant proteins at the molecular and supra-molecular scales during in vitro digestion. *Food Research International*, *134*, 109204. https://doi.org/https://doi.org/10.1016/j.foodres.2020.109204

Richter, E. K., Shawish, K. A., Scheeder, M. R. L., & Colombani, P. C. (2009). Trans fatty acid content of selected Swiss foods: The TransSwissPilot study. *Journal of Food Composition and Analysis*, *22*(5), 479–484. https://doi.org/https://doi.org/10.1016/j.jfca.2009.01.007

Riedener, S. (2020). An axiomatic approach to axiological uncertainty. *Philosophical Studies*, *177*(2), 483–504. https://doi.org/10.1007/s11098-018-1191-7

Risner, D., Li, F., Fell, J. S., Pace, S. A., Siegel, J. B., Tagkopoulos, I., & Spang, E. S. (2021). Preliminary Techno-Economic Assessment of Animal Cell-Based Meat. *Foods*, *10*(1), 3. https://www.mdpi.com/2304-8158/10/1/3

Ritchie, H., & Roser, M. (2017). *Obesity*. Our World In Data.

Ritzel, C., & von Ow, A. (2023). Ernährungssicherheit der Schweiz 2023 – Aktuelle Ereignisse und Entwicklungen *Agroscope Science*, *167*. https://doi.org/https://doi.org/10.34776/as167g

Rivera del Rio, A., Boom, R. M., & Janssen, A. E. M. (2022). Effect of Fractionation and Processing Conditions on the Digestibility of Plant Proteins as Food Ingredients. *Foods*, *11*(6), 870. https://www.mdpi.com/2304-8158/11/6/870

Robbana-Barnat, S., Rabache, M., Rialland, E., & Fradin, J. (1996). Heterocyclic amines: occurrence and prevention in cooked food. *Environ Health Perspect*, *104*(3), 280–288. https://doi.org/10.1289/ehp.96104280

Rockström, J., Steffen, W., Noone, K., Persson, Å., Chapin III, F. S., Lambin, E., Lenton, T. M., Scheffer, M., Folke, C., Schellnhuber, H. J., Nykvist, B., de Wit, C. A., Hughes, T., van der Leeuw, S., Rodhe, H., Sörlin, S., Snyder, P. K., Costanza, R., Svedin, U., Falkenmark, M., Karlberg, L., Corell, R. W., Fabry, V. J., Hansen, J., Walker, B., Liverman, D., Richardson, K., Crutzen, P., & Foley, J. (2009). Planetary boundaries: exploring the safe operating space for humanity. *Ecology and Society*, *14*(2). https://www.ecologyandsociety.org/vol14/iss2/art32/

Roesch, A., Gaillard, G., Isenring, J., Jurt, C., Keil, N., Nemecek, T., Rufener, C., Schüpbach, B., Umstätter, C., Waldvogel, T., Walter, T., & Zorn, A. (2016). *Umfassende Beurteilung der Nachhaltigkeit von Landwirtschaftsbetrieben* (Agroscope Science, Issue 33.

Román, S., Sánchez-Siles, L. M., & Siegrist, M. (2017). The importance of food naturalness for consumers: Results of a systematic review. *Trends in Food Science & Technology*, *67*, 44–57. https://doi.org/10.1016/j.tifs.2017.06.010

Röös, E., de Groote, A., & Stephan, A. (2022). Meat tastes good, legumes are healthy and meat substitutes are still strange – The practice of protein consumption among Swedish consumers. *Appetite*, *174*, 106002. https://doi.org/10.1016/j.appet.2022.106002

Rosenfeld, D. L. (2018). The psychology of vegetarianism: Recent advances and future directions. *Appetite*, *131*, 125–138. https://doi.org/10.1016/j.appet.2018.09.011

Rosenfeld, D. L., Rothgerber, H., & Tomiyama, A. J. (2020a). From mostly vegetarian to fully vegetarian: Meat avoidance and the expression of social identity. *Food Quality and Preference*, *85*, 103963. https://doi.org/10.1016/j.foodqual.2020.103963

Rosenfeld, D. L., Rothgerber, H., & Tomiyama, A. J. (2020b). Mostly Vegetarian, But Flexible About It: Investigating How Meat-Reducers Express Social Identity Around Their Diets. *Social Psychological and Personality Science*, *11*(3), 406–415. https://doi.org/10.1177/1948550619869619

Rothgerber, H. (2013). Real men don't eat (vegetable) quiche: Masculinity and the justification of meat consumption. *Psychology of Men & Masculinity*, *14*(4), 363–375. https://doi.org/10.1037/a0030379

Rousseau, S., Kyomugasho, C., Celus, M., Hendrickx, M. E. G., & Grauwet, T. (2020). Barriers impairing mineral bioaccessibility and bioavailability in plant-based foods and the perspectives for food processing. *Critical Reviews in Food Science and Nutrition*, *60*(5), 826–843. https://doi.org/10.1080/10408398.2018.1552243

Rubio, N. R., Xiang, N., & Kaplan, D. L. (2020). Plant-based and cell-based approaches to meat production. *Nat Commun*, *11*(1), 6276. https://doi.org/10.1038/s41467-020-20061-y

Runte, M., Guth, J. N., & Ammann, J. (2024). Consumers' perception of plant-based alternatives and changes over time. A linguistic analysis across three countries and ten years. *Food Quality and Preference*, *113*, 105057. https://doi.org/10.1016/j.foodqual.2023.105057

Rust, N. A., Ridding, L., Ward, C., Clark, B., Kehoe, L., Dora, M., Whittingham, M. J., McGowan, P., Chaudhary, A., Reynolds, C. J., Trivedy, C., & West, N. (2020). How to transition to reduced-meat diets that benefit people and the planet. *Science of the Total Environment*, *718*, 137208. https://doi.org/https://doi.org/10.1016/j.scitotenv.2020.137208

Sallis, J. F., Owen, N., & Fisher, E. (2015). Ecological models of health behavior. *Health behavior: Theory, research, and practice*, *5*(43–64).

SAMW, S. A. d. M. W. (2022). *100 Jahre Salzjodierung in der Schweiz: Erfolgreiche Elimination von Kropf und Kretinismus* (SAMW Bulletin, Issue.

Sander, M., Heim, N., & Kohnle, Y. (2016). Label-Awareness: Wie genau schaut der Konsument hin? – Eine Analyse des Label-Bewusstseins von Verbrauchern unter besonderer Berücksichtigung des Lebensmittelbereichs. *Berichte über Landwirtschaft – Zeitschrift für Agrarpolitik und Landwirtschaft*, *94*(2). https://doi.org/https://doi.org/10.12767/buel.v94i2.120

Santo, R. E., Kim, B. F., Goldman, S. E., Dutkiewicz, J., Biehl, E. M. B., Bloem, M. W., Neff, R. A., & Nachman, K. E. (2020). Considering Plant-Based Meat Substitutes and Cell-Based Meats: A Public Health and Food Systems Perspective. *Frontiers in Sustainable Food Systems*, *4*. https://doi.org/10.3389/fsufs.2020.00134

SATW. (2019). *Technology Outlook 2019 – Alternative Proteinquellen*. https://www.satw.ch/de/frueherkennung/technologies/details/technology/alternative-proteinquellen

Saulle, R., Semyonov, L., & La Torre, G. (2014). Cost and Cost-Effectiveness of the Mediterranean Diet: Results of a Systematic Review: Rosella Saulle. *European Journal of Public Health*, *24*(suppl_2). https://doi.org/10.1093/eurpub/cku166.071

SBV. (2022). *Milchstatistik der Schweiz, 2021 (Mista)*.

SBV. (2023). *Statistische Erhebungen und Schätzungen über Landwirtschaft und Ernährung*.

Scherer, L., Tomasik, B., Rueda, O., & Pfister, S. (2018). Framework for integrating animal welfare into life cycle sustainability assessment. *The International Journal of Life Cycle Assessment*, *23*(7), 1476–1490. https://doi.org/10.1007/s11367-017-1420-x

Schläpfer, F., & Lobsiger, M. (2023). Linking Subsidies for Agriculture and Food to Dietary Styles: Estimates for Switzerland. *Sustainability*, *15*(13), 10428. https://www.mdpi.com/2071-1050/15/13/10428

Schösler, H., de Boer, J., & Boersema, J. J. (2012). Can we cut out the meat of the dish? Constructing consumer-oriented pathways towards meat substitution. *Appetite*, *58*(1), 39–47. https://doi.org/10.1016/j.appet.2011.09.009

Schüpbach, R., Wegmüller, R., Berguerand, C., Bui, M., & Herter-Aeberli, I. (2017). Micronutrient status and intake in omnivores, vegetarians and vegans in Switzerland. *European Journal of Nutrition*, *56*(1), 283–293. https://doi.org/10.1007/s00394-015-1079-7

Schwingshackl, L., Schwedhelm, C., Hoffmann, G., Lampousi, A.-M., Knüppel, S., Iqbal, K., Bechthold, A., Schlesinger, S., & Boeing, H. (2017). Food groups and risk of all-cause mortality: a systematic review and meta-analysis of prospective studies. *The American Journal of Clinical Nutrition*, *105*(6), 1462-1473. https://doi.org/10.3945/ajcn.117.153148

Segovia, M. S., Yu, N. Y., & Van Loo, E. J. (2023). The effect of information nudges on online purchases of meat alternatives. *Applied Economic Perspectives and Policy*, *45*(1), 106–127. https://doi.org/10.1002/aepp.13305

Seves, S. M., Verkaik-Kloosterman, J., Biesbroek, S., & Temme, E. H. (2017). Are more environmentally sustainable diets with less meat and dairy nutritionally adequate? *Public Health Nutr*, *20*(11), 2050–2062. https://doi.org/10.1017/S1368980017000763

Sexton, A. E. (2018). Eating for the post-Anthropocene: Alternative proteins and the biopolitics of edibility. *Transactions of the Institute of British Geographers*, *43*(4), 586–600. https://doi.org/10.1111/tran.12253

SGE. (2020). *Schweizer Lebensmittelpyramide*. S. G. f. Ernährung.

Siddiqui, S. A., Mehany, T., Schulte, H., Pandiselvam, R., Nagdalian, A. A., Golik, A. B., Asif Shah, M., Muhammad Shahbaz, H., & Maqsood, S. (2023). Plant-Based Milk – Thoughts of Researchers and Industries on What Should Be Called as 'milk'. *Food Reviews International*, 1–28. https://doi.org/10.1080/87559129.2023.2228002

Siegrist, M., & Hartmann, C. (2019). Impact of sustainability perception on consumption of organic meat and meat substitutes. *Appetite*, *132*, 196–202. https://doi.org/10.1016/j.appet.2018.09.016

Siegrist, M., & Hartmann, C. (2020). Consumer acceptance of novel food technologies. *Nature Food*, *1*(6), 343–350.

Singer, P. (1975). *Animal Liberation* (1 ed.). HarperCollins.

Sinke, P., Swartz, E., Sanctorum, H., van der Giesen, C., & Odegard, I. (2023). Ex-ante life cycle assessment of commercial-scale cultivated meat production in 2030. *The International Journal of Life Cycle Assessment*. https://doi.org/10.1007/s11367-022-02128-8

Slade, P. (2018). If you build it, will they eat it? Consumer preferences for plant-based and cultured meat burgers. *Appetite*, *125*, 428–437. https://doi.org/https://doi.org/10.1016/j.appet.2018.02.030

Smedman, A., Månsson, H. L., Drewnowski, A., & Edman, A.-K. M. (2010). Nutrient density of beverages in relation to climate impact. *Food & Nutrition Research*, *0*(0). https://doi.org/10.3402/fnr.v54i0.5170

Smetana, S., Larki, N. A., Pernutz, C., Franke, K., Bindrich, U., Toepfl, S., & Heinz, V. (2018). Structure design of insect-based meat analogs with high-moisture extrusion. *Journal of Food Engineering*, *229*, 83–85.

Smetana, S., Sandmann, M., Rohn, S., Pleissner, D., & Heinz, V. (2017). Autotrophic and heterotrophic microalgae and cyanobacteria cultivation for food and feed: life cycle assessment. *Bioresour Technol*, *245*(Pt A), 162–170. https://doi.org/10.1016/j.biortech.2017.08.113

Sousa, R., Portmann, R., Recio, I., Dubois, S., & Egger, L. (2023). Comparison of in vitro digestibility and DIAAR between vegan and meat burgers before and after grilling. *Food Res Int*, *166*, 112569. https://doi.org/10.1016/j.foodres.2023.112569

Sousa, R., Recio, I., Heimo, D., Dubois, S., Moughan, P. J., Hodgkinson, S. M., Portmann, R., & Egger, L. (2023). In vitro digestibility of dietary proteins and in vitro DIAAS analytical workflow based on the INFOGEST static protocol and its validation with in vivo data. *Food Chem*, *404*(Pt B), 134720. https://doi.org/10.1016/j.foodchem.2022.134720

SRF, & MyClimate. (2021). *CO2-Emissionen im Vergleich. Was nützt es dem Klima, wenn alle…* SRF. Retrieved 07.2022 from https://www.srf.ch/news/schweiz/co2-emissionen-im-vergleich-was-nuetzt-es-dem-klima-wenn-alle

Steinfeld, H., Gerber, P., Wassenaar, T., Castel, V., Rosales, M., & de Haan, C. (2006). *Livestock's long shadow – Environmental issues and options*. http://www.fao.org/docrep/010/a0701e/a0701e00.HTM

Stephens, N., Di Silvio, L., Dunsford, I., Ellis, M., Glencross, A., & Sexton, A. (2018). Bringing cultured meat to market: Technical, socio-political, and regulatory challenges in cellular agriculture. *Trends in Food Science & Technology*, *78*, 155–166. https://doi.org/https://doi.org/10.1016/j.tifs.2018.04.010

Stolze, M., Schader, C., Muller, A., Frehner, A., Kopainsky, B., Nathani, C., Brandes, J., Rohrmann, S., Brombach, C., Krieger, J.-P., Pestoni, G., Brombach, C., Flückiger, S., Stucki, M., Frischknecht, R., & Alig, M. (2019). *Sustainable and healthy diets: trade-offs and synergies : final scientific report*. F. f. b. Landbau. https://doi.org/10.21256/zhaw-19046

Storhaug, C. L., Fosse, S. K., & Fadnes, L. T. (2017). Country, regional, and global estimates for lactose malabsorption in adults: a systematic review and meta-analysis. *The Lancet Gastroenterology & Hepatology*, *2*(10), 738–746.

Stylianou, K. S., Fulgoni, V. L., & Jolliet, O. (2021). Small targeted dietary changes can yield substantial gains for human health and the environment. *Nature Food*, *2*(8), 616–627. https://doi.org/10.1038/s43016-021-00343-4

Tachie, C., Nwachukwu, I. D., & Aryee, A. N. A. (2023). Trends and innovations in the formulation of plant-based foods. *Food Production, Processing and Nutrition*, *5*(1). https://doi.org/10.1186/s43014-023-00129-0

Tallentire, C. W., Edwards, S. A., Van Limbergen, T., & Kyriazakis, I. (2019). The challenge of incorporating animal welfare in a social life cycle assessment model of European chicken production. *The International Journal of Life Cycle Assessment*, *24*(6), 1093–1104. https://doi.org/10.1007/s11367-018-1565-2

Tan, H. S. G., Fischer, A. R. H., van Trijp, H. C. M., & Stieger, M. (2016). Tasty but nasty? Exploring the role of sensory-liking and food appropriateness in the willingness to eat unusual novel foods like insects. *Food Quality and Preference*, *48*, 293–302. https://doi.org/10.1016/j.foodqual.2015.11.001

Tan, H. S. G., Verbaan, Y. T., & Stieger, M. (2017). How will better products improve the sensory-liking and willingness to buy insect-based foods? *Food Research International*, *92*, 95–105. https://doi.org/10.1016/j.foodres.2016.12.021

Tan, Y., Li, R., Zhou, H., Liu, J., Mundo, J. M., Zhang, R., & McClements, D. J. (2020). Impact of calcium levels on lipid digestion and nutraceutical bioaccessibility in nanoemulsion delivery systems studied using standardized INFOGEST digestion protocol. *Food & function*, *11*(1), 174–186.

Theron, E., & Hagen, S. (2023). Psychological barriers to climate-friendly food choices. *Psychology in Society*(65), 81–100. https://doi.org/10.57157/pins2023vols5iss1a5816

Trasande, L., Shaffer, R. M., Sathyanarayana, S., HEALTH, C. O. E., Lowry, J. A., Ahdoot, S., Baum, C. R., FACMT, Bernstein, A. S., Bole, A., Campbell, C. C., Landrigan, P. J., Pacheco, S. E., Spanier, A. J., & Woolf, A. D. (2018). Food Additives and Child Health. *Pediatrics*, *142*(2). https://doi.org/10.1542/peds.2018-1410

Tschanz, L., Kaelin, I., Wróbel, A., Rohrmann, S., & Sych, J. (2022). Characterisation of meat consumption across socio-demographic, lifestyle and anthropometric groups in Switzerland: results from the National Nutrition Survey menuCH. *Public Health Nutrition*, *25*(11), 3096–3106.

Tso, R., & Forde, C. G. (2021). Unintended Consequences: Nutritional Impact and Potential Pitfalls of Switching from Animal- to Plant-Based Foods. *Nutrients*, *13*(8). https://doi.org/10.3390/nu13082527

Tucker, C. A. (2014). The significance of sensory appeal for reduced meat consumption. *Appetite*, *81*, 168–179. https://doi.org/10.1016/j.appet.2014.06.022

Tuomisto, H. L. (2019). The eco-friendly burger. *EMBO reports*, *20*(1), e47395. https://doi.org/https://doi.org/10.15252/embr.201847395

Tuomisto, H. L., & de Mattos, M. J. (2011). Environmental impacts of cultured meat production. *Environ Sci Technol*, *45*(14), 6117–6123. https://doi.org/10.1021/es200130u

Tweede Kamer der Staten-Generaal. (2023). *Voedingsbeleid: Uitvoering van de motie van de leden Tjeerd de Groot en Valstar over onder gecontroleerde omstandigheden proeverijen van kweekvlees mogelijk maken.* (Kamerstuk 274258-383). Netherlands

Tziva, M., Negro, S. O., Kalfagianni, A., & Hekkert, M. P. (2020). Understanding the protein transition: The rise of plant-based meat substitutes. *Environmental Innovation and Societal Transitions*, *35*, 217–231. https://doi.org/https://doi.org/10.1016/j.eist.2019.09.004

UN. (2023). *Global indicator framework for the Sustainable Development Goals and targets of the 2030 Agenda for Sustainable Development* U. Nations.

UNEP. (2023). *What's cooking? An assessment of the potential impacts of selected novel alternatives to conventional animal products* (Frontiers 2023, Issue. U. N. E. Programme.

United Nations. (1987). *Report on the World Commission on Environment and Development – Our common future.*

Urbanovich, T., & Bevan, J. L. (2020). Promoting Environmental Behaviors: Applying the Health Belief Model to Diet Change. *Environmental Communication*, *14*(5), 657–671. https://doi.org/10.1080/17524032.2019.1702569

USDA. (2007). USDA Table of Nutrient Retention Factors. In. Beltsville, Maryland, USA: U.S. Department of Agriculture.

Vainio, A., Irz, X., & Hartikainen, H. (2018). How effective are messages and their characteristics in changing behavioural intentions to substitute plant-based foods for red meat? The mediating role of prior beliefs. *Appetite*, *125*, 217-224. https://doi.org/10.1016/j.appet.2018.02.002

Vainio, A., Niva, M., Jallinoja, P., & Latvala, T. (2016). From beef to beans: Eating motives and the replacement of animal proteins with plant proteins among Finnish consumers. *Appetite*, *106*, 92–100. https://doi.org/10.1016/j.appet.2016.03.002

van den Berg, S. W., van den Brink, A. C., Wagemakers, A., & den Broeder, L. (2022). Reducing meat consumption: The influence of life course transitions, barriers and enablers, and effective strategies according to young Dutch adults. *Food Quality and Preference*, *100*, 104623. https://doi.org/10.1016/j.foodqual.2022.104623

Van Huis, A. (2013). Potential of insects as food and feed in assuring food security. *Annual Review of Entomology*, *58*, 563–583.

van Kernebeek, H. R. J., Oosting, S. J., van Ittersum, M. K., Bikker, P., & de Boer, I. J. M. (2016). Saving land to feed a growing population: consequences for consumption of crop and livestock products. *International Journal of Life Cycle Assessment*, Vol. 21, 677–687.

Van Loo, E. J., Caputo, V., & Lusk, J. L. (2020). Consumer preferences for farm-raised meat, lab-grown meat, and plant-based meat alternatives: Does information or brand matter? *Food Policy*, *95*. https://doi.org/10.1016/j.foodpol.2020.101931

Vandenbroele, J., Slabbinck, H., Van Kerckhove, A., & Vermeir, I. (2021). Mock meat in the butchery: Nudging consumers toward meat substitutes. *Organizational Behavior and Human Decision Processes*, *163*, 105–116. https://doi.org/10.1016/j.obhdp.2019.09.004

Vanhonacker, F., Van Loo, E. J., Gellynck, X., & Verbeke, W. (2013). Flemish consumer attitudes towards more sustainable food choices. *Appetite*, *62*, 7-16. https://doi.org/10.1016/j.appet.2012.11.003

Varela-Ortega, C., Blanco-Gutiérrez, I., Manners, R., & Detzel, A. (2021). Life cycle assessment of animal-based foods and plant-based protein-rich alternatives: a socio-economic perspective. *Journal of the Science of Food and Agriculture*. https://doi.org/10.1002/jsfa.11655

Varela, P., Arvisenet, G., Gonera, A., Myhrer, K. S., Fifi, V., & Valentin, D. (2022). Meat replacer? No thanks! The clash between naturalness and processing: An explorative study of the perception of plant-based foods. *Appetite*, *169*, 105793. https://doi.org/10.1016/j.appet.2021.105793

Verplanken, B., & Roy, D. (2016). Empowering interventions to promote sustainable lifestyles: Testing the habit discontinuity hypothesis in a field experiment. *Journal of Environmental Psychology*, *45*, 127–134. https://doi.org/10.1016/j.jenvp.2015.11.008

VGS. (2020). *Was gibt es zu Omega-3-Fettsäuren bei einer veganen Ernährung zu beachten?* Vegane Gesellschaft Schweiz. Retrieved 12.10.2023 from https://vegan.ch/2020/11/omega-3-fettsaeuren/

Videbæk, P. N., & Grunert, K. G. (2020). Disgusting or delicious? Examining attitudinal ambivalence towards entomophagy among Danish consumers. *Food Quality and Preference*, *83*. https://doi.org/10.1016/j.foodqual.2020.103913

von Ow, A., Waldvogel, T., & Nemecek, T. (2020). Environmental optimization of the Swiss population's diet using domestic production resources. *Journal of Cleaner Production*, *248*. https://doi.org/10.1016/j.jclepro.2019.119241

Vural, Y., Ferriday, D., & Rogers, P. J. (2023). Consumers' attitudes towards alternatives to conventional meat products: Expectations about taste and satisfaction, and the role of disgust. *Appetite*, *181*, 106394. https://doi.org/10.1016/j.appet.2022.106394

Walther, B., Guggisberg, D., Badertscher, R., Egger, L., Portmann, R., Dubois, S., Haldimann, M., Kopf-Bolanz, K., Rhyn, P., & Zoller, O. (2022). Comparison of nutritional composition between plant-based drinks and cow's milk. *Frontiers in Nutrition*, *9*, 2645. https://doi.org/10.3389/fnut.2022.988707

Wang, Y., Tuccillo, F., Lampi, A. M., Knaapila, A., Pulkkinen, M., Kariluoto, S., Coda, R., Edelmann, M., Jouppila, K., & Sandell, M. (2022). Flavor challenges in extruded plant-based meat alternatives: A review. *Comprehensive Reviews in Food Science and Food Safety*, *21*(3), 2898–2929.

White, S. K., Ballantine, P. W., & Ozanne, L. K. (2022). Consumer adoption of plant-based meat substitutes: A network of social practices. *Appetite*, *175*, 106037. https://doi.org/10.1016/j.appet.2022.106037

WHO. (2008). *Europäischer Aktionsplan Nahrung und Ernährung der WHO 2007–2012*. W. R. O. f. Europe. https://iris.who.int/bitstream/handle/10665/349768/WHO-EURO-2008-4245-44004-62048-ger.pdf

WHO. (2021). *Plant-based diets and their impact on health, sustainability and the environment: a review of the evidence*.

WHO. (2023). *Noncommunicable diseases*. WHO. Retrieved 16.10.2023 from https://www.who.int/health-topics/noncommunicable-diseases

Wiebe, M. G. (2004). Quorn™ Myco-protein — Overview of a successful fungal product. *Mycologist*, *18*(1), 17–20. https://doi.org/https://doi.org/10.1017/S0269-915X(04)00108-9

Willett, W., Rockström, J., Loken, B., Springmann, M., Lang, T., Vermeulen, S., Garnett, T., Tilman, D., DeClerck, F., Wood, A., Jonell, M., Clark, M., Gordon, L. J., Fanzo, J., Hawkes, C., Zurayk, R., Rivera, J. A., De Vries, W., Majele Sibanda, L., Afshin, A., Chaudhary, A., Herrero, M., Agustina, R., Branca, F., Lartey, A., Fan, S., Crona, B., Fox, E., Bignet, V., Troell, M., Lindahl, T., Singh, S., Cornell, S. E., Srinath Reddy, K., Narain, S., Nishtar, S., & Murray, C. J. L. (2019). Food in the Anthropocene: the EAT-Lancet Commission on healthy diets from sustainable food systems. *Lancet*, *393*(10170), 447–492. https://doi.org/10.1016/s0140-6736(18)31788-4

Winter, M. (2022). Von der Fleisch- zur Proteinabteilung: Männlichkeitskonstruktionen, Fleisch und vegane Fleischalternativen. *GENDER – Zeitschrift für Geschlecht, Kultur und Gesellschaft*, *3*, 27–42.

WWF. (2021). *Die Proteinfrage: Von pflanzlichen Alternativen bis hin zu Insek.* https://www.wwf.de/themen-projekte/landwirtschaft/ernaehrung-konsum/besseresserinnen/die-proteinfrage

WWF. (2022). *Importierte Abholzung: wie in die Schweiz eingeführte Rohstoffe die Entwaldung im Ausland vorantreiben.* https://www.wwf.ch/sites/default/files/doc-2020-12/WWF_Risky_business_DE_3.pdf

Z.d.G. (2023). *Omega-3-Gehalt pflanzlicher Lebensmittel.* N. C. AG.

Zhang, J., Chen, Q., Kaplan, D. L., & Wang, Q. (2022). High-moisture extruded protein fiber formation toward plant-based meat substitutes applications: Science, technology, and prospect. *Trends in Food Science & Technology.*

Zhang, Y., Fishbach, A., & Kruglanski, A. W. (2007). The dilution model: How additional goals undermine the perceived instrumentality of a shared path. *Journal of Personality and Social Psychology*, *92*(3), 389–401. https://doi.org/10.1037/0022-3514.92.3.389

Zheng, B., Zhou, H., & McClements, D. J. (2021). Nutraceutical-fortified plant-based milk analogs: Bioaccessibility of curcumin-loaded almond, cashew, coconut, and oat milks. *LWT-Food Science and Technology, 147.*

Zhou, M., Guan, B., & Huang, L. (2022). Would You Buy Plant-Based Beef Patties? A Survey on Product Attribute Preference and Willingness to Pay among Consumers in Liaoning Province, China. *Nutrients*, *14*(20), 4393. https://doi.org/10.3390/nu14204393

Zimmermann, A., Nemecek, T., & Waldvogel, T. (2017). *Umwelt- und ressourcenschonende Ernährung: Detaillierte Analyse für die Schweiz* (55).

Zira, S., Röös, E., Ivarsson, E., Hoffmann, R., & Rydhmer, L. (2020). Social life cycle assessment of Swedish organic and conventional pork production. *The International Journal of Life Cycle Assessment*, *25*(10), 1957–1975. https://doi.org/10.1007/s11367-020-01811-y

Zumsteg, J. M., Cooper, J. S., & Noon, M. S. (2012). Systematic Review Checklist: A Standardized Technique for Assessing and Reporting Reviews of Life Cycle Assessment Data. *J Ind Ecol*, *16*(Suppl 1), S12–S21. https://doi.org/10.1111/j.1530-9290.2012.00476.x

Zumwald, J., Nemecek, T., Ineichen, S., & Reidy, B. (2019). *Indikatoren für die Flächen- und Nahrungsmittelkonkurrenz in der Schweizer Milchproduktion: Entwicklung und Test zweier Methoden* (Agroscope Science, Issue.

Zurek, M., Hebinck, A., & Selomane, O. (2022). Climate change and the urgency to transform food systems. *Science*, *376*, 1416–1421. https://doi.org/10.1126/science.abo2364

Begleitgruppe

Dr. **David Altwegg**, Ökonom und Ingenieur, TA-SWISS-Leitungsausschuss

Natalie Bez, Department Gesundheit, Berner Fachhochschule BFH

Dr. **Linda Burkhalter**, Zentrum Natürliche Ressourcen, Zürcher Hochschule für Angewandte Wissenschaften ZHAW

Dr. **Laura de Baan**, Departement für Agrar- und Ernährungssysteme, Forschungsinstitut für biologischen Landbau FiBL Schweiz, Frick

Dr. **Lucas Grob** und **Jan Biehl**, Swiss Food Research, Zürich

Dr. **Karola Krell Zbinden**, Swiss Protein Association SPA, Bern

Thomas Müller, Wissenschaftsjournalist, TA-Swiss-Leitungsausschuss, Vorsitzender der Begleitgruppe

Dr. **Otto Schäfer**, Eidgenössische Ethikkommission für die Biotechnologie im Ausserhumanbereich EKAH

Annekäthi Schaffter, Chirsgartehof, Metzerlen

Dr. **Urs Stalder**, Nutrimonitoring, Bundesamt für Lebensmittelsicherheit und Veterinärwesen BLV

Nicole Wettstein, Food 4.0, Schweizerische Akademie der Technischen Wissenschaften SATW

TA-SWISS

Dr. rer. soc. **Elisabeth Ehrensperger**, Geschäftsführung

Dr. **Adrian Rüegsegger**, Projektleitung